云南师范大学学术文库

On
Its Application

本体方法及其应用

甘健侯　姜　跃　夏幼明◎著

科学出版社

北京

图书在版编目(CIP)数据

本体方法及其应用/甘健侯，姜跃，夏幼明著.—北京：科学出版社，2011.6
（云南师范大学学术文库）
ISBN 978-7-03-031153-5

Ⅰ.本… Ⅱ.①甘…②姜…③夏… Ⅲ.①计算机科学 Ⅳ.①TP3

中国版本图书馆 CIP 数据核字（2011）第 095058 号

责任编辑：李晓华　汪旭婷　卜　新　/责任校对：张小霞
责任印制：徐晓晨 / 封面设计：无极书装
编辑部电话：010-64035853
E-mail：houjunlin@mail.sciencep.com

科学出版社 出版
北京东黄城根北街 16 号
邮政编码：100717
http://www.sciencep.com
北京凌奇印刷有限责任公司 印刷
科学出版社发行　各地新华书店经销
*
2011 年 6 月第　一　版　开本：B5（720×1000）
2021 年 3 月第六次印刷　印张：14 1/2
字数：300 000
定价：**79.00** 元
（如有印装质量问题，我社负责调换）

研究基地

民族教育信息化教育部重点实验室
中国科学院计算机网络信息中心
云南省高校智能信息处理重点实验室
昆明理工大学冶金与能源工程学院

前 言

本体论原本是一个哲学概念，是表达哲学理论的一个术语。20世纪90年代初，本体概念被广泛地引用到计算机领域特别是人工智能和知识工程研究领域。本体已经成为知识工程、自然语言处理、协同信息系统、智能信息集成、Internet智能信息获取、知识管理等各方面普遍研究的热点。

首先，本书介绍本体的概念、本体的组成、建立本体的原则和一般方法、本体的常用关系、本体常用开发工具以及典型本体等。其次，本书介绍本体描述语言，包括 XML、RDF/RDFS、OWL 等。

本书结合旅游信息资源本体、高校就业管理领域本体、常用软件本体构建介绍本体的开发步骤及开发过程中存在的问题，使读者对本体及其构建有一个较清晰的认识，为其深入的研究和应用打下一个良好的基础。

本体映射是解决本体异构问题的手段之一，概念语义相似度和相关度计算对实现本体集成和信息的语义检索起重要的作用。本书介绍本体映射相关概念、方法和典型系统，并对基于本体的概念语义相似度和相关度进行探讨和研究。

描述逻辑是基于对象知识表示的形式化，依据提供的构造器，在简单的概念和关系上构造出复杂的概念和关系。本书在基本描述逻辑 ALC 的基础上添加构造器——最大数量约束（$\leqslant nR.C$）、最小数量约束（$\geqslant nR.C$）、传递关系（R^+）、反关系（R^-）、关系并（$R_1 \sqcup R_2$）、关系复合（$R_1 \circ R_2$）、个体实例集（$\{a\}$），提出扩展描述逻辑 ALC^+，通过证明得到 ALC^+ 的一些性质。

在以上研究的基础上，本书以"软件开发"领域为例，设计并开发一个基于 Lucene 和本体的语义检索原型系统；基于科学家资源服务领域，对已有数据进行完善、更新和管理，构建科学家资源领域本体，并介绍基于本体的科学家资源服务平台框架。

从 2003 年开始，在云南师范大学林毓材教授的指导和帮助下，作者在语义 Web 领域进行系统研究。在本书出版之际，向林毓材教授表示衷心感谢。

感谢中国科学院计算机网络信息中心阎保平研究员、昆明有色冶金设计研究院谢刚教授，两位恩师在百忙中审阅本书初稿，并给出修改意见和建议，让作者受益匪浅。

云南师范大学徐天伟、文斌、李金绪、刘江涛、张姝老师，保山学院段寿建老师，中国人民银行昆明中心支行胡绍波等参加了课题的研究，并做出了很好的科研成果。

本书得到国家自然科学基金项目、中国科学院 CNIC 创新基金项目、云南省自然科学基金项目、云南省教育厅自然科学基金重点项目、云南师范大学学术著作出版基金的资助。在此，一并表示感谢。

由于作者水平有限，在完整性、准确性等方面难免存在问题。希望得到广大读者特别是专家和同行的指点，共同探讨有关问题，交流研究经验，使研究工作取得更大的进步。

甘健侯

2011 年 5 月 10 日于中国科学院

目录

第一篇

本体与本体描述语言

第1章 本体基础

1.1 本体概述

20世纪90年代初,本体概念被广泛地引用到计算机领域特别是人工智能(AI)和知识工程研究中,因为AI和知识工程需要开发一个领域共享的、公共的概念,实现知识共享和重用。在AI领域,本体通常被称为领域模型(Domain Model)或概念模型(Conceptual Model),是关于特定知识领域内各种对象、对象特性以及对象之间可能存在关系的理论。通过对应用领域的概念和术语进行抽象,本体形成了应用领域中共享和公共的领域概念,可以描述应用领域的知识或建立一种关于知识的描述。本体的抽象可能是很高层次的抽象,也可能是针对特定领域的概念抽象。本体已经成为知识工程、自然语言处理、协同信息系统、智能信息集成、Internet智能信息获取、知识管理等各方面普遍研究的热点。因此,随着高度结构化的知识库在AI和面向对象系统中的出现,对于实际应用和理论研究,本体变得日益重要。

最近十年以来,各种研究机构和知识工程研究者提出了多种面向AI、具有细微差别的本体定义。

(1)一个本体是一个非形式的概念化系统;

(2)一个本体是由一个逻辑理论表示的概念系统;

(3)一个本体定义了组成主题领域词汇的基本术语和关系以及用于组合术语和关系以定义词汇的外延规则;

（4）本体是概念模型的明确规范说明。

其中，Tom Gruber 的定义被引用最多，"本体是概念模型的明确规范说明"。Studer 等总结认为："本体是共享概念模型明确的形式化规范说明。"

这包含 4 层含义：概念模型（Conceptualization）、明确（Explicit）、形式化（Formal）和共享（Share）。

"概念模型"指通过抽象出客观世界中一些现象的相关概念而得到的模型，概念模型所表现的含义独立于具体的环境状态；"明确"是指所使用的概念及使用这些概念的约束都有明确的定义；"形式化"指本体是计算机可读的（即能被计算机处理）；"共享"指本体中体现的是共同认可的知识，反映的是相关领域中公认的概念集，即本体针对的是团体的共识。

根本上，本体的作用是为了构建领域模型。例如，在知识工程过程中，一个本体提供了关于术语概念和关系的词汇集，通过该词汇集可以对一个领域进行建模。虽然不同的本体之间存在一些差异，但它们之间存在普遍的一致性。针对应用领域中一些特殊的任务，知识表达可能还需要一种在很高的普遍性层次上的本体抽象概念。

当语义通过一定的形式添加到网络资源上之后，下一步工作就是如何使得这些资源被理解和共享。对于 Web 上不同的数据资源，它们对同一个概念可能采用不同的标识符。如对于"下载工具"这个概念，可以使用〈DownloadTools〉，也可以使用〈Download_tools〉。为了识别这些标记所代表的概念，将本体论的方法引入到语义 Web 中来。

在语义 Web 中，本体具有非常重要的地位，它是解决语义层次上 Web 信息共享和交换的基础。就 Web 而言，本体可以应用在如下方面：①提高搜索引擎的精确度，它只需根据元数据查找网页，而不会像现在用语义含糊的关键词进行全文搜索；②利用本体从 Web 页面到相应的知识结构和推理规则建立关系；③本体还可用于电子商务网站，使买卖双方可以基于机器进行交流等。

1.2　本体的组成

一个本体，一般首先给出一组概念的层次性结构，概念间的包含关系、组成关系、划分关系等。

（1）分类层次结构：如常用软件、旅游信息资源中的分类层次。

（2）按 IS-A 和 Part-of 关系组织、组成概念结构。

（3）概念的语义描述，应该不局限于静态结构。其他如"先后关系"、"因果关系"以及语义复杂的"参照关系"，具有丰富语义的关系往往无法清楚地表达出它们的语义来。

一般来说，一个本体可由概念类、关系、函数、公理和实例等 5 种元素组成。

（1）本体中的概念是广义上的概念，它既可以是一般意义上的概念，也可以是任务、功能、行为、策略、推理过程等。本体中的这些概念通常构成一个分类层次。

（2）本体中的关系表示概念之间的一类关联，典型的二元关联如子类关系形成概念类的层次结构，一般情况下用 $R: C_1 \times C_2 \times \cdots \times C_n$ 表示概念类 C_1，C_2，$\cdots$，C_n 之间存在 n 元关系 R。

（3）函数是一种特殊的关系。其中，第 n 个元素相对于前 $n-1$ 个元素是唯一的，一般情况下，函数用 $F: C_1 \times C_2 \times \cdots \times C_{n-1} \to C_n$ 表示。

（4）公理用于表示一些永真式。更具体地，在许多领域中，函数之间或关联之间也存在着关联或约束。

（5）实例是指属于某概念类的基本元素，即某概念类所指的具体实体，特定领域的所有实例构成的领域概念类在该领域中的指称域。

1.3 本体建立的原则

Tom Gruber 给出了 5 条设计本体的基本准则：

（1）明确性和客观性：本体应该有效地传达所定义的术语内涵。

（2）一致性：一个本体应该前后一致，即由它推断出来的概念定义应该与本体中的概念定义一致。

（3）可扩展性：可扩展性是指一个本体提供一个共享的词汇，它应该在预期的任务范围内提供概念的基础，同时，它的表示应该使得人们能够单调地扩展和专门化说明这个词汇，即人们应该能够在不改变原有定义的前提下，以这组存在的词汇为基础定义新的术语。

（4）最小编码偏差：本体应该处于知识的层次，而与特写的符号级编码无关。

（5）最小本体承诺：一个本体应该在提供必需的共享知识条件下，要求有最小的本体承诺。

除了上述原则外，J. Arpirez 等提出本体设计应该坚持如下几点原则：

（1）尽可能使用标准术语；

（2）同层次概念之间保持最小的语义距离；

（3）可以使用多种概念层次，采用多重继承机制来增加表达能力。

1.4 本体建立的一般方法

常用的本体开发方法有：

Uschold 和 King 的"骨架法"：由英国爱丁堡大学 AI 应用研究所基于开发

企业建模过程的企业本体（Enterprise Ontology）的经验得出，该方法用 Middle-out 方式只提供开发本体的指导方针，是与商业企业有关的术语和定义的集合。

Gruninger 和 Fox 的"评估法"（又称 TOVE）：该方法是加拿大多伦多大学企业集成实验室基于在商业过程和活动建模领域内开发 TOVE 项目本体的经验，通过本体建立指定知识的逻辑模型。用一阶逻辑构造了形式化的集成模型，包含企业设计本体、项目本体、调度本体或服务本体。其本体建立过程概述如下：①收集应用场景阶段；②非形式化本体能力问题的形成阶段；③术语的抽取和定义；④问题的形式化；⑤关于本体词汇公理的定义。

TOVE 开发流程如图 1.4.1 所示。

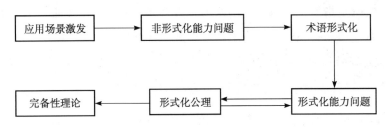

图 1.4.1　TOVE 开发流程图

Bernaras 方法：欧洲 Esprit KACTUS 项目的目标之一就是调查在复杂技术系统生命周期过程中用非形式化概念模型语言（Conceptual Modeling Language，CML）描述的知识复用的灵活性以及本体在其中的支持作用。该方法由应用控制本体的开发，因此每个应用都有相应表示其所需知识的本体。这些本体既能复用其他本体，也可集成到以后应用的本体中。

METHONTOLOGY 方法：由西班牙马德里理工大学 AI 实验室开发，该框架能构造知识级本体，包括：辨识本体开发过程、基于进化原型的生命周期、执行每个活动的特殊技术。

SENSUS 方法：由美国南加利福尼亚大学信息科学院（ISI）自然语言团队为研发机器翻译器提供无限概念结构所开发的方法。

本书主要采用的方法如图 1.4.2 所示。

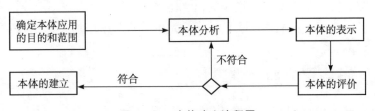

图 1.4.2　本体建立流程图

（1）确定本体应用的目的和范围：根据所研究的领域或任务，建立相应的领域本体或过程本体，领域越大，所建本体越大，因此需限制研究的范围。

（2）本体分析：定义本体所有术语的意义及其之间的关系，该步骤需领域专家的参与，对该领域越了解，所建本体就越完善。

（3）本体表示：一般用语义模型表示本体。

（4）本体评价：建立本体的评价标准是清晰性、一致性、完整性、可扩展性。清晰性就是本体中的术语应被无歧义地定义；一致性指的是术语之间关系逻辑上应一致；完整性，指本体中的概念及关系应是完整的，应包括该领域内所有概念，但很难达到，需不断完善；可扩展性，指本体应用能够扩展，在该领域不断发展时能加入新的概念。

（5）本体的建立：对所有本体按以上标准进行检验，符合要求的以文件形式存放，否则转（2）。

1.5 本体描述语言

在语义 Web 体系结构中，RDFS 可以定义类、子类、超类，并且可以定义属性和子属性以及它们的约束，如领域（Domain）和范围（Range）等。因此，在某种意义上，RDFS 本身就是一种简单的本体语言。RDF(S) 提供了简单的本体定义机制（类层次结构、属性及属性约束），但对完整地规约本体而言还存在一定的差距：

（1）不能定义属性的特征；

（2）不能区分类成员关系中的必要和充分条件；

（3）不能表达类间的等价关系和不相交关系；

（4）只有属性的定义域和值域约束可以使用；

（5）语言的语义规约过少。

下面介绍语义 Web 的本体描述语言 OIL、DAML＋OIL 和 OWL。

作为一种语义 Web 语言的 OIL 是 On-To-Knowledge 计划的产物。它是一种本体定义和描述语言，也是一种知识表示语言。OIL 的实现基础来自于三个方面：描述逻辑提供正规语义和推理支持；基于框架的系统（Frame-Based Systems），提供认识论上的建模原语；基于 XML 和 RDF(S) 语法的 Web 标准。

因此，OIL 本身能提供形式化语义描述和高效的推理支持。将 OIL 丰富的框架原语和强大的语义表达能力运用到 WWW 中，可以改善 RDFS 在表达语义和支持推理方面的不足。

2000 年 8 月，美国 DARPA 启动了一个为期六年的计划，目的是开发一系列技术使软件自治体（Software Agent）能够对信息资源进行动态的确认和理解，并具备为自治体之间提供基于语义上的互操作能力。DAML 就是这个计划第一阶段所创建的一种语义 Web 语言，它允许用户在其数据上标记语义信息，从而使计算机能对所标注的信息资源进行"理解"。

2000 年 12 月，美国和欧洲两个组织成立联合委员会，将 DAML 和 OIL 合并，命名为 DAML＋OIL，并提交给 W3C 讨论，使其成为语义 Web 的标准描述语言。DAML＋OIL 是在 W3C 早期的标准如 RDF 和 RDFS 基础上建立起来的，并且用丰富的建模原语对它们进行了扩展。DAML＋OIL 主要对类和属性进行了扩展。它增加了关于类、属性和个体的等价和不等价性的明确声明，并提供了对属性的逆、传递、函数性（唯一性）和逆函数性（明确性）的表示。因此，DAML＋OIL 是将框架系统、描述逻辑和 Web 标准这三个不同领域的优点结合起来的模型，它采用面向对象的方法用类和属性来描述领域的结构。

OWL 是 W3C 在 RDF(S) 和 DAML＋OIL 的基础上提出的 Web 本体描述语言，其思想是向下兼容 RDF(S) 的语义，同时又朝形式化描述逻辑方向扩展，它是基于一阶语义的框架（面向对象）描述逻辑系统，比 RDF(S) 提供了更丰富的属性和类的描述机制：

(1) 公理描述：表达本体中属性和类的事实，如等价类、等价属性、相同个体、相异于、全不同、不相交等。

(2) 属性特征约束：如互逆属性、传递属性、对称属性、函数属性、反函数属性等。

(3) 属性类型限制：如全部取值限制（所有取值都在某个类型范围内）、部分取值限制（至少有一个取值在某个类型范围内）、确切取值限制（在一定条件下属性取值是确定的）等。

(4) 基数限制：最小基数、最大基数等。

(5) 类的逻辑组合：类的交、并、补等。

OWL 设计的最终目的是提供一种可以用于各种应用的语言，在这些应用中，除需要提供给用户可读的文档内容，而且需要理解并处理文档内容。作为语义 Web 的一部分，XML、RDF 和 RDFS 提供支持针对术语描述的词汇表，共同推进机器的可靠性。相对于 RDFS、DAML＋OIL，OWL 拥有更多的机制来表达语义。因此，基于 OWL 的知识表示成为研究和应用的热点。

1.6 本体中的常用关系

本体中的关系表示概念之间、概念和个体实例之间的关联。典型的关系有：子类关系、成员关系、实例关系、相似关系、逆关系、时间顺序关系等。分析两个资源之间的二元关系后，可以建立资源的语义链。语义链表示为从一个资源到另一个资源类型化的指针，而语义链的集成构成语义网络图。语义网络图可以看做是语义链替代现有 Web 超链结构的语义 Web 模型。其中，结点表示资源，有向边表示类型化的语义链。

下面讨论一些常用关系的推理规则，以便应用于知识推理过程。

1.6.1　IS-A 关系

IS-A 关系（subClassOf 关系）是典型的概念之间的二元关系，用于指出事物间抽象概念上的类属关系，它形成概念之间的逻辑层次分类结构。如 IS-A (C_1, C_2)，可表达为 C_1 is a C_2。概念 C_1 称为子概念，而概念 C_2 相对应称为父概念。图 1.6.1 说明概念"DOS"和"Windows 视窗"是概念"操作系统"的子类。

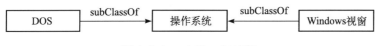

图 1.6.1　subClassOf 实例

子类关系不满足对称性，但有自反性、反对称性和传递性，因此它为偏序关系。

基于 IS-A 关系的知识推理规则如下：

(1) 传递性：$(\text{IS-A}(C_1, C_2) \land \text{IS-A}(C_2, C_3)) \rightarrow \text{IS-A}(C_1, C_3)$。

(2) 属性继承：$(\text{IS-A}(C_1, C_2) \land \text{HasAttribute}(C_2, A)) \rightarrow \text{HasAttribute}(C_1, A)$。

(3) 性质继承：$(\text{IS-A}(C_1, C_2) \land \text{HasProperty}(C_2, P)) \rightarrow \text{HasProperty}(C_1, P)$。

(4) 实例的归属：$(\text{IS-A}(C_1, C_2) \land \text{Instance-Of}(e, C_1)) \rightarrow \text{Instance-Of}(e, C_2)$。

子类关系的知识推理规则主要用于知识推理，如根据传递性可确定两个概念之间是否有 IS-A 关系；根据实例的归属规则可对概念的实例进行检查。同样为知识的存储和维护提供了许多方便，如避免信息描述的重复。

1.6.2　Instance-Of 关系

Instance-Of 关系是典型的概念与个体之间的二元关系。

对于概念 C 及其实例集 S_{ic}，实例集 S_{ic} 中的元素 $e(e \in S_{\text{ic}})$ 和概念 C 之间的关系称为实例关系（Instance-Of），记作 Instance-Of(e, C)，可表达为 e is an instance of C。图 1.6.2 说明概念"Windows98"有两个实例："Windows98 中文版第 1 版"和"Windows98 中文版第 2 版"。

实例关系没有自反性、对称性和传递性。但是从概念的内涵式可知，实例和概念之间具有很好的性质和属性的继承性，而基于实例关系的知识推理正是通过继承规则实现的。

图 1.6.2　Instance-Of 实例

（1）性质继承：（Instance-Of(e，C）∧ HasProperty(C，P））→ HasProperty（e，P）。

（2）属性继承：（Instance-Of(e，C）∧ HasAttribute(C，A））→ HasAttibute（e，A）。

1.6.3　Member-Of 关系

字母 M 表示部分，字母 W 表示整体，成员（M）与整体（W）之间的关系用 Member-Of 表示，记作 Member-Of（M，W），可表达为 M is a member of W。图 1.6.3 说明"Microsoft Word"和"Microsoft PowerPoint"是"Microsoft Office"的成员。

图 1.6.3　Member-Of 实例

Member-Of 关系不满足自反性、对称性、反对称性和传递性，并且没有属性和性质的继承性。Member-Of 关系侧重于概念之间的组成关系。它与 Instance-Of 是截然不同的两种关系，Instance-Of 是概念和其实例之间的关系，它们处于不同逻辑层次。

1.6.4　Before 关系和 After 关系

Before 和 After 用来表示概念（实例）出现的时间先后关系。其中，Before 表示一个概念（实例）在另一个概念（实例）之前出现，After 表示一个概念（实例）在另一个概念（实例）之后出现。

Before 和 After 关系不满足自反性、对称性，而且它们不具有属性和性质的继承性，但有反对称性和传递性。另外，Before 和 After 之间具有逆关系。

（1）传递性：

（Before(C_1，C_2）∧ Before(C_2，C_3））→Before(C_1，C_3）

（After(C_1，C_2）∧ After（C_2，C_3））→ After(C_1，C_3）

（2）Before 与 After 的逆关系：

Before(C_1，C_2）→After(C_2，C_1）

After(C_1，C_2）→Before(C_2，C_1）

1.7　常用的本体开发工具

为了方便本体论的开发和应用，许多组织和团体开发了各种类型的本体工具，涉及的范围包括本体的建立、本体的归并和整合、本体的存储和查询、本体的推理和学习、不同本体语言和格式间的转换等。下面是几种比较著名的本体开发工具。

1.7.1　Protégé

Protégé（2005）由斯坦福大学设计开发，是集本体论编辑和知识库编辑为一体的开发工具，它用 Java 编写。Protégé 系列的界面风格与普通 Windows 应用程序风格一致，用户比较容易学习使用它提供的图形界面和交互式的本体论设计开发环境，开发人员直接对本体论进行导航和管理操作，利用树形控制方法迅速遍历本体论的类层次结构。

Protégé 以 OKBC 模型为基础，支持类、类的多重继承、模版、槽、槽的侧面和实例等知识表示要素，可以定义各种知识规则，如值范围、默认值、集合约束、互逆属性、元类、元类层次结构等。另外，Protégé 最大的特点在于其可扩展性，它具有开放式的接口，提供大量的插件，支持几乎所有形式的本体论表示语言，包括 XML、RDF(S)、OIL、DAML、DAML＋OIL、OWL 等系列语言，并且它可以将建立好的知识库以各种语言格式的文档导出，同时还支持各种格式间的转换。由于 Protégé 开放源代码提供了本体建设的基本功能，使用简单方便，有详细友好的帮助文档，模块划分清晰，提供完全的 API 接口，因此它已成为国内外众多本体研究机构的首选工具。

Protégé 有如下特点：

（1）Protégé 是一个可扩展的知识模型。新的功能可以以插件的形式增加和扩展，且具有开放源码的优势。

（2）文件输出格式可以定制。可以将 Protégé 的内部表示转换成多种形式的文本表示格式，包括 XML、RDF(S)、OWL 等系列语言。

（3）用户接口可以定制。提供可扩展的 API 接口，用户可以更换 Protégé 用户接口的显示和数据获取模块来适应新的语言。

（4）有可以与其他应用结合的可扩展体系结构。用户可以将其与外部语义模块（例如针对新语言的推理引擎）直接相连。

（5）后台支持数据库存储，使用 JDBC 和 JDBC-ODBC 桥访问数据库。

由于 Protégé 开放源代码，提供了本体建设的基本功能，使用简单方便，有详细友好的帮助文档，模块划分清晰，提供完全的 API 接口，因此，它基本成为国内外众多本体研究机构的首选工具。

Protégé 的开发界面如图 1.7.1 所示。

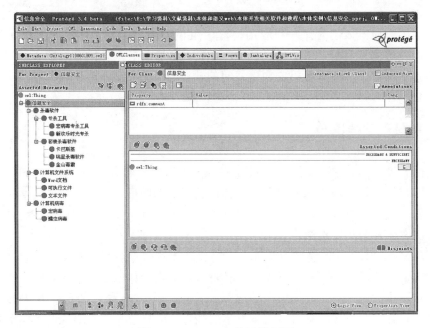

图 1.7.1　Protégé 的开发界面

1.7.2　Apollo

Apollo（2004）是一个用 Java 实现的、界面友好的本体开发工具，工业界用它可以方便地使用知识模型技术，而且不需要复杂的语法和环境。Apollo 支持基本的知识模型构建：本体、类、实例、函数和关系，在编辑的过程中就能完成一致性检测。例如，它能检测出未定义的类。Apollo 定义自己的语言来实现本体的存储，而且可以根据用户的不同需求把它导出为不同的表示语言。

1.7.3　OILEd

OILEd（2004）是一个由曼彻斯特大学计算机科学系信息管理组构建的基于 OIL 的图形化的本体编辑工具，它允许用户使用 DAML＋OIL 构建本体。它的基本设计受到类似工具（如 Protégé 系列、OntoEdit）的很大影响，它的新颖之处在于对框架编辑器范例进行扩展，使之能处理表达能力强的语言；使用优化的描述逻辑推理引擎，支持可跟踪的推理服务。OILEd 更多的是作为这些工具的原型测试并描述一些新方法，它不提供合作开发的能力，不支持大规模本体的开发，不支持本体的移植和合并、本体的版本控制以及本体构建期间本体工程师之间的讨论。OILEd 的中心组件是描述框架，它由父类的集合组成。OILEd 描述框架与其他框架不同之处在于它允许使用匿名框架描述。OILEd 能检测类的一致性，推断出包含的关系。

1.7.4 OntoEdit

OntoEdit（2004）是一个由卡尔斯鲁厄大学开发的支持用图形化的方法实现本体开发和管理的工程环境。它将本体开发方法论（骨架法）与合作开发和推理的能力相结合，关注本体开发的三个步骤：收集需求阶段、提炼阶段、评估阶段。OntoEdit 支持 RDF(S)、DAML＋OIL，并且提供对于本体的并发操作。OntoEdit 不开放源代码，已经产品化。OntoEdit 具有很好的扩展性，支持各种插件，既可以扩展其建模功能，又可以丰富其输入输出格式，适应不同用户的应用需要。

1.7.5 OntoSaurus

OntoSaurus（2004）是美国南加利福尼亚大学为 Loom 知识库开发的一个 Web 浏览工具，提供了一个与 Loom 知识库链接的图形接口。OntoSaurus 同时提供了一些对 Loom 知识库的编辑功能，然而它的主要功能是浏览本体。由于 OntoSaurus 使用 Loom 语言，它具有 Loom 语言提供的全部功能，既支持自动的一致性检查、演绎推理，也支持多重继承。如果要创建一个本体，特别是比较复杂的本体，那么用户就需要对 Loom 语言有一定的了解。对于一个新的用户，使用 OntoSaurus 编辑本体不是很方便。OntoSaurus 的本体开发方式是自顶向下。它先建立一个大型的、通用的本体结构框架，然后逐步往这个框架添加领域知识，形成内容丰富的本体。

1.7.6 WebODE

WebODE（2004）是马德里技术大学开发的一个本体建模工具，它支持本体开发过程中的大多数行为，并且能够支持 METHONTOLOGY 本体构建方法论。WebODE 是本体设计环境（Ontology Design Environment，ODE）的一个网络升级版本，并提供一些新的特性。WebODE 通过 Java、RMI、COBRA、XML 等技术实现，提供很大的灵活性和可扩展性，可以方便地整合其他应用服务。WebODE 体系结构分为三层：

第一层提供用户接口。这个接口是通过使用 Internet Explorer 或 Netscape 等 Web 浏览器提供的，使用 HTML 或 XML 与其他应用进行交互。

第二层提供业务逻辑，包括两个子层：逻辑子层——通过 Minerva Application Server 使用一组定义好的 API 来对本体进行直接访问；表示子层——生成需要在用户浏览器上显示的内容，并且处理客户端用户的请求。

第三层是数据层，本体存储在关系数据库（Oracle）中，通过 JDBC 访问。

WebODE 和 Protégé 系列一样，不需要使用具体的本体表示语言，而是在概念层构建本体，然后将其转化成不同的本体表示语言。WebODE 支持的本体表示语言有 XML、RDF(S)、DAML＋OIL、OWL 等，WebODE 通过定义实例集来提高概念模型的可重用性。这个特性使得不同用户可以使用不同方法对同一个概念模型进行实例化，每个用户使用自己的实例集，使得应用间的交互性得到提高，并且，WebODE 对同一个概念模型可以提供不同的概念视图。同时，WebODE 允许用户创建对本体的访问类型，使用组的概念，用户可以编辑或浏览一个本体，并且提供同步机制来保证多个用户无差错地编辑同一个本体。

1.8 其他工具

1.8.1 Jena 简介

Jena（2007）是来自于惠普实验室语义 Web 研究项目的开放资源，是用于创建语义 Web 应用系统的 Java 框架结构，它为 RDF、RDFS、OWL 提供了一个程序开发环境。具体包括用于对 RDF 文件和模型进行处理的 RDF API，用于对 RDF、RDFS、OWL 文件（基于 XML 语法）进行解析的解析器，RDF 模型的持续性存储方案，用于检索过程推理的基于规则的推理机子系统，用于对本体进行处理和操作的本体子系统，用于信息搜索的 RDQL 查询语言。

1. Jena 的主要功能

（1）RDF API（主要是 com. hp. hpl. jena. rdf. model 包）。可将 RDF 模型视为一组 RDF Statements 集合。

（2）RDQL 查询语言（主要是 com. hp. hpl. jena. rdql 包）。对 RDF 数据的查询语言，可以伴随关系数据库存储一起使用以实现查询优化。

（3）推理子系统（主要是 com. hp. hpl. jena. reasoner 包）。包括基于 RDFS、OWL 等规则集的推理，也可自己建立规则。

（4）内存存储和永久性存储（主要是 com. hp. hpl. jena. db）。Jena 提供了基于内存暂时存储的 RDF 模型方法，目前支持 MySQL、Oracle、PostgreSQL 和 Microsoft SQL 的数据存储，可以在 Linux 和 Windows 系统中运行。

（5）本体子系统（主要是 com. hp. hpl. jena. ontology 包）。Jena 对 OWL、DAML＋OIL 和 RDFS 提供不同的接口支持。

2. Jena 的主要框架

1）以 RDF/XML、三元组形式读写 RDF

RDF 是描述资源的一项标准（在技术上是 W3C 的推荐标准），Jena 文档中有一部分详细介绍了 RDF 和 Jena RDF API，其内容包括对 Jena RDF 包的介绍、RDF 模型的创建、读写、查询等操作以及 RDF 容器等的讨论。

2）RDFS、OWL、DAML＋OIL 等本体的操作

Jena 框架包含一个本体子系统（Ontology Subsystem），它提供的 API 允许

处理基于 RDF 的本体数据，也就是说，它支持 OWL、DAML＋OIL 和 RDFS。本体 API 与推理子系统结合可以从特定本体中提取信息，Jena 2 还提供本体文档管理器（OntDocumentManager）以支持对导入本体的文档管理。

3）利用数据库保存数据

Jena2 允许将数据存储到硬盘中，或者是 OWL 文件，或者是关系数据库中。

4）查询模型

Jena2 提供 ARQ 查询引擎，它实现 SPARQL 查询语言和 RDQL，从而支持对模型的查询。另外，查询引擎与关系数据库相关联，这使得查询存储在关系数据库中的本体时能够达到更高的效率。

5）基于规则的推理

Jena2 支持基于规则的简单推理，其推理机制支持将推理器（Inference Reasoners）导入 Jena，创建模型时将推理器与模型关联以实现推理。

Jena Ontology API 为语义 Web 应用程序开发者提供了一组独立于具体语言的一致编程接口。

Jena 提供的接口本质上都是 Java 程序，也就是 .java 文件经过 javac 之后生成的 .class 文件。显然，class 文件并不能提示本体创建使用的语言。为了区别于其他的表示方法，每种本体语言都有一个自己的框架（Profile），它列出这种语言使用的类（概念）和属性的构建方式和 URI。因此，在 DAML 框架里，对象属性的 URI 是 daml：objectProperty，而在 OWL 框架里却是 owl：objectProperty。RDFS 并没有定义对象属性，所以在 RDFS 框架里，对象属性的 URI 是 Null。

在 Jena 中，这种框架通过参数的设置在创建时与本体模型（Ontology Model）绑定在一起。本体模型继承自 Jena 中的 Model 类。Model 允许访问 RDF 数据集合中的陈述（Statements），OntModel 对此进行了扩展，以便支持本体中的各种数据对象：类（Classes）、属性（Properties）、实例个体（Individuals）。

基于本体的语义检索系统就可以将 Jena 作为核心的处理工具，通过 Protégé 创建 OWL 的本体模型，由 Jena 根据 OWL 本体定义将原始数据进行 RDF 资源标注，形成带有语义信息的数据，结合 Jena 的本体推理或者其他第三方推理机对本体关系进行推理分析，根据推理得出的信息用 SPARQL 语言实现对标注后数据的检索。

1.8.2 Lucene 简介

Lucene（2007）是 Apache 软件基金会 Jakarta 项目组的一个子项目，是一个开放源代码的全文检索引擎工具包，即它不是一个完整的全文检索引擎，而是一个用 Java 编写的全文索引引擎工具包，它为数据访问和管理提供了简单的函数调用接口，可以方便地嵌入到各种应用中实现针对应用的全文索引/检索功能。

Lucene 是一个高性能的、可升级的信息检索类库。它用 Java 实现，是一个成熟免费的、开放源代码的工具包，可以使用它方便地实现全文检索功能。许多 Java 项目都使用 Lucene 作为其后台的全文索引引擎，比较著名的有：①Eclipse：功能强大的 IDE 工具，全文检索部分使用 Lucene。②Jive：Web 论坛系统。③Conoon：基于 XML 的 Web 发布框架，全文检索部分使用 Lucene。

最初的 Lucene 是使用 Java 语言编写的一个全文索引的工具包，支持多种操作系统。随着 Lucene 的逐渐发展，2001 年年底 Lucene 成为 apache 基金会的子项目，并在日前推出使用 C、Delphi 等其他语言编写的版本。

Lucene 作为一个全文检索引擎，具有如下突出的优点（Apache Software Foundation，2007）：

（1）索引文件格式独立于应用平台。Lucene 定义了一套以 8 字节为基础的索引文件格式，使得兼容系统或者不同平台的应用能够共享建立的索引文件。

（2）在传统的全文检索引擎倒排索引的基础上，实现了分块索引，能够针对新的文件建立小文件索引，提升索引速度，然后通过与原有索引的合并，达到优化的目的。

（3）优秀的面向对象的系统架构，使得对于 Lucene 扩展的学习难度降低，方便扩充新功能。

（4）设计了独立于语言和文件格式的文本分析接口，索引器通过接受 Token 流完成索引文件的创立，用户扩展新的语言和文件格式，只需实现文本分析的接口。

（5）已经默认实现了一套强大的查询引擎，用户无需自己编写代码就可以使系统获得强大的查询能力，Lucene 的查询实现中默认实现了布尔操作、模糊查询（Fuzzy Search）和分组查询等。

1. Lucene 开发包简介

使用 Java 语言编写的组件包的发布形式是一个 JAR 文件，下面对 JAR 文件里的主要 Java 包进行简要的分析（丁晟春，顾德访，2005）。

1）Package：org. apache. lucene. document

这个包提供了一些为封装要索引的文档所需要的类，如 Document、Field。其中 Document 类是文档概念的一个实现类，每个文档包含一个域表（Field List），并提供一些实用的方法，比如多种添加域的方法、返回域表迭代器的方法。Field 类是域概念的一个实现类，每个域包含一个域名和一个值，以及一些相关的属性。这样，每一个文档最终被封装成一个 Document 对象。

2）Package：org. apache. lucene. analysis

这个包的主要功能是对文档进行分词，因为文档在建立索引之前必须要进行分词，所以这个包的作用可以看成是为建立索引做准备工作。但是目前 Lucene 的这个包只支持英文和德文的简单词法分析逻辑（按照空格分词，并去除常用的语法词，如英语中的 is、am、are 等），对中文尚不支持，若要支持中文分词，还需要扩展 Analyzer 类，根据词库中的词把文章切分。所以还要在这个包的基础之上实现中文分词的处理能力操作，以便为下一步建立索引做准备。简单地说，org. apache. lucene. analysis 就是完成将文章切分为词的任务。

3）Package：org. apache. lucene. index

这个包提供了一些类来协助创建索引以及对创建好的索引进行更新。索引包是整个系统的核心，全文检索的根本就是为每个切分出来的词建立索引，查询时只需遍历索引，而不需在正文中遍历，从而极大地提高了检索效率，因此索引的质量关系到整个检索系统的质量。这里面有两个基础的类：IndexWriter 和 IndexReader。其中，IndexWriter 是用来创建索引并添加文档到索引中；IndexReader 是用来删除索引中的文档。

4）Package：org. apache. lucene. search

这个包提供了在建立好的索引上检索所需的类，比如 IndexSearcher 和 Hits。IndexSearcher 定义了在指定的索引上进行检索的方法，Hits 用来保存检索得到的结果。

5）Package：org. apache. lucene. queryParser

这个包提供了查询语句语法分析逻辑即查询分析器的功能，实现查询关键词间的运算，如与、或、非等。

6）Package：org. apache. lucene. store

这个包提供了数据存储管理的功能，主要包括一些底层的 I/O 操作，提供诸如目录服务（增、删文件）、输入流和输出流等操作。

7）Package：org. apache. lucene. util

这个包定义了一些常量（Constants）和优化过的常用的数据结构（如：PriorityQueue，BitVector 和 Arrays）和算法。

综上所述，Lucene 的核心类包主要有三个：org. apache. lucene. analysis、org. apache. lucene. index 和 org. apache. lucene. search。其中，org. apache. lucene. analysis主要用于分词，分词的工作由 Analyzer 的扩展类来实现，Lucene 自带了 StandardAnalyze 类，可以参照该包写出自己的分词分析器类，如中文分析器等；org. apache. lucene. index 主要提供库的读写接口，通过该包可以创建索引、更新索引等；org. apache. lucene. search 主要提供检索接口，通过该包，可以输入条件，得到查询结果集。

2. Lucene 实现全文检索的步骤

Lucene 实现全文检索功能有以下 3 个步骤。

1）建立索引

建立索引是全文检索的基础。检索时通常采用倒排文档（Invert Document）的方式来进行。即可以将一本书中的文字分成一个个词条，将每个词条出现在书中的页码记录在词条后面。这样，用户需要查找该词条时，只要找到词条就可以根据词条后的页码找到所有该词条出现的位置。Lucene 并没有规定数据源的格式，而只提供一个通用的结构（Document 对象）来接收索引的输入，因此输入的数据源可以是数据库、WORD 文档、PDF 文档、HTML 文档等。只要能够设计相应的解析转换器将数据源构造成 Document 对象即可进行索引。

2）查找索引

当索引建立好后，就可以对其进行查找了。Lucene 所建立的索引存放在文件系统中，因此，查找索引时，需首先将文件打开读入内存。

3）更新索引

实际的内容是不断更新的，因此，索引的内容也需要不断更新。Lucene 同样提供丰富的功能来支持索引的更新功能。

3. Lucene 的评分公式

Lucene 提供的计算检索项 t 与文档 d 的相似度评分公式为：

$$\sum_{t \text{ in } q} \text{tf}(t \text{ in } d) \cdot \text{idf}(t) \cdot \text{boost}(t.\text{field in } d) \cdot \text{lengthNorm}(t.\text{field in } d)$$

表 1.8.1 给出评分公式中各个因子的解释。

表 1.8.1　Lucene 评分公式中各个因子的描述

评分因子	描　　述
$\text{tf}(t \text{ in } d)$	文档 d 中出现检索项 t 的频率
$\text{idf}(t)$	检索项 t 在倒排文档中出现的频率
$\text{boost}(t.\text{field in } d)$	域的加权因子（boost），它的值在索引过程中进行设置
$\text{lengthNorm}(t.\text{field in } d)$	域的标准化值（normalization value），即在某一域中所有项的个数。通常在索引时计算该值并将其存储到索引中

1.9　典型本体介绍

自从本体的思想被引入计算机科学领域，人们已开发出难以计数的本体。这些本体在规模和复杂度上都有很大的差异。有的本体针对特定的领域，有的则希望建立通用的大规模常识知识库。这里介绍国内外重要典型本体工程，它们均不局限于特定的领域，具有一定的通用性，并在本体的发展和应用中起着重要的作用。

1.9.1　CYC

CYC 计划启动于 1984 年，由斯坦福大学的 D. Lenat 教授领导的小组正在研制的一个大型的、可共享的人类常识知识库系统，它的主要目的是解决计算机软件的脆弱性问题。项目团队正从《大英百科全书》和其他知识源手工地整理人类常识性知识。

CYC 的应用领域涵盖了分布式人工智能、智能检索、自然语言处理、语义 Web、知识表示、语义知识集成等方面。CYC 是大型的符号型人工智能的一次尝试，其中所有的知识都以逻辑声明的形式表示，它包含了 400 000 多个关键声明，包括对事实的简单陈述、关于满足特定事实陈述时得出何种结论的规则以及关于通过一定类型的事实和规则如何推理的标准。

1.9.2　WordNet

WordNet（Princeton University，2007）是一个由普林斯顿大学的一些心理学家和语言学家开发的一个大型在线知识库。WordNet 能在概念层次上查找词汇，而不仅仅是依据字母顺序来查找，因此，可以说 WordNet 是基于心理学规则的词典。WordNet 与普通标准词典的最大不同是它将词分四类：名词、动词、形容词和副词。WordNet 一个最显著的特征是它试图根据意义来组织分类词汇信息，而不是根据词的形式。WordNet 采用语义关系来组织词汇。语义关系是指两个意义之间的关系，由意义用同义词关系、反义词关系、上/下位关系、部分整体关系词形成的关系。WordNet 已被应用到诸多领域，包括知识表示、知识工程、自然语言处理、文本翻译、信息检索和语义 Web 等。

1.9.3　SUMO

SUMO（Suggested Upper Merged Ontology）最初由 Lan Niles 和 Adam Pease 开发，现在由 Teknowledge Corporation 维护。SUMO 包括人类认知方面的类目和现实描述的类目。SUMO 是通过合并现有的顶级本体而成，被合并的本体包括：Ontolingua 服务器上可获得的本体、John Sowa 开发的顶级本体、ITBM-CNR 开发的本体、Russell 和 Norvig 开发的顶级本体和各种拓扑理论。SUMO 是一个轻量级的本体，它所包括的概念和公理都以一种能被大多数用户理解和掌握的方式来表示。

SUMO 希望通过建立公认最高层次的知识本体，鼓励其他特定领域的知识本体以它作为标准和基础，衍生出更多其他特殊领域的知识本体，并为一般多用途的术语提供定义。另外，SUMO 是形式化的，目前，它已经全部和 WordNet 建立了映射。SUMO 具有生成多种语言的模板，并能通过工具支持对它的浏览和编辑。在各种领域本体的组合下，SUMO 的规模变得越来越庞大，目前，它包含 2000 个词汇和 60 000 个公理。

1.9.4　知网

知网（董振东，董强，2004）是中国科学院华建集团推出的一个知识库，它以英汉双语所代表的概念以及概念的特征为基础，以揭示概念与概念之间以及概念所具有的特性之间的关系为基本内容。建立知网的哲学基础是："世界上一切事物（物质的和精神的）都在特定的时间和空间内不停地运动和变化。

它们通常是从一种状态变化到另一种状态，并通过其属性值的改变来体现。"因此，知网的运算和描述的基本单位是：万物，其中包括"物质的"和"精神的"两类，如部件、属性、时间、空间、属性值以及事件。知网项目的研究着力描述概念之间和概念的属性之间的各种关系，主要包括上下位关系、同义关系、反义关系、对义关系、属性-宿主关系、部件-整体关系、材料-成品关系、事件-角色关系。知网的创始人董振东教授认为，对于概念的描述应该着力体现概念与概念间、概念的属性与属性之间的关系，因此，知网知识库对于概念的描述必然是复杂性描述。知网中概念的描述既具有概括性、一般性的描述，又具有因不同类别而引起的细节性描述，由此引发了概念描述的一致性和准确性问题。为了确保概念描述的一致性和准确性，知网开发出一套知识描述规范体系——知网知识系统描述语言（Knowledge Database Markup Language，KDML）。

知网词库中虽然蕴涵了大量概念与概念间的关系，可以作为汉英机器翻译的语料库进行使用，但是并不具备作为本体系统所应具备的推理、知识发现等功能。

1.9.5　国家知识基础设施

全称是国家知识基础设施（National Knowledge Infrastructure，简称 NKI）是国际首创的概念，由曹存根研究员于 1995 年提出。NKI 的目标是建立一个大型可共享的知识群体。1998 年，世界银行的一份研究报告中也提出了同样的概念，指出国家知识基础设施在知识经济、科技发展和国民教育中的战略意义。人们已经意识到，在知识经济中，传统的生产力三要素具有新的含义。劳动者的知识水平、劳动资料的知识含量以及劳动对象的有效获取都直接决定着生产力的水平，也直接影响到劳动产品的国际竞争力。与目前人们常说的数字化图书馆不同，国家知识基础设施的建设不是将各学科的书本拷贝进计算机，然后进行简单的主题分类处理，让读者自行查找和阅读有关的电子书本。在国家知识基础设施中，要对各学科知识（如地理、军事、医学、历史、生物等）进行深层次的概念分析和知识分析，研制一个可共享、可操作的庞大的专业知识群（甘健侯，2007）。

NKI 采用半自动的方法从文本中获取知识，目前主要的知识源为中国大百科全书。从 2000 年 3 月到目前，已获取了医学、生物、地理、天文、历史、数学、化工等 16 个学科的 110 万条专业知识，建立了 450 个专业本体。在知识表示方面，NKI 采用基于本体的类框架形式表示知识，已经建立了一套知识获取和分析方法。NKI 支持本体上的一阶谓词推理，已建立了"IS-A"、"Part-of"等十多种语义关系的推理模式，目前这部分工作仍在进行，并且已列入长期研究计划。目前 NKI 对知识共享的研究已专门立项，并取得部分成果。

1.9.6　CREAM

注解 Web 文本是在 Web 上创建元数据最主要的技术。CREAM（Creating relational annotation-based Metadata）是一个基于组件、本体驱动的注解环境的框架，它允许构建关系型元数据。元数据包括类实例和关系实例，这些实例不基于一个固定的结构，而是在一个领域本体中。CREAM 中包括了元数据获取的集成、推理服务，文本管理，信息抽取和实现等功能。

CREAM 体系中，文本可视化模块功能是可视化 Web 页的内容，注解器通过高亮度文本来提供对 HTML、XML 的注解。本体指导模块主要在注解框架提供本体的指导。为了共享知识，新创建的注解必须与公用的本体相一致。网页爬虫（Crawler）主要从 WWW 中获取网页和被注解的网页。注解推理服务器模块主要功能是进行合理的推理、避免冗余注解和一致性检查。文本管理器模块主要对获取的网页信息进行管理，并进行优化存储，另外，考虑到在 Web 上 HTML 页的动态性，希望被标记的网页和其注解一起存储。

CREAM 的体系结构如图 1.9.1 所示。

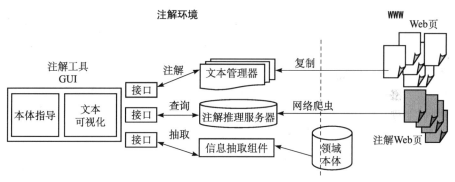

图 1.9.1　CREAM 的体系结构

1.9.7　OntoWebber

OntoWebber 是 OntoAgents 计划的基础，它帮助语义 Web 的研究机构方便有效地交换和共享知识。OntoWebber 集成了：①对 Web 站点的各个方面进行明确地建模；②使用本体作为 Web 入口设计的基础；③半结构化数据技术和 Web 站点建模。

OntoWebber 采用了模型驱动、基于本体的方法来说明 Web 站点管理、数据集成和提供整个 Web 站点生存周期的支持（包括：设计、生成、个性化和维护）。OntoWebber 的体系结构如图 1.9.2 所示。

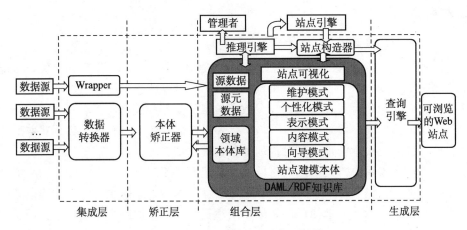

图 1.9.2 OntoWebber 的体系结构

1.9.8 其他模型

清华大学李涓子研究团队提出基于贝叶斯决策的多策略本体映射模型,解决了多种映射策略的融合问题;提出动态选择的多策略本体映射模型,解决了针对不同本体映射任务,动态选择映射策略问题,进一步提高了映射精度;提出本体中概念与关系重要性识别的方法,提高了语义检索的准确性;提出一个统一带挖掘的语义检索模型,解决了在社会网络中面向专家的语义检索问题。

武成岗研究团队等提出基于本体论和多智能主体的信息检索服务器,该系统利用本体论协助智能主体对 Internet 上的各类文档信息进行领域分类,并规范用户信息检索的模式,仅为用户提供所关注领域的文档索引信息。能够快速地从其他信息检索服务器的索引库中获取与本地用户偏好有关的索引信息,用户所需的大部分信息来源于系统的本地索引库和信息库。

美国斯坦福大学知识系统实验室的 KSE 研究项目中提出了以本体作为不同知识库系统共享知识的方法,并开发了基于 Web 的 Ontolingua 系统。

美国国防部高级研究项目局(DARPA)研究的高性能知识库系统(HPKB)是一类重要的军事知识基础设施,为了提高指挥决策的自动化程度,利用了本体技术在知识获取和建模方面的优势来构建其知识库,而且目前已在战术级层次上取得了较大进展。

Mkai 等提出了基于本体结构的信息检索方法,利用本体中的路径来扩展用户查询,从而提高检索的查全率。

中国科学院计算研究所程勇等也研究了基于本体的知识管理,包括基于本体的不确定性知识表示和查询、半自动本体获取方法、本体映射方法和面向语义的多主体知识服务等,并基于这些工作,构建了一个面向语义的多主体知识管理系统 KMSphere 的原型系统。

1.10　本体的研究和应用

人工智能领域对本体的研究主要包括以下三个方面的内容：

本体论工程。研究和开发本体的内容，包括两个方面，一是研究如何创建特定领域的本体，二是研究通用本体的创建方法。

本体的表示、转换和集成。研究用于表示各种本体的知识表示系统，提供形式化方法和工具，促进本体的共享和重用，提供不同本体的比较框架，研究不同本体的转换和集成方法，提供不同本体间互操作的手段。

本体论的应用。主要研究以特定领域或通用本体为基础的应用。

本章参考文献

丁晟春，顾德访 . 2005. Jena 在实现基于 Ontology 的语义检索中的应用研究 . 现代图书情报技术，10:5～9

董振东，董强 . 2004. 知网简介 . http：//www. keenage. com

甘健侯 . 2007. 语义 Web 及其应用——基于本体、描述逻辑、语义网络 . 昆明：云南科技出版社

陆宝益，李保珍 . 2006. 基于本体的检索质量的语义相关度评价 . 情报杂志，25(10)：63～65

Arpirez J C，Corcho O，M Fernández-López et al. 2001. WebODE：A Scalable Workbench for Ontological Engineering. In：Proceedings of the 1st International Conference on Knowledge Capture，ACM Press. 21～23

Apache Software Foundation. 2007. Welcome to Apache Lucene! http：//lucene . apache . org

CIM3. NET. 2007. Suggested Upper Merged Ontology（SUMO）. http：//www. ontology-portal. com

Cycorp. 2007. What's new at Cycorp

Dong Zhendong，Dong Qiang. 2000. 知网——HowNet Knowledge Database. http：//www. keenage. com

Falc M，Koss M，Mulholland P et al. Apollo. http：//apollo . open . ac . uk

Gospodnetic O，Hatcher E. 2007. Lucene IN ACTION（中文版）. 谭鸿等译 . 北京：电子工业出版社

HP Labs. 2007. Jena—A Semantic Web Framework for Java . http：//jena. sourceforge. net

OntoEdit. 2004. Ontoprise Know-How to Use Know-How. http：//www. ontoprise . de

OntoSaurus. 2004. Loom onto Saurus. http：//www. isi . edu/isd/ontosaurus. html

Princeton University. 2007. WordNet—A Lexical Database for English. http：//wordnet. princeton. edu

Protégé. 2005. Welcome to Protégé. http：//protege . stanford. edu

Roberts A. 2004. An Introduction to OilEd. http：//www. dcs. shef. ac. uk/～ angus/daml-oil-workshop/oiled-tutorial/index. html

第 2 章 语义 Web 与本体描述语言

语义 Web 被称为第三代互联网，它以实现 Web 中的信息是机器可处理和可理解的信息为目标，以实现不同机器之间数据语义互操作为特点。互联网中信息和知识不仅可以发布和生成，而且可以进行语义校验、机器推理、形式证明，真正让 Web 形式化和语义化。

2.1 语义 Web 概述

2.1.1 语义 Web 的概念、定义

语义 Web 是一个由机器可理解的大量数据所构成的一个分布式体系结构，在这个体系结构中，数据之间的关系通过一些术语表达，这些术语之间又形成一种复杂的网络联系，计算机能够通过这些术语得到数据的含义，并且可以在这种联系上应用逻辑来进行推理，从而完成一些原来不能直接完成的工作。

下面介绍并分析 Tim Berners-Lee 等和 W3C 从不同角度对语义 Web 提出的概念和定义。然后，根据对语义 Web 的理解，给出能够反映语义 Web 基本特征的定义。

定义 2.1.1 语义 Web 是一个数据的 Web，某种形式上类似于一个全球性的数据库。语义 Web 方法是要开发一种语言，它能以机器可处理的形式表达信息。

该定义在语义 Web 整体框架提出之前给出，主要关注信息背后的网络空间

关联结构以及如何开发语言来表达 Web 信息等问题。

定义 2.1.2　语义 Web 是对 WWW 上数据的表示。它是一个由 W3C 带领的、许多其他研究人员和产业界合作参与的协作研究活动。它的基础是集成基于 XML 语法和 URI 标识的各种应用的 RDF。

这个定义是 W3C 根据语义 Web 目前的研究内容和技术基础给出的。它强调了语义 Web 研究活动是一个全球性的协作研究活动，强调了研究活动的开放性。

定义 2.1.3　语义 Web 是对当前 Web 的一种扩展，其中的信息被赋予明确定义的含义，使机器和人能更好地协同工作。

该定义在较高的抽象层次上对语义 Web 进行了概括。首先指出了"信息被赋予明确定义的含义"是语义 Web 的基础；其次，"协同工作"体现了语义 Web 的最终目标就是要成为协同工作的媒介。

比较上述各种定义可以发现：这三个定义都强调了语义 Web 需要一种数据表示方法。尽管各种定义都从不同角度关注语义 Web，但都没有完整描述其各个方面的特征。

语义 Web 一方面指由机器可处理的信息所组成的抽象信息空间，另一方面指语义 Web 技术所组成的研究对象。"Semantic"含有"机器可处理"的意思，而不是自然语言或人的推理，对信息来说，"Semantic"表达了对信息能做哪些操作。

根据对语义 Web 的理解，将语义 Web 定义为："语义 Web 是对当前 Web 的一种扩展，是一个信息的 Web，这些信息被赋予明确定义的含义，是机器可处理的；语义 Web 的技术基础是 XML 和 RDF；其基本实现方法是开发功能逐层增强的形式化信息规约语言，用以唯一确定信息的含义；其最终目标是成为智能化网络服务和应用开发的基础设施，成为机器与人协同工作的媒介。"

2.1.2　语义 Web 的模型

语义 Web 的发展，本质上就是用信息表示语言的发展，让信息在不同层次上使计算机可理解和可处理。语义 Web 是由多种语言和应用形成的一个层次化体系结构。图 2.1.1 描述了语义 Web 的整体架构，这也是 Tim Berners-Lee 的设想，图 2.1.2 是中文解释。

URI 和 Unicode 层是标识语义 Web 对象和使用国际字符集的基本手段。XML 层以及命名空间和 Schema 定义是集成语义 Web 定义与其他基于 XML 标准的基础。RDF 和 RDFS（二者合称为 RDF(S)）用来描述和定义由 URIs 引用的对象及词汇，并指定资源和链接的类型。本体层用来定义不同概念之间的关系，以支持词汇的演化。逻辑框架层为基于规则的系统提供一个描述公理的框架。证明层执行规则，并做出相应的评估。信任层为应用程序是否信任一个给定的证明提供检测机制。数字签名和加密技术用来检测文档的改动情况，是增强 Web 信任的手段。

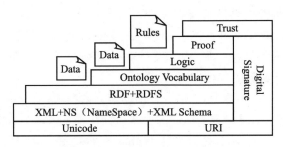

图 2.1.1　语义 Web 的体系结构

Unicode（统一字符编码）
URI（统一资源标识符）
XML（可扩展标记语言）
NS（NameSpace，命名空间）
XML Schema（XML模式）
RDF（资源描述框架）
RDFS（RDF模式）
Ontology Vocabulary（本体词汇）
Logic（逻辑）
Proof（推理证明）
Trust（可信性）
Rules（规则）
Data（数据）
Digital Signature (数字签名)

图 2.1.2　语义 Web 体系结构的解释

2.1.3　Unicode 和 URI

语义 Web 采用 URI 标识资源及其属性。它和 WWW 常用的统一资源定位器（Uniform Resource Locator，URL）以及统一资源名称（Uniform Resource Name，URN）的区别在于 URI 泛指所有以字符串为标识的网络资源，包含了 URL 和 URN。另外由于语义 Web 的最终目的是要构建一个全球信息网络，在这个网络上应该涵盖各种语言和文字的信息资源，所以它采用 Unicode 作为字符的编码方案。这一层是整个语义 Web 的基石，它成功地解决了 Web 上资源的定位和跨地区字符编码的标准格式问题。

2.1.4　本体层

虽然 RDF(S) 能够定义对象的属性和类，并且还提供了泛化（Generalization）等简单语义，但它不能明确表达描述属性或类的术语含义及术语间的关系。本体层用来定义共享的知识，从而对各种资源之间的语义关系进行描述，揭示资源本身以及资源之间更为复杂和丰富的语义信息。本体是一种用以描述语义的、概念化的显式说明。它通过定义属性并建立一个分类层次结构，将不同的概念区别和组织起来，同时也通过属性将概念相互联系起来，从而建立起概念的语义空间，亦即对某一个领域内事物的共同理解。这些概念和属性的名字（即标识）构成了本体的词汇表。在语义 Web 的交流和通信中，本体担当着语义沟通的重要角色，是其实现的关键技术之一。本体需要用本体语言描述和建构，常用的本体描述语言有 DAML＋OIL、OWL 等。

2.1.5　逻辑、证明和信任

除了本体层定义的术语关系和推理规则外，还需要有一个功能强大的逻辑语言来实现推理。这三层位于语义 Web 体系结构的顶部，也是语义表达的高级要求，目前正处于研究阶段，也有一些简单的示范性应用系统正在建设中。其中，逻辑层（Logic）提供了推理规则的描述手段，为智能服务提供基础，比如可利用分布在 Web 上的各种断言或公理推理出新的知识；证明层（Proof）通过运用这些规则进行逻辑推理和求证；而信任层（Trust）则负责为应用程序提供一种机制以决定是否信任给出的论证。证明语言允许服务代理在向客户代理发送断言的同时将推理路径也发送给客户代理，这样应用程序只需要包含一个普通的验证引擎就可以确定断言的真假。但是，证明语言只能根据 Web 上已有的信息对断言给出逻辑证明，它并不能保证 Web 上所有的信息都为"真"，因此软件代理还需要使用数字签名和加密技术用来确保 Web 信息的可信任性。

2.1.6　数字签名和加密

简单地说，数字签名（Digital Signature）就是一段数据加密块，机器和软件代理可以用它来无二义地验证某个信息是否由特定可信任的来源提供，它是实现 Web 信任的关键技术。数字签名跨越了多层，是一种基于互联网的安全认证机制。当信息内容从一个层次传递到另一个层次时，允许使用数字签名说明内容的来源和安全性，这样接收方就可以通过数字签名鉴别其来源和安全性以决定是否接受。数字签名对于语义 Web 及其他使用 XML 进行信息交换的系统非常重要。公共密钥加密算法是数字签名的基础，虽然公共钥匙密码技术已存在较长时间了，但还没有真正广泛应用，如果加上语义 Web 各层支持，使一个团体在一定范围内可信任，就实现了信任层，这样一些诸如电子商务等重要的应用就可以进入到语义 Web 的实用领域中。

2.2　本体描述语言

本体语言使得用户可以为领域模型编写清晰的、形式化的概念描述，因此它应该满足以下要求：良好定义的语法（a Well-Defined Syntax）、良好定义的语义（a Well-Defined Semantics）、有效的推理支持（Efficient Reasoning Support）、充分的表达能力（Sufficient Expressive Power）、表达的方便性（Convenience of Expression）。W3C 推荐的主要包括 XML(S)、RDF(S)、OWL 等。

2.2.1 XML

XML 是一种机器可读文档的规范。Markup 说明文档中相应的字符序列表达了文档的内容，它描述了文档的数据布局和逻辑结构。因为它使用了标签（如〈name〉），所以使它看上去像我们熟悉的 HTML。Extensible 表明了 XML 的主要特征。实际上，XML 是一个元语言（Meta-Language），它使用了标准化的方法来定义其他语言。XML 允许用户自由定义标签，因此 XML 具备了良好的可扩展性。这就使得 XML 的适用范围很广，从电子表单到应用文件格式，都有它的应用。XHTML 就是使用 XML 对 HTML 的再定义（甘健侯，2007）。

XML 文档是由可嵌套的具有标签的元素（Element）组成的文本。其最基本的语法单位如下所示：

$$
\text{标记元素} \begin{cases} \text{'〈'〈元素名〉〈属性名〉="属性值" '〉'} & ——〉 \text{起始标签} \\ \text{〈文字内容〉}1-n & ——〉 \text{文字内容} \\ \text{'〈/'〈元素名〉'〉'} & ——〉 \text{结束标签} \end{cases}
$$

每个标记元素可有一个或多个属性值对。XML 有一个严格的层次结构，元素嵌套时标签不允许交叉。此外，XML 文档还可包含一个文档类型定义（Document Type Definition，DTD），它用来规范用户定义的标签和文档的结构。与 HTML 相比，XML 的优点主要表现在：

(1) XML 允许用户自由定义标签，使 XML 具备了良好的可扩展性；

(2) XML 支持元素任意层次的嵌套；

(3) DTD 为 XML 提供了检查文档结构有效性的依据；

(4) 数据与表现形式分离。

XML 并没有对数据本身做出解释。换句话说，XML 并没有指明数据的用途和语义，所以凡是使用 XML 表达内部的数据以用于交换时，必须在使用前定义它的词汇表、用途和语义。

下面例子说明："操作系统"是定义的一个类，"Windows98"是它的子类，而"Windows98"并不是"WindowsXP"。

```
〈class-def〉
    〈class name = "操作系统"/〉
    〈subclass-of〉
        〈class name = "Windows98"/〉
        〈NOT〉
            〈class name = "WindowsXP"/〉
        〈/NOT〉
    〈/subclass-of〉
〈/class-def〉
```

XML 提供 DTD，XML Schema 对文档结构进行有效性验证，通过描述/约束文档逻辑结构实现数据的语义。XML 对本体的描述，就是利用 DTD 或 XML Schema 对本体所表达的领域知识进行结构化定义，然后再利用 XML 文档结构与 XML 内容之间的关系对本体知识进行描述，从而提供对数据内容的语义描述，具体过程如图 2.2.1 所示。

图 2.2.1　XML 对本体的描述

虽然 XML 中的标签和属性可以用于表示 Web 页面的语义知识内容，但是它并不能有效地表示一个完整的本体论，也不能有效地应用于推理。鉴于 XML 的优势所在，许多本体论语言如 RDF(S)、XOL、DAML、OWL 等都是从它发展而来的。

尽管 XML 为 Web 内容个性化和统一化提供了语法上的标准支持，通过 XML Schema，也可以支持一定程度的数据语义表达，但在表达 Web 上的知识方面，XML 不具有提供信息语义互操作的能力。RDF 模型在 XML 层次之上为 Web 中信息表达和处理方面提供了语义化支持。

2.2.2　RDF

RDF 是一种描述和使用数据的方法，也就是说 RDF 是关于数据的数据，或者说是元数据。RDF 是处理元数据的基础，它提供了 Web 上应用程序间交换机器能理解的信息互操作性。RDF 的主要目标是解决互联网中信息的语义化，它支持对元数据语义的描述以及元数据之间的互操作性，在应用中也支持基于推理的知识发现而不是全文匹配检索。

1. RDF 模式和语法

在 RDF 中，资源（Resource）是所有在 Web 上被命名、具有 URI 的事物。除基本类型（如字符串等）外，其他信息也可被定义为资源。描述（Description）是对资源属性的一个声明，以表明资源的特性或者资源之间的联系。框架（Framework）是与被描述资源无关的通用模型。也就是说，RDF 定义了资源、属性和属性的值三元组来描述 Web 上的各种资源。资源可以通过属性与其他资源或者基本类型建立联系，构成语义 Web。每个关系都可以看做是联系两个资源或者一个资源和一个基本类型的纽带，这三者构成了声明（Statement）。

（1）资源：资源可能是整个网页、网页的一部分、页面的全部集合或者不能通过 Web 直接访问的对象。

（2）属性：属性用来描述某个资源特定的方面、特征、性质或关系。

（3）声明：一个属性的资源、属性名和该属性的值共同构成一个 RDF 声明。

声明中属性的资源、属性名和属性的值分别称为主体（Subject）、谓词（Predicate）和客体（Object）。声明的客体（即属性值）可以是另一个资源或文字，也就是说，客体可以是 URI 指定的资源、一个简单的字符串和简单数据类型三者之一。

从本质上说，RDF 定义 Subject-Predicate-Object 三元组作为基本建模原语并为它们引入标准的语法。例如，Ora Lassila is the creator of the resource http：//www.w3.org/Home/Lassila. 这个句子具有如表 2.2.1 所示的三个部分。

表 2.2.1　RDF 结构

主体（资源）	http：//www.w3.org/Home/Lassila
谓词（属性）	creator
客体（值）	Ora Lassila

例子也可以用图 2.2.2 表示。

图 2.2.2　RDF 三元组

可以用 RDF 表示为：

⟨rdf:RDF⟩
　　⟨rdf:Description about = "http://www.w3.org/Home/Lassila"⟩
　　　　⟨s:creator⟩ Ora Lassila ⟨/s:creator⟩
　　⟨/rdf:Description⟩
⟨/rdf:RDF⟩

这里的"s"指的是一个特定的命名空间前缀。

另外，可以用矩形框和有向边表示 RDF 所描述的对象。下面的例子说明："Microsoft Windows"被定义为类，它的标签为"Microsoft Windows"，定义了"Microsoft Windows"的属性"isDevelopedOf"，另外"Microsoft Windows"有子类"Microsoft Windows98"。如图 2.2.3 所示。

⟨rdfs:Class rdf:ID = "Microsoft Windows"⟩
　　⟨rdfs:label⟩Microsoft Windows⟨/rdfs:label⟩
⟨/rdfs:Class⟩
⟨rdf:Property rdf:ID = "isDevelopedOf"⟩
　　⟨rdfs:label⟩is developed of⟨/rdfs:label⟩
　　⟨rdfs:domain rdf:resource = "♯Microsoft Windows"/⟩
⟨/rdf:Property⟩

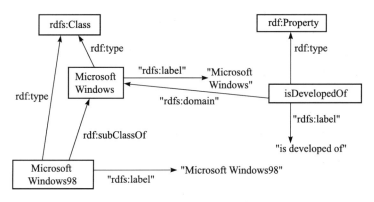

图 2.2.3　RDF 三元组实例

```
<rdfs:Class rdf:ID = "Microsoft Windows98">
    <rdfs:subClassOf rdf:resource = "#Microsoft Windows"/>
    <rdfs:label>Microsoft Windows98</rdfs:label>
</rdfs:Class>
```

2. RDF 与 XML 的关系

RDF 和 XML 之间的关系一直是一个容易混淆的问题，它们之间有着明确的功能分工：RDF 解决如何无二义性地描述资源对象的问题，使得描述资源的元数据成为机器可以理解的信息。RDF 通过基于 XML 语法的明确定义模型来帮助建立语义协定（RDFS）和语法编码（XML）之间的桥梁，并以此来实现元数据的互操作能力。XML 和 RDF 的结合，不仅可以实现数据基于语义的描述，也充分发挥了 XML 与 RDF 的各自优点，便于 Web 数据的检索和相关知识的发现。

3. 基于 RDF 的推理

RDF 可以用三元组形式表示资源。一个三元组由主体、属性和对象组成。复杂情况就是主体和对象既可以是某一资源的指定又可以是一个三元组集合。

三元组例子如图 2.2.4 所示。

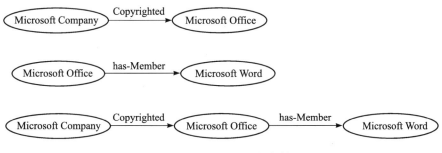

图 2.2.4　RDF 三元组实例

三元组可以是单个的也可以构成图。第三个图由两个三元组构成（因此为三元组集），它的意思是 Microsoft 公司版权所有 Microsoft Office，Microsoft Office 拥有成员 Microsoft Word。主体和对象可以是三元组集，意味着图中的每个结点都可以是图。

假设在以上的语义 Web 中作如下查询：①谁版权所有 Microsoft Office？②Microsoft Office 包括的成员有哪些？③谁版权所有 Microsoft Office，Microsoft Office 包括的成员有哪些？

图 2.2.5 给出了上述查询的表示.

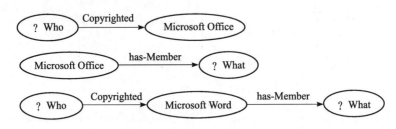

图 2.2.5　RDF 三元组查询

上述查询是包含变量的图。一般来说，RDF 查询就是"子图匹配"。图 2.2.6的 RDF 数据模型中，两种表示实际上是等价的。

(1)

(2)

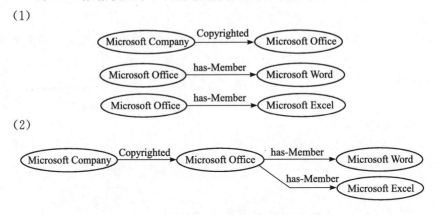

图 2.2.6　RDF 三元组

假设存在一个规则：如果 X 软件是 Y 软件的前导版本，那么 Y 软件是 X 软件的后继版本。图 2.2.7 说明了如何用 RDF 三元组表示这个规则。

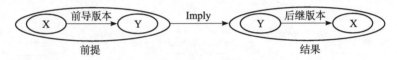

图 2.2.7　RDF 三元组规则表示

以下内容说明怎样使用一阶归结理论执行 RDF 数据模型的查询。

一个三元组能被建模作为一个谓词：Triple（Subject，Property，Object）。一个连通图可分解为三元组集。如：

Triple（Microsoft Company，Copyrighted，Microsoft Office）

Triple（Microsoft Office，has-Member，Microsoft Word）

Triple（[Triple（X，前导版本，Y）]，Imply，[Triple（Y，后继版本，X）]）

RDF 声明的序列被划分为一些集合，每个集合组成一个连通子图，称为三元组集合。带有规则的子图匹配算法试图将每个查询的三元组集合与语义 Web 中的每个三元组集合相匹配。每个查询的三元组集合中的三元组与每个目标三元组集中的三元组进行匹配。（这个算法对于属性的推理非常适合。）

另外可以在 RDF 中利用闭包、闭包路径、归结等技术实现三元组集的多匹配、匹配带有规则的集合等复杂问题。

4. 基于 RDF 的 Web 应用

RDF 为 Web 资源描述提供了一种通用框架，它以一种机器可理解的方式表示，可以很方便地进行数据交换，RDF 提供了 Web 数据集成的元数据解决方案。通过 RDF 的帮助，Web 可以实现目前还很难实现的一系列应用，其应用主要包括：

（1）RDF 与资源发现（Resource Discovery）技术：RDF 采用简单的（资源，属性，值）三元组来描述资源，而且 RDF 采用 XML 语法，这样就可以很容易地实现资源的自动搜索，而不需要进行人工标引，并且可以达到很高的查全率和查准率。

（2）RDF 与个性化服务：用户的能力和偏好可以看做是关于用户的元数据，于是可以用 RDF 来描述，这样就可使用同一种方法来描述 Web 内容和用户的能力与偏好，在用户获取信息的时候，可以通过某种规则进行折中，使得获取的信息符合用户的能力和偏好，为用户提供个性化服务。

（3）RDF 与 Web 信息过滤：RDF 最初提出了为了配合 W3C 的 Internet 内容选择平台（Platform for Internet Content Selection，PICS）规范。PICS 是由服务器向客户机传递 Web 内容等级的一种机制，比如说某一网页是否包含色情或暴力的内容。不同机制可以按用户自己设置的标准将 Web 内容进行分级，这样用户就可以很容易地通过设置浏览器将某些网页过滤掉。

（4）RDF 与可信任 Web（Web of Trust）：WWW 要解决的重要问题之一是建立信任机制，它涉及社会和技术上的许多问题。W3C 的数字签名提供了一种为元数据签名的机制，具有数字签名的 RDF 将成为建立可信任 Web 以满足电子商务等应用需要的关键技术。

（5）RDF 与智能浏览（Smart Browsing）技术：智能浏览即浏览器帮助浏览网页的用户提供其他与其浏览内容有关的信息，例如：如果在 www. whitehouse. gov 上浏览白宫的网页，就有可能需要国会、国防部或者总统个人主页的 URL，而这些内容都可由浏览器主动提供给用户。基于 RDF 的智能浏览技术是未来浏览器发展的一个方向。

（6）RDF 与语义 Web：RDF 提供了资源的通用描述方式，它是实现语义
Web 的关键技术。

2.2.3 RDFS

RDF 数据模型定义了非常有限的基本建模原语，它既没有给出定义新的属
性词汇的机制，也没有给出定义这些属性以及资源之间新关系的机制。RDF 模
式（RDF Schema）不仅能定义资源的属性词汇，还能定义这些属性词汇可以描
述哪些类型的资源以及其取值范围的约束。从职能范围上讲，RDFS 本身并没有
定义与应用领域有关的词汇，它仅仅是提供了一组核心概念（类型系统）和一套
机制，这种机制为后续进一步领域建模提供基础支持。本质上，RDFS 是一套模
式规范语言（Schema Specification Language）。它不仅定义了可以扩充到不同领
域的核心概念以及这些概念的层次和实例关系，充当元模型，而且提供了扩充机
制，可以由核心模型中的层次化类型系统派生出特定领域的主要词汇以及词汇关
联和附加在这些词汇本身以及词汇关联上的约束，进行领域建模，形成可以定义和
描述特定应用领域的领域建模语言，充当模型。这种建模语言可以以实例化的形式
描述具体的应用领域中本体、本体关联以及相关约束。

1. RDFS 的语法和语义

RDFS 定义了一种模式定义语言，提供了一个定义在 RDF 之上抽象的词汇
集。图 2.2.8 说明类、属性和资源等概念。

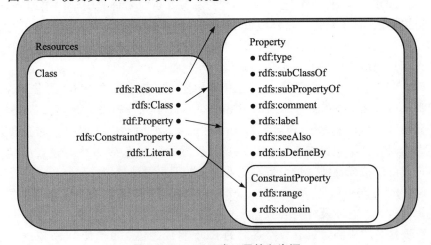

图 2.2.8　RDFS 类、属性和资源

相对于 RDF 而言，RDFS 在建立特定领域本体方面更为重要。RDFS 在 RDF
基础之上定义了一组可清晰描述本体的元语集合。在 RDFS 中，最上层的抽象根类
结点是 rdfs:Resource，它又派生出两个子类 rdfs:Class 和 rdf:Property，任何领域
的知识都可以认为是这两个子类的实例。rdfs:Class 语义上代表了领域中的本体，

rdf：Property 代表了领域中本体的属性。在 RDFS 规范中，特别定义了 rdfs：sub-ClassOf 作为 rdf：Property 的实例来表示 rdfs：Class 的实例属性。这样，就可以定义不同本体之间类的从属关系，从而建立知识表达中最基本的本体语义层次结构。类似的 rdfs：subPropertyOf 作为 rdf：Property 的实例表示 rdf：Property 的实例属性，可以定义不同 Property 之间的从属关系。在 RDFS 规范中，定义了 rdfs：domain 和 rdfs：range 表示 rdf：Property 的实例所应用的范围。

RDFS 定义的主要类介绍如下：

· rdfs：Resource RDF(S) 中最通用的类。它有两个子类，即 rdfs：Class 和 rdf：Property。当定义一个特定领域的 RDFS 模式时，这个模式定义的类和属性将成为这两个资源的实例。

· rdfs：Class 表示关于资源的所有类的集合。

· rdf：Property 与 rdfs：Class 定义一样，即在一个特定应用的 RDFS 定义中每一个属性是一个 rdf：Property 的实例。

· rdfs：subClassOf rdfs：subClassOf 说明类之间的子类/超类关系。rdfs：subClassOf 属性是可传递的，即如果类 A 是某一更抽象的类 B 的子类，B 是 C 的子类，A 同样是 C 的子类。因此，rdfs：subClassOf 定义了类的层次关系。

· rdfs：subPropertyOf 定义了一种属性的层次关系，它是 rdf：Property 的一个实例，用于说明一个属性是另一个属性的特殊化。

· rdfs：domain，rdfs：range RDFS 允许定义与属性相关的领域和范围的约束（rdfs：domain 和 rdfs：range）。

· rdfs：ConstraintProperty 定义了 rdf：Property 的一个子类，其所有的实例都用于说明约束的属性。

RDFS 基本类的体系结构如图 2.2.9 所示。

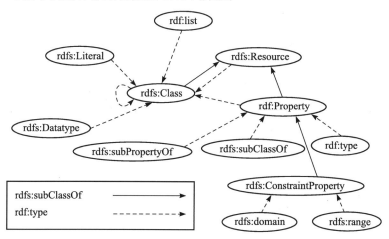

图 2.2.9 RDFS 基本类的体系结构

2. RDFS 分析

在语义 Web 体系结构中，RDFS 可以定义类、子类、超类，并且可以定义属性和子属性以及它们的约束，如领域和范围等，因此，在某种意义上说，RDFS 本身就是一种简单的本体语言。但是 RDF/RDFS 对特定应用领域的词汇的描述能力比较弱，需要进行扩展。

2.2.4 OWL

1. OWL 简介

在 OWL 适用的应用中，Web 不仅仅需要为用户提供可读的文档内容，而且希望它自动处理文档内容信息。OWL 能够被用于清晰地表达词汇表中词条（Term）的含义以及这些词条之间的关系，而这种对词条和词条间关系的表达就是 Ontology。OWL 相对 XML、RDF 和 RDFS 拥有更多的机制来表达语义，从而 OWL 超越了 XML、RDF 和 RDFS 仅仅能够表达网上机器可读文档内容的能力。

2. OWL 在语义 Web 中的地位

语义 Web 是对未来网络的一个设想，在这样的网络中，信息都被赋予了明确的含义，机器能够自动地处理和集成网上可用的信息。语义 Web 使用 XML 来定义定制的标签格式以及用 RDF 的灵活性来表达数据，下一步就需要一种本体的 Web 语言（如 OWL）来描述 Web 文档中术语的明确含义和它们之间的关系。

OWL 是 W3C 推荐的语义 Web 层次化体系结构中的一部分，表 2.2.2 是 XML(S)，RDF(S)，OWL 的简要描述。

表 2.2.2　XML(S)、RDF(S)、OWL 的简要描述

名称	描　　述
XML	结构化文档的表层语法，对文档没有任何语义约束
XML Schema	定义 XML 文档的结构约束语言
RDF	对象（或者资源）以及它们之间关系的数据模型，为数据模型提供了简单的语义，这些数据模型能够用 XML 语法进行表达
RDFS	描述 RDF 资源的属性和类型的词汇表，提供了对这些属性和类型普遍层次的语义
OWL	添加了更多用于描述属性和类型的词汇，如类型之间的不相交性（Disjointwith）、基数（Cardinality）、等价性、属性的更丰富的类型、属性特征（如对称性（Symmetry））以及枚举类型（Enumerated Classes）

OWL 设计的最终目的是为了提供一种可以用于各种应用的语言，这些应用需要理解内容，从而代替只是采用人类易读的形式来表达内容。

3. OWL 的三个子语言

OWL 提供了三种表达能力递增的子语言 OWL Lite、OWL DL 和 OWL Full，分别用于特定的用户群体。

　　OWL Lite 用于提供给只需要一个分类层次和简单约束的用户。例如，虽然 OWL Lite 支持基数限制，但只允许基数为 0 或 1。提供支持 OWL Lite 的工具应该比支持其他表达能力更强的 OWL 子语言更简单，并且从辞典和分类系统转换到 OWL Lite 更为迅速。相比 OWL DL，OWL Lite 还具有更低的形式复杂度。

　　OWL DL 用于支持强表达能力的同时需要保持计算的完备性（Computational Completeness，即所有的结论都能够确保被计算出来）和可判定性（Decidability，即所有的计算都能在有限的时间内完成）的知识表示。OWL DL 包括了 OWL 语言的所有语言成分，但使用时必须符合一定的约束，例如，一个类可以是多个类的子类，但它不能同时是另外一个类的实例。OWL DL 的命名是因为它对应于描述逻辑，这是一个研究作为 OWL 形式基础的逻辑研究领域。

　　OWL Full 支持最强的表达能力和完全自由的 RDF 语法用户，但是 OWL Full 没有可计算性保证。例如，在 OWL Full 中，一个类可以被同时看为许多个体的一个集合以及本身作为一个个体。它允许在一个本体上增加预定义的 RDF、OWL 词汇的含义。这样看来，不太可能有推理软件能支持对 OWL Full 所有成分的完全推理。

　　OWL Full 可以看成是对 RDF 的扩展，而 OWL Lite 和 OWL DL 可以看成是对一个受限 RDF 版本的扩展。所有的 OWL 文档（Lite、DL、Full）都是一个 RDF 文档，所有的 RDF 文档都是一个 OWL Full 文档，但只有一些 RDF 文档是一个合法的 OWL Lite 和 OWL DL 文档。

　　在表达能力和推理能力上，每个子语言都是前面子语言的扩展。这三种子语言之间有如下关系成立，但这些关系反过来并不成立。

　　每个合法的 OWL Lite 本体都是一个合法的 OWL DL 本体；
　　每个合法的 OWL DL 本体都是一个合法的 OWL Full 本体；
　　每个有效的 OWL Lite 结论都是一个有效的 OWL DL 结论；
　　每个有效的 OWL DL 结论都是一个有效的 OWL Full 结论。

　　实际应用中进行 OWL 子语言的选择时，选择 OWL Lite，还是 OWL DL 主要取决于用户在多大程度上需要 OWL DL 提供的表达能力更强。选择 OWL DL 还是 OWL Full 则主要取决于用户在多大程度上需要 RDFS 的元建模机制（如定义关于类的类和为类赋予属性等）；相对于 OWL DL，OWL Full 对推理的支持是更难预测的。

2.3　OWL 本体语言的描述

　　OWL 本体的元素大多数涉及类、属性、类的实例和这些实例之间的关系。OWL 本体描述语言的总体结构为：

〈本体〉::=［〈命名空间定义〉］〈本体头定义〉［〈类定义〉］［〈个体定义〉］［〈属性定义〉］

2.3.1 命名空间定义

1. 语法

〈命名空间定义〉::=［〈实体集定义〉］［〈封闭在 RDF 的 XML 命名空间〉］

〈实体集定义〉::='〈'! DOCTYPE rdf:RDF '['

{〈实体定义〉}1-n']'"〉'

〈实体定义〉::='〈！ ENTITY〈实体名〉'"'〈URL〉'"'〉'

〈封闭在 RDF 的 XML 命名空间〉::='〈'rdf:RDF

{〈XML 命名空间〉}1-n'〉'

〈XML 命名空间〉::=〈xmlns〉|〈xml〉［':'〈引用术语〉］'='"'{'&'〈实体名〉;'|〈URL〉}'"'

2. 解释

在定义领域本体时，可以借助或引用其他本体所定义的概念及关系。另外，在定义本体时，先初始声明 XML 命名空间（被封装在 rdf：RDF 开始的标记中），这样就可以提供一种方法来明确解释所涉及的标识符，从而使本体的主体部分更加容易理解。

2.3.2 本体头定义

1. 语法

〈本体头〉::='〈'owl:Ontology rdf:about = "〈本体名〉"'〉'

［〈注释说明〉］［〈版本控制〉］［〈其他本体的包含〉］［〈本体标签〉］

'〈'/owl:Ontology'〉'

〈注释说明〉::='〈'rdfs:comment'〉'〈说明内容〉'〈'/rdfs:comment'〉'

〈版本控制〉::='〈'owl:〈版本控制标记〉〈资源说明〉/'〉'

〈版本控制标记〉::={versionInfo|priorVersion|backwardCompatibleWith|inCompatible-With|

DeprecatedClass|DeprecatedProperty}

〈包含本体〉::='〈'owl:imports〈资源说明〉/'〉'

〈资源说明〉::='〈'rdf:resource = "〈资源〉"'〉'

〈本体标签〉::='〈'rdfs:label'〉'〈标签名〉'〈'/rdfs:label'〉'

2. 解释

一旦命名空间被建立，通常包括一个关于本体的断言集，在 owl：Ontology 标记下建组。这些标记支持关键性的内部管理工作，如注释说明、版本控制和对其他本体的包含。

版本控制中，标记有：versionInfo（版本信息），priorVersion（先前版本），backwardCompatibleWith 和 inCompatibleWith（表明和先前本体版本一致与否），DeprecatedClass 和 DeprecatedProperty（表明类和属性可能在往后的版本

中以不一致的方式改变）。

实例如下：

〈owl:Ontology rdf:about = "计算机常用软件"〉
　　〈rdfs:comment〉
　　　这是一个"计算机常用软件"本体。
　　〈/rdfs:comment〉
〈/owl:Ontology〉

下面的例子定义了一个"Windows98"本体，〈rdf:comment〉部分是对这个本体的注释说明，〈rdfs:label〉Win98〈/rdf:label〉说明这个本体的标签是"Win98"。

〈owl:Ontology rdf:about = "Windows98"〉
　　〈rdfs:comment〉
　　　这是一个"Windows98"本体。
　　〈/rdfs:comment〉
　　〈rdfs:label〉Win98〈/rdfs:label〉
〈/owl:Ontology〉

2.3.3　类定义

1. 语法

〈类定义〉:: = '〈'owl:Class rdf:ID = "〈类名〉"' 〉'
　　　　　　　　　[{〈标签定义〉}1_n][{〈子类定义〉}1_n][{〈复杂类定义〉}1_n][〈约束定义〉]
　　　　　　　　　[〈类映射定义〉]
　　　　　　'〈'/owl:Class' 〉'
〈标签定义〉:: = '〈'rdfs:label 〈标签设置〉' 〉'
　　　　　　　　〈标签名〉
　　　　　　'〈'/rdfs:label' 〉'
〈子类定义〉:: = '〈'rdfs:subClassOf rdf:resource = ["#〈类名〉"]["&〈{,类名}1_n〉"]/' 〉'
〈约束定义〉:: = '〈'rdfs:subClassOf' 〉'
　　　　　　　　'〈'owl:onProperty rdf:resource = "#〈属性名〉"' 〉'
　　　　　　　　'〈'owl:〈部分属性约束 1〉 rdf:resource = "#〈类名〉"/' 〉' |
　　　　　　　　'〈'owl:〈部分属性约束 2〉 rdf:datatype = "&xsd;〈数据类型〉"' 〉'基
数值
　　　　　　　　'〈'/owl:〈部分属性约束 2〉' 〉'
　　　　　　'〈'/rdfs:subClassOf' 〉'
〈部分属性约束 1〉:: = {allValuesFrom|someValuesFrom|hasValue}
〈部分属性约束 2〉:: = {Cardinality|maxCardinality|minCardinality}
〈复杂类定义〉:: = [〈部分复杂类定义〉][〈补操作定义〉][〈枚举类定义〉][〈不相交类定义〉

1_n]

〈部分复杂类定义〉∷='〈'owl:〈部分集合操作符〉rdf:parseType="Collection"'〉'

{〈对应类定义〉}1_n|〈约束定义〉

'〈'/owl:〈部分集合操作符〉'〉'

〈部分集合操作符〉∷={intersectionOf|unionOf}

〈对应类定义〉∷='〈'owl:Class rdf:about="#〈类名〉"'/〉'

〈补操作定义〉∷='〈'owl:Class rdf:ID="#〈类名〉"'〉'

'〈'owl:complementOf rdf:resource="#〈类名〉"'/〉'

'〈'/owl:Class'〉'

〈枚举类定义〉∷='〈'owl:oneOf rdf:parseType="Collection"'〉'

{〈枚举类设置〉}1_n

'〈'/owl:oneOf'〉'

〈枚举类设置〉∷='〈'〈类名〉rdf:about="#〈枚举值〉"'〉'

〈不相交类定义〉∷='〈'owl:disjointWith rdf:resource="#〈类名〉"'/〉'

〈等价类定义〉∷='〈'owl:equivalentClass rdf:resource="&{,类名}1_n)"'/〉'

2. 解释

在 OWL 中每个个体是类 owl：Thing 的一个成员。因此每个用户定义类隐含地是 owl：Thing 的一个子类。OWL 也定义空类：owl：Nothing。

一个类定义包括两个部分：名字介绍（或参考）和一个约束表。

类的基本分类构造器是 rdfs：subClassOf。它把一个更特别的类与一个更抽象的类联系起来。如果 X 是 Y 的一个子类，那么每一个 X 的实例也是 Y 的一个实例。rdfs：subClassOf 关系是可传递的。如果 X 是 Y 的一个子类且 Y 是 Z 的一个子类，那么 X 是 Z 的一个子类。

标签的引入能让用户更容易识别类名。"lang"属性提供一个多语言的支持。

下面用例子来说明 OWL 中类的定义：

〈owl:Class rdf:ID="操作系统"〉

〈rdfs:label〉operating system〈/rdfs:label〉

〈rdfs:comment〉

这是一个"操作系统"类

〈/rdfs:comment〉

〈/owl:Class〉

〈owl:Class〉与〈/owl:Class〉之间就是类的定义,用 rdf:ID="操作系统"来声明类的名字是"操作系统"。

下面是带不同语言标签的类定义的例子：

〈owl:Class rdf:ID="DOS"〉

〈rdfs:label xml:lang="en"〉DOS〈/rdfs:label〉

〈rdfs:label xml:lang="ch"〉磁盘操作系统〈/rdfs:label〉

```
〈/owl:Class〉
```

例子中定义了"DOS"有两个标签，在英语中是"DOS"，在中文中是"磁盘操作系统"，在标签定义中引用 XML 的语言定义，可以定义类在不同语言里的不同标签，"en"表示英文，"ch"表示中文，"fr"表示法语。

下面用 rdfs:subClassOf 来定义"操作系统"类的一个子类"Windows98"类：

```
〈owl:Class rdf:ID = "Windows98"〉
    〈rdfs:label〉Windows 98〈/rdfs:label〉
    〈rdfs:subClassOf rdf:resource = "♯操作系统"/〉
〈/owl:Class〉
```

下面是带属性约束 allValuesFrom 的类定义：

```
〈owl:Class rdf:ID = "金山毒霸"〉
    〈rdfs:subClassOf rdf:resource = "♯杀毒软件"/〉
    〈rdfs:subClassOf〉
        〈owl:Restriction〉
            〈owl:onProperty rdf:resource = "♯产品来源"/〉
            〈owl:allValuesFrom rdf:resource = "♯金山公司"/〉
        〈/owl:Restriction〉
    〈/rdfs:subClassOf〉
〈/owl:Class〉
```

定义了"金山毒霸"是"杀毒软件"的子类，属性约束（owl：allValues-From）说明了所有"金山毒霸"的"产品来源"都是"金山公司"。

下面是带属性约束 someValuesFrom 的类定义：

```
〈owl:Class rdf:ID = "杀毒软件"〉
    〈rdfs:subClassOf rdf:resource = "♯常用软件"/〉
    〈rdfs:subClassOf〉
        〈owl:Restriction〉
            〈owl:onProperty rdf:resource = "♯产品来源"/〉
            〈owl:someValuesFrom rdf:resource = "♯金山公司"/〉
        〈/owl:Restriction〉
    〈/rdfs:subClassOf〉
〈/owl:Class〉
```

定义了"杀毒软件"的"产品来源"有某些是"金山公司"，即有些"杀毒软件"来自"金山公司"，但不是所有的"杀毒软件"都出自"金山公司"。

下面是带 disjointWith（不相交）的类定义：

```
〈owl:Class rdf:ID = "Windows 操作系统"〉
```

```
〈owl:disjointWith rdf:resource = "♯Unix 操作系统"/〉
〈owl:disjointWith rdf:resource = "♯Linux 操作系统"/〉
〈/owl:Class〉
```

定义了"Windows 操作系统"类和"Unix 操作系统"类不相交，和"Linux 操作系统"类也不相交。

OWL 的本体映射分为以下三个方面：

(1) 等价类（equivalentClass）和等价属性（equivalentProperty）；

(2) 个体之间的等价（sameAs）；

(3) 不同个体（differentFrom）和完全不同（AllDifferent）。

下面定义"计算机辅助设计"的等价类"CAD"。

```
〈owl:Class rdf:ID = "计算机辅助设计"〉
〈owl:equivalentClass rdf:resource = "♯CAD"/〉
〈/owl:Class〉
```

复杂的类［OWL DL］

OWL 通过下面的机制给出了定义类表达式的基本方法，从而能够通过嵌套定义给出一个复杂的类。

OWL 集合操作（Set Operators）

OWL 中集合操作包括三种情况：owl:intersectionOf（交集）、owl:unionOf（并集）和 owl:complementOf（补集）。

带 intersectionOf 的类定义的例子：

```
〈owl:Class rdf:ID = "联想笔记本电脑"〉
〈owl:intersectionOf rdf:parseType = "Collection"〉
〈owl:Class rdf:about = "♯笔记本电脑"/〉
〈owl:Class rdf:about = "♯联想电脑"/〉
〈/owl:intersectionOf〉
〈/owl:Class〉
```

上面 intersectionOf 的类定义例子描述了："联想笔记本电脑"是"笔记本电脑"和"联想电脑"的交集。

带 unionOf 的类定义的例子：

```
〈owl:Class rdf:ID = "安装卸载工具"〉
〈owl:unionOf rdf:parseType = "Collection"〉
〈owl:Class rdf:about = "♯安装工具"/〉
〈owl:Class rdf:about = "♯卸载工具"/〉
〈/owl:unionOf〉
〈/owl:Class〉
```

上面 unionOf 的类定义例子描述了："安装卸载工具"是"安装工具"和"卸载工具"的并集。

带 complementOf 的类定义的例子：

```
⟨owl:Class rdf:ID = "硬件"⟩
    ⟨owl:complementOf rdf:resource = "♯软件"/⟩
⟨/owl:Class⟩
```

上面 complementOf 的类定义例子描述了："硬件"类是"软件"类的补集，即属于"硬件"类的实例是不会属于"软件"类的。

OWL 枚举类

OWL 提供了通过直接枚举类的成员来详细说明一个类，它通过 owl:oneOf 构造器来实现。

```
⟨owl:Class rdf:ID = "Microsoft Office 2000"⟩
    ⟨rdfs:subClassOf rdf:resource = "♯Microsoft Office"/⟩
    ⟨owl:oneOf rdf:parseType = "Collection"⟩
        ⟨Office2000 rdf:about = "♯Microsoft Word 2000 简体中文正式版"/⟩
        ⟨Office2000 rdf:about = "♯Microsoft Excel 2000 简体中文正式版"/⟩
        ……
    ⟨/owl:oneOf⟩
⟨/owl:Class⟩
```

上面的类"Microsoft Office 2000"是通过枚举来定义的，说明"Microsoft Office 2000"包括了"Microsoft Word 2000 简体中文正式版"、"Microsoft Excel 2000 简体中文正式版"等。

2.3.4 个体定义

1. 语法

```
⟨个体定义⟩::= {'⟨'⟨类名⟩rdf：ID="⟨个体名⟩"'/'⟩'} |
              {'⟨'⟨类名⟩rdf：ID="⟨个体名⟩"'⟩'
                   ⟨个体恒等定义⟩ | ⟨不同个体定义⟩
              '⟨'/'⟨类名⟩'⟩'}
⟨个体恒等定义⟩::='⟨'owl：sameAs rdf：resource="♯⟨个体名⟩"'/'⟩'
⟨不同个体定义⟩::= { ⟨differentFrom 定义⟩} 1_n| ⟨AllDifferent 定义⟩
⟨differentFrom 定义⟩::='⟨'owl：differentFrom rdf：resource="♯⟨个体名⟩"'/'⟩'
⟨AllDifferent 定义⟩::='⟨'owl：AllDifferent'⟩'
                                    '⟨'owl：distinctMembers rdf：parseType="Col-
lection"'⟩'
                                    ⟨ {⟨成员定义⟩} 1_n⟩
                                    '⟨'/'owl：distinctMembers'⟩'
```

```
                            '〈'/owl：AllDifferent' 〉'
〈成员定义〉::='〈'〈类名〉rdf：about="#〈个体名〉" '/'〉'
```

2. 解释

除了类以外，还应该描述它们的成员。通常把它们认为是事物全域的个体。一个个体的建立，最起码必须声明它为一个类的成员。

下面定义"Windows XP"的一个个体实例"Microsoft Windows XP 简体中文专业版"。

```
〈Windows XP rdf:ID = "Microsoft Windows XP 简体中文专业版"/〉
```

带 differentFrom（不同实例）的定义的例子：

```
〈Windows2000 rdf:ID = "Windows 2000 专业版操作系统"〉
    〈owl:differentFrom rdf:resource = "Windows XP 操作系统"/〉
〈/Windows2000〉
```

上面 differentFrom 的个体定义例子描述了：实例"Windows2000 专业版操作系统"和"Windows XP 操作系统"不同。

owl：AllDifferent 表明多个个体不同，与 owl：distinctMembers 共用，下面是带 AllDifferent 定义的例子：

```
〈AllDifferent〉
    〈owl:distinctMembers rdf:parseType = "Collection"〉
        〈操作系统 rdf:about = "#Windows 视窗"/〉
        〈操作系统 rdf:about = "#DOS"/〉
        〈操作系统 rdf:about = "#UNIX"/〉
        〈操作系统 rdf:about = "#LINUX"/〉
    〈/owl:distinctMembers〉
〈/AllDifferent〉
    〈owl:AllDifferent〉
        〈owl:distinctMembers rdf:parseType = "Collection"〉
        〈Microsoft Office rdf:about = "#Microsoft Word"/〉
        〈Microsoft Office rdf:about = "#Microsoft Excel"/〉
        〈Microsoft Office rdf:about = "#Microsoft Access"/〉
        〈Microsoft Office rdf:about = "#Microsoft PowerPoint"/〉
        〈/owl:distinctMembers〉
    〈/owl:AllDifferent〉
```

以上描述使用 AllDifferent 说明了"Microsoft Office"类中的个体"Microsoft Word"、"Microsoft Excel"、"Microsoft Access"和"Microsoft Power Point"是互不相同的。

2.3.5 属性定义

属性可以被用来说明类的共同特征以及某些个体的专有特征。一个属性是一个二元关系。属性类型有两种：

（1）DatatypeProperty：class 元素和 XML datatype 之间的关系。

（2）ObjectProperty：两个类元素之间的关系。

1. 语法

〈属性定义〉:: = '〈'owl:〈属性类型〉 rdf:ID =〈属性名〉' 〉'
  [〈领域特征定义〉][〈领域定义〉][〈范围定义〉][〈属性约束〉]
  '〈'/owl:〈属性类型〉'〉'

〈属性类型〉:: = {ObjectProperty|DatatypeProperty}

〈属性特征定义〉:: = '〈rdf:type rdf:resource = "&owl;〈属性特征〉"' 〉'|
  '〈owl:inverseOf rdf:resource = "#〈属性名〉"' 〉'

〈属性特征〉:: = {TransitiveProperty|SymmetricProperty|FunctionalProperty}

〈领域定义〉:: = '〈rdfs:domain rdf:resource = "#〈类名〉"'/〉'

〈范围定义〉:: = '〈rdfs:range rdf:resource = "#〈类名〉"'/〉'|
  '〈rdfs:range rdf:resource = "&xsd;〈数据类型〉"' 〉'(针对属性类型是
DatatypeProperty)

〈数据类型〉:: = {string|normalizedString|Boolean|
  decimal|float|double|
  integer|nonNegativeInteger|positiveInteger|
  nonPositiveInteger|negativeInteger|
  long|int|short|byte|
  unsignedLong|unsignedInt|unsignedShort|unsignedByte|
  hexBinary|base64Binary|
  dateTime|time|date|gYearMonth|
  gYear|gMonthDay|gDay|gMonth|
  anyURI|token|language|
  NMTOKEN|Name|NCName}

2. 解释

仅仅只定义类和个体是没有意义的。属性是我们描述关于类成员的一般事实和个体的特殊事实。与类一样，属性也能以层次方式排列。

属性定义中属性类型有：ObjectProperty（对象属性）、DatatypeProperty（数据类型属性）。另外，其他属性类型 rdfs:subPropertyOf（子属性）、rdfs:domain（属性领域）、rdfs:range（属性值范围）用其他方式定义。

OWL 的属性是一种二元关系，它连接两个项。OWL 的属性有三种类型：一种用于描述对象与对象之间的关系，称为 owl:ObjectProperty；另一种用于描述对象与数据类型值之间的关系，称为 owl:DatatypeProperty；最后一种描述子属性关系,称为 owl:subProperty。

对象与对象之间关系的属性 owl:ObjectProperty 的例子:

```
〈owl:ObjectProperty rdf:ID = "Software BasicFunction"〉
    〈rdfs:domain rdf:resource = "♯Software"/〉
    〈rdfs:range rdf:resource = "♯Software Function"/〉
〈/owl:ObjectProperty〉
```

上面实例定义一个描述对象与对象之间关系的属性"Software BasicFunction"(软件基本功能)。

对象与数据类型值之间关系的属性 owl:DatetypeProperty 的例子:

```
〈owl:DatetypeProperty rdf:ID = "发布日期"〉
    〈rdfs:domain rdf:resource = "♯软件"/〉
    〈rdfs:range rdf:resource = "&xsd;date"/〉
〈/owl:DatetypeProperty〉
```

属性的约束 (owl:maxCardinality、owl:minCardinality 和 owl:cardinality)

考虑对属性的约束,假设要描述这样的概念:"病毒文件的大小最大不超过 1024K"。(软件的其中一个属性是"fileSize",它表示文件大小。)

```
〈owl:Class rdf:ID = "病毒文件"〉
    〈rdfs:subClassOf rdf:resource = "♯Software"/〉
    〈rdfs:subClassOf〉
        〈owl:Restriction〉
            〈owl:onProperty rdf:resource = "♯fileSize"/〉
            〈owl:maxCardinality rdf:datatype = "&xsd;nonNegativeInteger"〉1024
            〈/owl:maxCardinality〉
        〈/owl:Restriction〉
    〈/rdfs:subClassOf〉
〈/owl:Class〉
```

rdf:datatype = "&xsd;nonNegativeInteger" 表示属性"fileSize"的数据类型是"非负整数"。

带属性约束 minCardinality 的类定义的例子:

```
〈owl:Class rdf:ID = "电脑"〉
    〈rdfs:subClassOf〉
        〈owl:Restriction〉
        〈owl:onProperty rdf:resource = "♯CPU"/〉
        〈owl:minCardinality rdf:datatype = "&xsd;nonNegativeInteger"〉
            1
        〈/owl:minCardinality〉
```

```
          〈/owl:Restriction〉
      〈/rdfs:subClassOf〉
  〈/owl:Class〉
```

minCardinality 约束了"电脑"类至少有"CPU"的个数"1"个，即电脑至少有一个 CPU。

在类定义中，对属性约束 owl:cardinality、owl:maxCardinality、owl:minCardinality 的使用小结：

```
〈owl:Class rdf:ID = "A"〉
    〈rdfs:subClassOf〉
        〈owl:Restriction〉
        〈owl:onProperty rdf:resource = "♯B"〉
            〈部分属性约束 rdf:datatype = "&xsd;nonNegativeInteger"〉
                n
            〈/部分属性约束〉
        〈/owl:Restriction〉
    〈/rdfs:subClassOf〉
〈/owl:Class〉
```

〈部分属性约束〉可以是 {cardinality、maxCardinality、minCardinality} 中的任意一个。其中：

cardinality 表明类 "A" 的属性 "B" 的个数为 "n"；

maxCardinality 表明类 "A" 的属性 "B" 的上限个数为 "n"（最多有 "n" 个）；

minCardinality 表明类 "A" 的属性 "B" 的下限个数为 "n"（最少有 "n" 个）。

属性的特征（Property Characteristics）

OWL 中提供的属性特征有五种：传递属性（TransitiveProperty）、对称属性（SymmetricProperty）、函数属性（FunctionalProperty）、逆属性（InverseOf）、逆函数属性（InverseFunctionalProperty）。

下面说明属性的特征，它提供一个强大机制来加强对属性的推理。

1）传递属性

如果一个属性 P 被指定具有传递性，那么对于任意 x、y 和 z：

$P(x, y)$ 和 $P(y, z)$ 蕴涵 $P(x, z)$。

2）对称属性

如果一个属性 P 被标记为对称的，那么对于任意 x 和 y：

$P(x, y)$ 当且仅当 $P(y, x)$。

3）函数属性

如果一个属性 P 被标记为函数的，那么对于任意 x、y 和 z：

$P(x, y)$ 和 $P(x, z)$ 蕴涵 $y=z$。

4）逆属性

如果一个属性 P_1 被标记为属性 P_2 的 owl:inverseOf，那么对于任意 x、y：
$P_1(x, y)$ 当且仅当 $P_2(y, x)$。

注意到语法 owl:inverseOf 让一个属性名作为一个参数。

5）逆函数属性

如果一个属性 P 被标记为反函数的，那么对于任意 x、y 和 z：
$P(y, x)$ 和 $P(z, x)$ 蕴涵 $y=z$。

下面仅以传递属性为例，说明如何使用 OWL 的属性特征功能，其他属性特征的使用与之类似。

假设要描述"是前导版本"这个属性，并且"是前导版本"具有传递属性。

```
〈owl:ObjectProperty rdf:ID = "是前导版本"〉
    〈rdf:type rdf:resource = "&owl;TransitiveProperty"/〉
    〈rdfs:domain rdf:resource = "#软件"/〉
    〈rdfs:range rdf:resource = "#软件"/〉
〈/owl:ObjectProperty〉
```

现在可以描述"Windows 98 简体中文版第 1 版"是"Windows 98 简体中文版第 2 版"的前导版本：

```
〈Windows98 rdf:ID = "Windows 98 简体中文版第 1 版"〉
    〈是前导版本 rdf:resource = "#Windows 98 简体中文版第 2 版"/〉
〈/Windows98〉
```

也可以描述"Windows 95 简体中文版"是"Windows 98 简体中文版第 1 版"的前导版本：

```
〈Windows95 rdf:ID = "Windows 95 简体中文版"〉
    〈是前导版本 rdf:resource = "#Windows 98 简体中文版第 1 版"/〉
〈/Windows95〉
```

因为"是前导版本"具有传递属性，可以通过推理获得知识："Windows 95 简体中文版"是"Windows 98 简体中文版第 2 版"的前导版本。

2.4 OWL 类构造器和原子解释

2.4.1 OWL 类构造器

表 2.4.1 列举出 OWL 类构造器，并给出了相应的描述逻辑句法、实例和形

式句法。

表 2.4.1 OWL 类构造器

类构造	描述逻辑句法	实例	形式句法
intersectionOf	$C_1 \sqcap \cdots \sqcap C_n$	Human $\sqcap$ Male	$C_1 \wedge \cdots \wedge C_n$
unionOf	$C_1 \sqcup \cdots \sqcup C_n$	Doctor $\sqcup$ Lawyer	$C_1 \vee \cdots \vee C_n$
complementOf	$\neg C$	$\neg$ Male	$\neg C$
oneOf	$\{x_1 \cdots x_n\}$	$\{$john，mary$\}$	$x_1 \vee \cdots \vee x_n$
allValuesFrom	$\forall P.C$	$\forall$ hasChild. Doctor	$[P]C$
someValuesFrom	$\exists P.C$	$\exists$ hasChild. Lawyer	$\langle P \rangle C$
maxCardinality	$\leqslant nP$	$\leqslant 1$ hasChild	$[P]_{n+1}$
minCardinality	$\geqslant nP$	$\geqslant 2$ hasChild	$\langle P \rangle n$

OWL 中使用构造器的例子：

```
〈owl:Class〉
    〈owl:intersectionOf rdf:parseType = "Collection"〉
        〈owl:Class rdf:about = "♯Person"/〉
        〈owl:Restriction〉
            〈owl:onProperty rdf:resource = "♯hasChild"/〉
            〈owl:unionOf rdf:parseType = "Collection"〉
                〈owl:Class rdf:about = "♯Doctor"/〉
                〈owl:Restriction〉
                    〈owl:onProperty rdf:resource = "♯hasChild"/〉
                    〈owl:hasClass rdf:resource = "♯Doctor"/〉
                〈/owl:Restriction〉
            〈/owl:unionOf〉
        〈/owl:Restriction〉
    〈/owl:intersectionOf〉
〈/owl:Class〉
```

2.4.2 OWL 原子解释

表 2.4.2 列举出 OWL 的原子，并给出了相应的描述逻辑句法、实例。

表 2.4.2 OWL 原子解释

原子	描述逻辑句法	实例
subClassOf	$C_1 \sqsubseteq C_2$	Human $\sqsubseteq$ Animal $\sqcap$ Biped
equivalentClass	$C_1 \equiv C_2$	Man $\equiv$ Human $\sqcap$ Male
disjointWith	$C_1 \sqsubseteq \neg C_2$	Male $\sqsubseteq \neg$ Female
sameIndividualAs	$\{x_1\} \equiv \{x_2\}$	$\{$President _ Bush$\} \equiv \{$G _ W _ Bush$\}$
differentFrom	$\{x_1\} \sqsubseteq \neg \{x_2\}$	$\{$john$\} \sqsubseteq \neg \{$peter$\}$
subPropertyOf	$P_1 \sqsubseteq P_2$	hasDaughter $\sqsubseteq$ hasChild

续表

原子	描述逻辑句法	实例
equivalentProperty	$P_1 \equiv P_2$	cost $\equiv$ price
inverseOf	$P_1 \equiv P_2^-$	hasChild $\equiv$ hasParent$^-$
transitiveProperty	$P^+ \subseteq P$	ancestor$^+$ $\subseteq$ ancestor
functionalProperty	$T \subseteq \leqslant 1P$	$T \subseteq \leqslant 1$hasMother
inverseFunctionalProperty	$T \subseteq \leqslant 1P^-$	$T \subseteq \leqslant 1$hasSSN$^-$

2.5 OWL 实例

下面的实例对本体描述语言 XML、RDF(S)、OWL 进行了应用，系统地描述了旅游领域本体。该实例基于清华大学研究团队建立的旅游本体。

旅游领域本体层次结构：

Thing → 元对象；

元对象 → （领域、领域独立）；

领域 → （旅游领域）；

旅游领域 → （子领域）；

子领域 → （宾馆领域、汽车领域、飞行领域）；

宾馆领域 → （停留、宾馆、宾馆代理、房间、房间预订、餐厅）；

房间 → （会议室、接待室）；

汽车领域 → （汽车、汽车代理、汽车租赁、汽车预订）；

飞行领域 → （机场、航空代理、航空公司、航空预订、飞机、飞机票、飞行）；

领域独立 → （人、代理、位置、信用卡、公司、地址、城市、姓名、官方、客票、时期、时间、电话、货币、费用、身份证、邮箱、面积、预订、食物、餐饮、餐饮信息、饮料）；

汽车领域 → （汽车、汽车代理、汽车租赁、汽车预订）；

人 → 客户；

代理 → （宾馆代理、汽车代理、航空代理）；

公司 → （宾馆、代理、航空公司）；

客票 → 机票；

预订 → （房间预订、汽车预订、航空预订）。

对象属性包括：归属于、有中途停留、有人、有付款方式、有代理、有停留、有停车位置、有出生日期、有出票时间、有发布文件权力、有地址、有姓名、有客票、有建筑日期、有当前到达日期、有当前起飞日期、有当前起飞时间、有房间、有押金、有效日期、有最后的更新日期、有期限日期、有汽车、有汽车租赁、有生产商、有生产日期、有电话、有租赁价格、有费用、有身份证、有运载工具、有返回位置、有返回时间、有选择位置、有选择日期、有选择时间、有邮箱、有配料、有预定到达日期、有预定起飞日期、有预定起飞时间、有预定到达时间、有预约日期、有预约时间、有飞机、有飞机飞往、有食物、有餐厅、有餐饮、有饮料、票务信息、航空代理等。

数据属性包括：价格、使用寿命、信用卡号、允许吸烟、允许外出返回、同意送到住所、地址、姓氏、客票数、客票类型、年底、底价、座位等级、总里程、房间数、旅客数、日期、月份、有文档号、有酒精含量、有飞行条件、测量单位、海拔、电话、秒、经济舱、载客量、邮箱、面积、餐饮类型等。

部分旅游领域本体实例如下：

```
〈? xml version = "1.0" encoding = "GBK"?〉
〈rdf:RDF
    xmlns = "http://keg.cs.tsinghua.edu.cn/ontology/travel#"
    xmlns:rdf = "http://www.w3.org/1999/02/22-rdf-syntax-ns#"
    xmlns:rdfs = "http://www.w3.org/2000/01/rdf-schema#"
    xmlns:owl = "http://www.w3.org/2002/07/owl#"
  xml:base = "http://keg.cs.tsinghua.edu.cn/ontology/travel"〉
〈owl:Ontology rdf:about = ""/〉
〈owl:Class rdf:ID = "领域"〉
  〈rdfs:subClassOf〉
    〈owl:Class rdf:ID = "元对象"/〉
  〈/rdfs:subClassOf〉
〈/owl:Class〉
〈owl:Class rdf:ID = "汽车领域"〉
  〈rdfs:subClassOf〉
    〈owl:Class rdf:ID = "子领域"/〉
  〈/rdfs:subClassOf〉
〈/owl:Class〉
〈owl:Class rdf:ID = "日期"〉
  〈rdfs:subClassOf〉
    〈owl:Class rdf:ID = "领域独立"/〉
  〈/rdfs:subClassOf〉
〈/owl:Class〉
〈owl:Class rdf:ID = "房间预订"〉
  〈rdfs:subClassOf〉
    〈owl:Class rdf:ID = "宾馆领域"/〉
  〈/rdfs:subClassOf〉
  〈rdfs:subClassOf〉
    〈owl:Class rdf:ID = "预订"/〉
  〈/rdfs:subClassOf〉
```

```
</owl:Class>
<owl:Class rdf:ID = "房间">
  <rdfs:subClassOf>
    <owl:Class rdf:about = "#宾馆领域"/>
  </rdfs:subClassOf>
</owl:Class>
<owl:Class rdf:ID = "宾馆">
  <rdfs:subClassOf>
    <owl:Class rdf:about = "#宾馆领域"/>
  </rdfs:subClassOf>
  <rdfs:subClassOf>
    <owl:Class rdf:ID = "公司"/>
  </rdfs:subClassOf>
</owl:Class>
<owl:Class rdf:ID = "旅行领域">
  <rdfs:subClassOf rdf:resource = "#领域"/>
</owl:Class>
<owl:Class rdf:about = "#公司">
  <rdfs:subClassOf>
    <owl:Class rdf:about = "#领域独立"/>
  </rdfs:subClassOf>
</owl:Class>
<owl:Class rdf:ID = "电话">
  <rdfs:subClassOf>
    <owl:Class rdf:about = "#领域独立"/>
  </rdfs:subClassOf>
</owl:Class>
<owl:Class rdf:ID = "城市">
  <rdfs:subClassOf>
    <owl:Class rdf:about = "#领域独立"/>
  </rdfs:subClassOf>
</owl:Class>
<owl:Class rdf:ID = "餐饮">
  <rdfs:subClassOf>
    <owl:Class rdf:about = "#领域独立"/>
  </rdfs:subClassOf>
</owl:Class>
<owl:Class rdf:about = "#宾馆领域">
  <rdfs:subClassOf>
```

```
      〈owl:Class rdf:about = "#子领域"/〉
    〈/rdfs:subClassOf〉
  〈/owl:Class〉
  〈owl:Class rdf:ID = "机场"〉
    〈rdfs:subClassOf〉
      〈owl:Class rdf:ID = "飞行领域"/〉
    〈/rdfs:subClassOf〉
  〈/owl:Class〉
  〈owl:Class rdf:ID = 汽车"〉
    〈rdfs:subClassOf rdf:resource = "#汽车领域"/〉
  〈/owl:Class〉
  〈owl:Class rdf:ID = "地址"〉
    〈rdfs:subClassOf〉
      〈owl:Class rdf:about = "#领域独立"/〉
    〈/rdfs:subClassOf〉
  〈/owl:Class〉
  〈owl:Class rdf:ID = "汽车租赁"〉
    〈rdfs:subClassOf rdf:resource = "#汽车领域"/〉
  〈/owl:Class〉
  〈owl:Class rdf:ID = "飞机票"〉
    〈rdfs:subClassOf〉
      〈owl:Class rdf:ID = "客票"/〉
    〈/rdfs:subClassOf〉
    〈rdfs:subClassOf〉
      〈owl:Class rdf:about = "#飞行领域"/〉
    〈/rdfs:subClassOf〉
  〈/owl:Class〉
  〈owl:Class rdf:ID = "航空预订"〉
    〈rdfs:subClassOf〉
      〈owl:Class rdf:about = "#预订"/〉
    〈/rdfs:subClassOf〉
    〈rdfs:subClassOf〉
      〈owl:Class rdf:about = "#飞行领域"/〉
    〈/rdfs:subClassOf〉
  〈/owl:Class〉
  〈owl:Class rdf:about = "#客票"〉
    〈rdfs:subClassOf〉
      〈owl:Class rdf:about = "#领域独立"/〉
    〈/rdfs:subClassOf〉
```

```
⟨/owl:Class⟩
⟨owl:Class rdf:ID = "飞行"⟩
  ⟨rdfs:subClassOf⟩
    ⟨owl:Class rdf:about = "♯飞行领域"/⟩
  ⟨/rdfs:subClassOf⟩
⟨/owl:Class⟩
⟨owl:Class rdf:ID = "航空公司"⟩
  ⟨rdfs:subClassOf⟩
    ⟨owl:Class rdf:about = "♯飞行领域"/⟩
  ⟨/rdfs:subClassOf⟩
  ⟨rdfs:subClassOf rdf:resource = "♯公司"/⟩
⟨/owl:Class⟩
⟨owl:Class rdf:about = "♯领域独立"⟩
  ⟨rdfs:subClassOf rdf:resource = "♯元对象"/⟩
⟨/owl:Class⟩
⟨owl:Class rdf:about = "♯飞行领域"⟩
  ⟨rdfs:subClassOf rdf:resource = "♯子领域"/⟩
⟨/owl:Class⟩
⟨owl:Class rdf:ID = "飞机"⟩
  ⟨rdfs:subClassOf rdf:resource = "♯飞行领域"/⟩
⟨/owl:Class⟩
⟨owl:ObjectProperty rdf:ID = "票务信息"⟩
  ⟨rdfs:range rdf:resource = "♯飞机票"/⟩
  ⟨rdfs:domain rdf:resource = "♯航空代理"/⟩
⟨/owl:ObjectProperty⟩
⟨owl:FunctionalProperty rdf:ID = "客票数"⟩
  ⟨rdfs:range rdf:resource = "http://www.w3.org/2001/XMLSchema♯int"/⟩
  ⟨rdfs:domain rdf:resource = "♯飞机票"/⟩
  ⟨rdf:type rdf:resource = "http://www.w3.org/2002/07/owl♯DatatypeProperty"/⟩
⟨/owl:FunctionalProperty⟩
⟨owl:FunctionalProperty rdf:ID = "座位等级"⟩
  ⟨rdf:type rdf:resource = "http://www.w3.org/2002/07/owl♯DatatypeProperty"/⟩
  ⟨rdfs:range rdf:resource = "http://www.w3.org/2001/XMLSchema♯string"/⟩
  ⟨rdfs:domain rdf:resource = "♯飞机票"/⟩
⟨/owl:FunctionalProperty⟩
⟨owl:FunctionalProperty rdf:ID = "客票类型"⟩
  ⟨rdfs:range rdf:resource = "http://www.w3.org/2001/XMLSchema♯string"/⟩
  ⟨rdfs:domain rdf:resource = "♯客票"/⟩
  ⟨rdf:type rdf:resource = "http://www.w3.org/2002/07/owl♯DatatypeProperty"/⟩
```

```
〈/owl:FunctionalProperty〉
〈/rdf:RDF〉
```

2.6　语义 Web 的应用

随着语义 Web 概念的提出和相关研究的进展，将出现许多基于语义 Web 技术的应用，目前研究比较成熟的是本体层。语义 Web 的主要应用领域有：

2.6.1　智能信息检索

面对海量信息，智能信息检索一直是科研人员的重要课题。但是 Web 上传统的信息表示方法使信息检索面临了种种难以逾越的障碍。因此改进信息检索的重要方法之一就是整理和重新规范 Web 上的信息。如今 Web 上保留有高速发展期间产生的大量普通 HTML 页面，整理这些信息的实质性问题就是如何从 HTML 页面中提取出语义信息，构建出能够描述这些页面的本体。手工实现这一过程需要耗费大量的人力、物力，因此可行的办法是采用本体学习系统，实现本体的自动或半自动提取。不仅对文本信息可以采用语义 Web 的方法来加强智能检索，而且还可以对多媒体信息，结合模式识别和对象提取技术，实现基于内容的检索，国外已有这方面的文献报道。

2.6.2　企业间数据交换及知识管理

企业间的数据交换和知识管理一直是基于 Web 的电子商务和 ERP 系统的重要组成部分，现有很多项目都围绕着企业 Web 知识管理而展开，这些项目潜在的假设是：企业提供的 Web 信息结构可以转化成为一个巨大的知识库。这种转化的重要基础就是利用基于本体的元数据来对企业发布的信息或企业的内部文档进行标注。围绕这一假设，需要开发一系列相关技术和工具：如企业知识的建模、标注工具、本体的提取工具、基于本体的推理工具等。Ontoweb 就是这样的一个项目，它的目标在于激励和支持语义 Web 技术从学术界向工业界转化，同时也向工业界证实基于本体的知识管理、电子商务以及企业信息集成方面具有的潜在价值。

2.6.3　Web 服务

使用语义 Web 技术，软件代理可以自动地发现、调用和集成 Web 服务，并对 Web 服务的执行进行监控。当前 Web 正在从一个文本、图片、音频、视频的信息提供者向服务提供者转变，这种转变体现了“网络就是计算机，软件就是服务”的思想。学术界在语义 Web 研究中提出了基于本体的一些服务描述语言如 DAML-S、OWL-S 等，这些语言为 Semantic Web 和 Web Service 的结合提供了一个良好的契机。通过创建语义 Web 的语义描述，使得 Web Service 能够被机器理解,对用户透明。同时这种描述能够被 Agent 自动处理,实现 Web Service 之间的交互性。

2.6.4　基于代理的分布式计算

语义 Web 使用形式化的逻辑语言来表达 Web 知识的语义,从而赋予软件代理更多的智能和移动性,传统的客户/服务器计算范型将被基于代理的分布式计算范型取代。

2.6.5　基于语义的数字图书馆

随着 Web 上多媒体数据的日益增加,对它们的管理和检索也变得越来越重要。传统的多媒体检索技术使用颜色、纹理和形状等特征来描述图像或视频。基于语义的数字图书馆将使用本体来描述各种多媒体信息和图书信息,从而支持基于语义的检索和导航。

语义 Web 在这些领域中的应用将促进各种相关研究工作的开展,从而为知识管理、电子商务、自然语言处理、智能化信息集成、智能化教育等应用领域提供技术和实践经验。

2.7　语义 Web 研究面临的问题和挑战

尽管语义 Web 在元数据描述和本体领域方面的研究已经基本成熟,要充分发挥 Web 的潜能,完全实现语义 Web 的构想,还面临许多问题和挑战。WWW 成功的重要因素是参与方便和工作结果立即可见,而语义 Web 中对信息的形式化逻辑规约是普通开发者和小型内容提供商参与的最大障碍。其中主要的问题有:

(1) 向 HTML 文档添加 RDF 信息或本体信息后会产生信息冗余,难以维护信息的一致性;

(2) 缺乏完整易于理解的工具和实例,参与较难;

(3) 语义 Web 的信息是面向机器的,需要通过"网络效应"才能看出它的优势,因此对开发者来说,工作结果不是立即可见的。

要完全解决上述的问题和充分利用语义 Web 所带来的机遇,语义 Web 研究还面临如下几个方面的挑战:

(1) 内容的可获得性。目前 Web 上只有极少量的语义 Web 内容,要为语义 Web 奠定资源基础,现有的 HTML 内容、XML 内容、动态内容以及多媒体和网络服务等信息都必须转化成语义 Web 内容。

(2) 本体的开发、合并及演化。本体是语义 Web 的核心,在公共本体的创建、本体的变更管理、演化控制和注解等方面都需要大量的工作。

（3）可视化技术。直观的、可视化的语义 Web 内容管理工具有助于用户识别和使用相关的内容。

（4）语义 Web 语言的稳定性。语义 Web 层次结构中的所有语言都应标准化以确保相关支持技术的稳定性。

（5）证明和信任模型的开发。由于语义 Web 并不能保证所有的信息都为"真"，所以必须开发相应的模型来验证断言的真实性以确保信息来源的可信任性。

本章参考文献

甘健侯.2007.语义 Web 及其应用——基于本体、描述逻辑、语义网络.昆明：云南科技出版社

W3C.2001.W3C Semantic Web Activity. http：//www.w3.org/2001/sw

W3C.2004.RDF Vocabulary Description Language1.0：RDF Schema. http：//www.w3.org/TR/rdf-schema

W3C.2004.Resource Description Framework（RDF）. http：//www.w3.org/RDF

W3C.2004.Semantic Web. http：//www.semanticweb.org/wiki/Main-Page

W3C.2004.Web Ontology Language（OWL）. http：//www.w3.org/2004/OWL

W3C.2004.XML Schema. http：//www.w3.org/XML/Schema

W3C.2007.W3C Workshop：Identity in the Brower. http：//www.w3.org

W3C.2009.XML Base（Second Edition）. http：//www.w3.org/TR/xmlbase

第二篇

本体技术

第3章 本体构建

本章结合旅游信息资源领域、高校就业管理领域、常用软件领域等介绍本体的开发步骤及开发过程中存在的问题。

3.1 构建旅游信息资源本体

3.1.1 构建旅游信息资源本体的目标

旅游涉及吃、住、行、游、购、娱六大要素，建立旅游信息资源本体的目的是在海量的信息中使旅游信息智能集成，便于游客能智能在线检索，简化和加快旅游的交易过程，并能提供关于旅游服务的更多信息，从而为用户提供更广泛和精确的旅游资讯，在实现智能推理的过程中，为用户提供个性化服务。

3.1.2 旅游信息资源本体构建过程

一个旅游信息资源本体构建的过程包括：①确定旅游信息资源本体领域和范畴；②列举旅游信息资源本体中的重要术语、概念；③建立旅游信息资源本体框架；④定义类和类的层次体系；⑤定义类的属性槽（Slots）及取值类型；⑥对领域本体编码、形式化。

3.1.3 确定本体范围和术语

构建本体之前，要明确领域本体的目的、范围、表示方法、用途等，描绘出目标本体的主要轮廓。这一阶段的中间结果是本体开发目的和详细说明书。在确定了领域本体范围的基础上，尽可能列举领域本体的相关术语、概念。

旅游信息资源本体中重要术语与概念为：人、组织机构、景区、旅游线路、交通方式、食宿、行程、地理位置、特产、娱乐活动、民族风情、旅行社、景区管理机构、交通运输企业、食宿企业、旅游局、保险公司、特产企业、娱乐企业、水文景观、地文景观、人文景观、历史遗产、国家非物质文化遗产、全程线路和地接线路等。

3.1.4 定义类和类的层次体系

类用于描述抽象的实体对象，代表着一类具有共性的实例对象；类具有继承性并以层次结构的形式组织，最顶层的类代表着最抽象的实体概念，子类继承了其父类的抽象特性，代表比其父类更具体或范围更小的实体概念。定义类的层次采用自顶向下的方法，部分旅游信息资源本体类层次结构如图 3.1.1 所示。

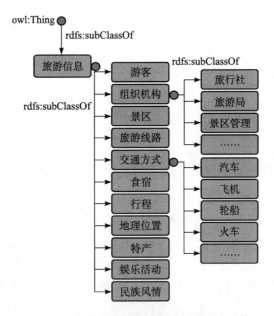

图 3.1.1 部分旅游信息资源本体类层次结构

3.1.5 定义类的属性

仅有各个类来表现领域的知识是不够的，因此需要定义每一个类的属性，由于每个类的属性非常多，原则是根据需求来定义该领域类的属性。如游客及景区的属性表示为：

游客(姓名，性别，身份证，年龄，旅游类别，爱好，电话，邮箱)

景区(名称，景点等级，管理机构，景点类别，地址，容纳人数，电话)

3.1.6　生成实例

依据选择一个类、创建类的一个实例，给实例中各个属性赋值本体建立过程，可在 Protégé 环境中建立旅游信息资源本体库。

3.2　高校就业管理领域本体构建

高校就业管理领域本体的构建目的是为了使得高校毕业生就业管理过程中的毕业生查询就业岗位、用人单位查询毕业生信息的结果更加符合用户的要求。

3.2.1　枚举领域本体的重要术语

列举出术语集是十分有用的，其中的一点是可以明确相关概念以及概念拥有的属性。在高校就业管理领域本体中，有关的部分重要术语列举如下：

就业管理、毕业生、专科生、本科生、研究生、硕士、博士、姓名、性别、专业、学院、计算机系、英语系、用人单位、单位性质、国有企业、事业单位、私营企业、名称、招聘岗位、招聘专业、招聘人数、电话、地址、邮编、邮箱、籍贯……

3.2.2　复用现有的本体

领域本体通过对特定领域内概念及概念关系的精确描述，成为人与计算机之间、计算机与计算机之间互相理解的语义基础。构建领域本体的目标就是要捕获相关领域的知识，提供对该领域知识的共同理解，确定该领域内共同认可的词汇，并从不同层次的形式化模式上给出这些词汇（术语）和词汇之间相互关系的明确定义（邓志鸿等，2002）。因此，构建本体的时候，为了节省时间，避免从头开始，可以考虑复用本体。

世界上有许多组织和机构都在研究和应用本体，并且已经有了一些价值较高的商用和免费的本体，而且由于现在网上发布的本体都有统一的格式，很多本体都是以电子文档的形式存在，并且可以导入现有的本体开发环境中，因此在实际开发之前，可以考虑能否重用这些本体，这样可以节省成本和缩短开发时间。

3.2.3　定义类和类层次

概念或类是本体论中最主要的知识单元，也是本体论结构的基本组织单元，用来描述领域的概念。类定义是指一个类的描述，其中包括类型定义，相关子类的定义等。在定义类层次时可以用三种不同的方法：①先定义领域中综合的、概括性的类，然后再对这些类进行细化，即按自顶向下的方向来进行；②先定义具体的类，然后再把这些具体类泛化成综合性的类，即按自底向上的方向来进行；

③把上述两种方法相结合，即按自顶向下和自底向上两个方向同时进行（冯志勇等，2007；郑丽萍，2005；肖敏，2006）。

采用自顶向下的方法来构建高校就业管理本体。从高校就业管理工作来看，主要涉及毕业生和用人单位。从毕业生部分来看，学历可分为专科生、本科生、研究生等。从用人单位部分来看，单位性质可分为事业单位、国有企业、私营企业等。从创建的术语集中选取一些术语作为类进行构建，并形成类层次结构。

3.2.4 定义类的属性

毕业生(学号，姓名，学院，专业，性别，电话，邮箱)

用人单位(用人单位名称，单位性质，招聘岗位，招聘专业，招聘人数，地址，电话)

在这里，需要定义的是类的属性以及对各个属性的限制，如属性的类型、基值（最大值、最小值）的限制等。这个阶段是构建本体重要的一步，将前几个阶段所建立的类以及类之间的属性加以限制，表达了领域内更为完整的语义。

通常情况下，上面的两个步骤定义类、类层次和定义类的属性是一个迭代的过程，很难区分其先后顺序。一般会先创建类层次结构中的一些概念的定义，然后继续描述这些概念的属性，这个过程是不断循环进行的。

3.2.5 生成实例

定义本体的最后一个步骤是为类的层次结构创建个体实例，这一过程包括三个步骤：①选择一个类；②创建类的一个实例；③填充实例中各个属性的值。

总之，本体是领域的术语及其关系的清晰形式化规范，即对研究领域的概念、每个概念的不同特性和属性以及属性的约束进行明确的形式化描述。本体和类的一组实例构成了知识库（KB）（冯志勇等，2007）。

3.3 常用软件本体构建

3.3.1 定义类和类的层次体系

常用软件本体概念层次树概括如下：

常用软件本体→（操作系统，系统程序，网络工具，管理软件，图形图像，多媒体类，游戏娱乐，编程开发，计算机安全，教育教学，办公自动化，应用软件）。

操作系统→（Windows视窗，DOS，Unix，Linux，其他操作系统）。

Windows视窗→（Windows 7，WindowsXP，Windows2000）。

系统程序→（磁盘工具，系统加强，内存管理，系统辅助，开关定时，系统优化，文件管理，系统测试，系统设置，升级补丁，CPU 相关，系统备份，中文输入，安装/卸载工具，系统安全）。

网络工具→（浏览工具，FTP 工具，下载工具，搜索引擎，IP 工具，网络监测，网络聊天，网络安全，网络辅助）。

管理软件→（行政管理，记事管理，财务管理，旅游餐饮，健康医药，股票证券，仓储租借，商业贸易，交通运输，人事管理，学校教育，金融保险，网吧管理，客户管理）。

图形图像→（图像处理，图像捕捉，图像浏览，图标工具，图标工具，CAD）。

多媒体类→（媒体播放，视频处理，音频处理，媒体制作，媒体点播，光盘刻录，网络电视，桌面制作）。

媒体制作→（3D 制作，动画制作，CAI 著作）。

游戏娱乐→（游戏工具，棋牌游戏，动作射击，智力游戏，方块游戏，体育竞技，测字算命，PC 模拟器，Flash 游戏，网络游戏）。

编程开发→（编程工具，网络编程，数据库编程，安装制作，补丁制作，免费源码，调试工具，编译工具，控件开发，编程资源）。

控件开发→（网络控件，媒体控件，系统控件，界面控件，图像控件，时间控件，文件控件，压缩控件，图表控件，DBF 控件，综合控件，编程资源）。

计算机安全→（病毒防治，加密工具，系统安全，系统监测，浏览安全，密码管理）。

教育教学→（外语工具，电脑学习，考试系统，电子教室，教育管理）。

办公自动化→（Microsoft Office，WPS 系列，Lotus Notes）。

应用软件→（压缩解压，文件分割，文件更名，时钟日历，电子阅读，汉字输入，字体工具，打印工具，虚拟光驱，转换翻译，文件修复，光驱工具，计算器类，键盘鼠标，开关定时，电子词典）。

用 RDF 三元组表示如下：

（常用软件，rdf:type，owl:Class）。

（常用软件，rdfs:subClassOf，owl:Thing）。

（操作系统，rdf:type，owl:Class）。

（操作系统，rdfs:subClassOf，常用软件）。

（Windows 视窗，rdf:type，owl:Class）。

（Windows 视窗，rdfs:subClassOf，操作系统）。

（DOS，rdf:type，owl:Class）。

（DOS，rdfs:subClassOf，操作系统）。

（UNIX，rdf:type，owl:Class）。

（UNIX，rdfs:subClassOf，操作系统）。

（LINUX，rdf:type，owl:Class）。

（LINUX，rdfs:subClassOf，操作系统）。

（WindowsXP，rdf:type，owl:Class）。

（WindowsXP，rdfs:subClassOf，Windows 视窗）。

（Windows7，rdf:type，owl:Class）。

（Windows7，rdfs:subClassOf，Windows 视窗）。

（系统程序，rdf:type，owl:Class）。

（系统程序，rdfs:subClassOf，常用软件）。

3.3.2 定义常用软件的属性

常用软件本体的属性概括如下：

常用软件本体（直接概念，软件名称，语言，译文，发布时间，简称，版本，简单描述，开发人员，开发公司，运行环境，文件大小，下载地址，基本功能，新增功能）。

3.3.3 创建常用软件实例

〈Windows 视窗 rdf:ID＝"WindowsXP"〉

　　〈直接概念类 rdf:resource＝"♯Windows 视窗"/〉

　　〈软件代码 rdf:resource＝"♯WindowsXP 简体中文版中文版"/〉

　　〈软件名称 rdf:resource＝"♯WindowsXP"/〉

　　〈软件开发语言 rdf:resource＝"♯中文版"/〉

　　〈译文名称 rdf:resource＝"♯ WindowsXP "/〉

　　〈发布时间 rdf:resource＝"♯2001"/〉

　　〈软件简称 rdf:resource＝"♯WindowsXP"/〉

　　〈软件版本 rdf:resource＝"♯简体中文版"/〉

　　〈简单描述 rdf:resource＝"♯操作系统"/〉

　　〈开发人员 rdf:resource＝"♯ Microsoft "/〉

　　〈开发公司 rdf:resource＝"♯Microsoft Corporation"/〉

　　〈运行环境 rdf:resource＝"♯"/〉

　　〈文件大小 rdf:resource＝"♯100M"/〉

　　〈下载地址 rdf:resource＝"♯http://www.microsoft.com"/〉

　　〈基本功能 rdf:resource＝"♯操作系统"/〉

　　〈新增功能 rdf:resource＝"♯是 Windows2000 的后续版本"/〉

〈/Windows 视窗〉

3.3.4 规则定义

通过分析常用软件领域概念与概念的关系、概念与实例的关系以及实例与实例的关系，总结和归纳出该领域所具有的规则如表 3.3.1 所示。

表 3.3.1 常用软件领域本体的规则定义

	如果属性 P 具有传递性，且知识库有如下知识：(X, P, Y) 和 (Y, P, Z)，则可得 (X, P, Z)	
传递性	规则 3.3.1	如果 A 是 B 的子类，B 是 C 的子类，则 A 是 C 的子类
	规则 3.3.2、规则 3.3.3	如果 A 是 B 的前导（后继）版本，B 是 C 的前导（后继）版本，则 A 是 C 的前导（后继）版本
	规则 3.3.4	如果 A 另称为 B，B 另称为 C，则 A 另称为 C
	规则 3.3.5	如果 A 功能相似于 B，B 功能相似于 C，则 A 功能相似于 C
对称性	如果属性 P 具有对称性，且知识库有如下知识：(X, P, Y)，则可得 (Y, P, X)	
	规则 3.3.6	如果 A 与 B 的功能相反，则 B 与 A 的功能相反
	规则 3.3.7	如果 A 的功能相似于 B 的功能，则 B 的功能相似于 A 的功能
	规则 3.3.8	如果 A 另称为 B，则 B 另称为 A
函数关系	如果 P 具有函数属性，且知识库有知识：(X, P, Y)、(X, P, Z)，则可得 $Y = Z$	
	规则 3.3.9	如果 A 是 B 的驱动程序，A 是 C 的驱动程序，则 B 与 C 相同
	规则 3.3.10、规则 3.3.11	如果 A 是 B 的直接前导（后继）版本，A 是 C 的直接前导（后继）版本，则 B 与 C 相同
逆关系	如果属性 P_1 与属性 P_2 之间具有逆关系，且知识库有知识：(X, P_1, Y)，则可得 (Y, P_2, X)	
	规则 3.3.12、规则 3.3.13	如果 A 是 B 的前导（后继）版本，则 B 是 A 的后继（前导）版本
	规则 3.3.14、规则 3.3.15	如果 A 包含（包含于）B，则 B 包含于（包含）A
属性继承	规则 3.3.16	如果 C_1 是 C_2 的子类，C_2 具有属性 P，则 C_1 具有属性 P
	规则 3.3.17	如果个体集中的一个个体 i 是 C 的一个实例，且 C 具有属性 P，则实例 i 也具有属性 P
特殊属性	如果 A 与 B 具有特殊属性关系，则 A 与 B 也具有一般属性关系	
	规则 3.3.18、规则 3.3.19	如果 A 是 B 的直接前导（直接后继）版本，则 A 是 B 的前导版本（后继）

3.3.5 常用软件领域知识推理系统的总体框架

在常用软件领域知识库中，一般使用 OWL 进行知识描述。但因为 OWL 灵活的表示形式使得表达式随意、不规则，给机器处理带来不便。而 RDF 是处理元数据的基础，它提供了 Web 上应用程序间机器能理解的信息互操作性。为了在不同机器间实现信息的互操作性，基于 OWL 的知识表示，实现 OWL 知识表示到 RDF 的映射（甘健侯，2007）。

实现基于概念语义网络图的 RDF 知识推理包括以下几个步骤：①构建概念知识库，用 OWL 进行描述，建立 OWL 到 RDF 三元组映射机制；②对用 OWL 描述的知识进行一致性检测；③选择搜索算法，确认搜索概念的可满足性；④如果搜索概念可满足，获取搜索概念的相关信息；⑤将搜索结果用可视化的方式进行表示。

常用软件领域知识推理系统的总体框架如图 3.3.1 所示。

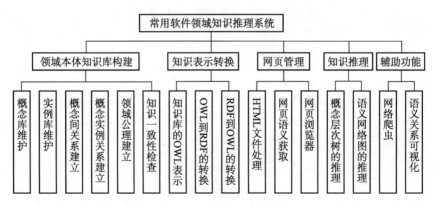

图 3.3.1 系统总体结构

本章参考文献

邓志鸿,唐世渭,张铭等.2002. Ontology 研究综述.北京大学学报(自然科学版),38(5):730～738

冯志勇,李文杰,李晓红.2007.本体论工程及其应用.北京:清华大学出版社

甘健侯.2007.语义 Web 及其应用——基于本体、描述逻辑、语义网络.昆明:云南科技出版社

肖敏.2006.领域本体的构建方法研究.情报杂志,25(2):70～71

郑丽萍.2005.本体映射的研究.济南:山东科技大学硕士学位论文

第4章 本体映射

4.1 本体映射概述

4.1.1 本体异构及解决方案

本体是共享概念模型明确的形式化规范说明，是对一个特定领域内语义的共同认识，其在语义 Web 中处于核心地位，Web 上的语义资源需要用本体描述的术语进行标记，这是编织语义网的基础。Web 上数据是分散的，本体同样也是分散的，由于本体的创建者不同，使用的建模方法不同，即使对同一个领域内的问题建模，不同的领域专家开发出的本体也存在着差别。因此，一旦需要多本体协助工作时，就会出现本体异构问题。

表 4.1.1 给出了一些本体异构问题以及相应的解决方案（王真星等，2007）。

表 4.1.1　异构问题及其解决方案

层次	不一致类型		存在问题	解决方案
概念层	建模	概念范围	两个类看似表达相同概念，但实际拥有不同实例	在全局本体中创建对应的上层本体，然后以它为子树根结点生成两个兄弟结点，并建立与类的映射
		粒度	建模时采用不同的概念粒度	在全局本体中创建对应的新概念名，并生成层次结构，然后与局部本体中的概念名建立映射
	模型表示		同一概念采用不同模型类别表示	全部转化为采用统一格式表示

续表

层次	不一致类型	存在问题	解决方案
语言层	语法	不同的本体语言采用不同的语法	重写机制
	逻辑关系表达	不同的逻辑表达式表示相同的含义	提供两者之间的逻辑转换规则
	原语	同一个语言构造符字符串在不同语言中语义不同	在集成本体库中用不同的构造符字符串表示
	语言表达能力	一个语言可以表达另一个语言无法表达的内容	无
其他	同义词	不同词具有相同含义	在全局本体中创建新的概念名，并将其和同义词建立映射
	同词异义	同一词在不同本体具有不同含义	用不同的名字空间解决
	编码	具有数值类型的本体可用不同的编码表示	直接转换

4.1.2 本体映射概念及模型框架

1. 本体映射问题描述及定义

本体间要实现互操作就必须解决本体异构问题，本体映射便是解决本体异构问题的手段之一。本体映射的目的是找到不同本体之间的语义联系（李佳等，2007）。

在本体的应用中，工程化是一个必需的前提。同时，只有实现了本体的工程化，本体才可能得到普遍应用。当本体的大规模应用出现时，手工进行本体映射或者针对两个具体的本体来寻找映射方法是不现实的，因此需要一些具有普遍适应性的映射方法来推动本体的工程化进程。

所谓本体映射，是指有两个本体 A、B，对于本体 A 中的每个概念试图在本体 B 中找到一个语义相同或相近的对应概念，对于本体 B 中的每个概念或结点亦是如此（Ehrig，Sure，2004；程勇等，2006）。因而映射最重要的过程就是发现语义关联。目前，对于本体间的映射研究还是从本体本身的定义出发的。根据上面给出的定义，本体的映射类型有概念-概念、属性-概念、属性-属性等。

本体映射函数的形式化定义如下：

（1）$\text{map}:O_1 \longrightarrow O_2$；

（2）如果 $\text{sim}(e_{i_1}, e_{i_2}) > \text{th}$，则 $\text{map}(e_{i_1}) = e_{i_2}$。其中，th 是阈值 $e_{i_1} \in O_1$，$e_{i_2} \in O_2$。即当 e_{i_1} 和 e_{i_2} 相似度大于某一阈值 th 时，认为 e_{i_1} 和 e_{i_2} 之间存在映射关系。这样，发现来自不同本体元素间映射关系的过程可以转化为它们之间语义相似度的计算。

参考上述定义和其他人的研究成果，总结出了如下假设：

假设 4.1.1　如果两个元素有相同的 URI，则认为这两个元素为同一元素。

假设 4.1.2　如果两个概念具有相同的父概念，则这两个概念可能是相似的。

假设 4.1.3　如果两个概念具有相同的子概念，则这两个概念可能是相似的。

假设 4.1.4　如果两个概念具有相同兄弟，则这两个概念可能是相似的。

假设 4.1.5　如果两个概念具有相同的实例，则这两个概念可能是相同。

假设 4.1.6　如果两个概念具有相同的属性，则这两个概念可能是相同的。

假设 4.1.7　如果两个属性具有相同的定义域和值域，则这两个属性可能是相同的。

假设 4.1.8　如果两个属性具有相同的父属性，则这两个属性可能是相似的。

假设 4.1.9　如果两个属性具有相同的子属性，则这两个属性可能是相似的。

本章中对于相似度的计算都是在这些假设的基础上进行的。

2. 本体映射模型框架

输入两个异构的本体，本体映射系统的任务是建立源本体到目标本体的映射关系。映射过程是一个迭代的过程，如图 4.1.1 所示。

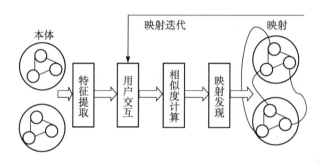

图 4.1.1　本体映射模型框架

（1）特征提取。解析本体文档，提取出本体词汇（包括概念、属性、关系等）。

（2）用户交互过程（可选过程）。本体映射系统支持一个可选的用户交互过程，通过用户交互，用户可以在自动映射之前预先指定一个或多个映射关系，也可以在映射自动发现之后纠正本体映射系统发现的错误映射，或者创建遗漏的映射关系。用户的交互动作将传递影响其他相关联元素的映射，从而对整个本体的映射产生影响，以达到提高映射精度的目的。

（3）相似度计算。在此步骤中，根据概念相似度计算和属性相似度计算的不同，考虑采用不同的计算方法：在概念相似度计算时，考虑从名称、属性、结构和实例四个方面着手；而在计算属性相似度时，仅从名称、定义域和值域三方面匹配来确定其相似度，并且在整个计算过程中相似度取值限定在 $[0, 1]$ 之间。

（4）映射发现。映射发现基于迭代后的相似度值进行，根据某种选择策略并结合本体的约束和上下文关系等选择本体间元素的最优映射关系。

（5）映射。算法输出映射表，表中每一项对应一个映射关系。每一项包含四个元素集合：源本体 O_1 中的元素集合 $\{e_{i_1}\}$，目标本体 O_2 中的元素集合 $\{e_{i_2}\}$，元素对应的关系及关系的相似度数值。

（6）映射迭代。将所得到的相似度数值进行迭代运行，得到候选映射的综合预测值。

3. 相似度的定义

相似度是用来衡量两个元素之间相似程度的，并由此来决定在多大程度上两个元素之间可能具有相同或相似的语义特征。本体映射的关键就是要计算元素之间的相似度，因此，要对相似性进行定量化，现给出如下定义（Ehrig，Sure，2004）：

（1）$\text{sim}(x, y) \in [0, 1]$：相似度的计算值为 [0，1] 区间中的一个实数。

（2）$\text{sim}(x, y) = 1 \longrightarrow x = y$：两个元素是完全相同的。

（3）$\text{sim}(x, y) = 0$：两个元素没有任何共同特征。

4.2　常用的本体映射方法

目前，在各类本体映射系统中普遍使用的本体映射方法有：基于语法的映射、基于概念实例的映射、基于概念定义的映射、基于概念结构的映射、基于规则的映射、基于统计学的映射、基于机器学习的映射。

4.2.1　基于语法的映射方法

基于语法的映射方法是指进行概念相似度计算时，不考虑概念的语义，常用的是计算概念名的编辑距离（Edit Distance）。

在比较概念名时，可以用"编辑距离"算法比较两个概念名的字符串。编辑距离由 Levenshtein 在 1966 年提出，用来比较两个字符串的相似度。其基本思想是源于语言学中两个字符串之间的距离越小，则这两个字符串越相似。

从结构上来编辑语义距离：

在这里字符串的相似性是通过计算把一个字符串变成另一个字符串所必需的编辑操作次数来衡量的。两个字符串 A 和 B 编辑距离定义为，把 A 变为 B 所需的最少转化操作次数，这里的转化操作包括三类：

（1）改变一个字符；

（2）插入一个字符；

（3）删除一个字符。

例如，在两个词汇"tophotel"和"top _ hotel"中其语义距离是 1，只需要在 tophotel 中插入 1 个符号即可。可以定义两个字符串 A、B 之间的相似度为

$$\text{Sim}_{\text{EditDis}}(A, B) = \max\left(0, \frac{\min(|A|, |B|) - \text{ed}(A, B)}{\min(|A|, |B|)}\right) \quad (4.2.1)$$

A、B 是两个字符串，$\text{Sim}_{\text{EditDis}}(A, B)$ 表示的是两个字符串的相似度，$\text{ed}(A, B)$ 表示两个字符串之间的编辑距离。因此在上面的例子中就有

$Sim_{EditDis}$（"tophotel"，"top-hotel"）＝7/8，然而，两个概念的语法相似度很高，并不代表两个字符串表示的语义就一定相似，例如，$Sim_{EditDis}$（"Tower"，"Power"）＝4/5，但是这两个概念在语义上却相差很大。因此还需要从其他方面来考虑概念的相似性。

通过这种方法计算两个概念间相似度的映射方法有 Diogene 的本体映射方法（2007）和本体比较方法（Maedche，Staab，2002）。

4.2.2　基于概念实例的映射方法

该方法是指在进行本体映射时利用概念的实例作为计算概念间相似度的依据。典型的如华盛顿大学的 GLUE 系统。

一个概念的实例也是其祖先概念的实例。基于实例计算概念相似度的理论依据是：如果概念所具有的实例全部都相同，那么这两个概念是相同的；如果两个概念具有相同实例的比重是相同的，那么这两个概念是相似的（曹泽文等，2006，2007）。用机器学习方法计算一对概念（$A \in O_1$，$B \in O_2$）的联合分布从而求得 $P(A，B)$、$P(A，\bar{B})$、$P(\bar{A}，B)$、$P(\bar{A}，\bar{B})$，然后用式（4.2.2）求得两个概念间的相似度：

$$Sim_I(A，B) = \frac{P(A \cap B)}{P(A \cup B)} = \frac{P(A，B)}{P(A，B) + P(A，\bar{B}) + P(\bar{A}，B)} \quad (4.2.2)$$

其中，$P(A，B)$ 表示一个随机的实例既属于概念 A 又属于概念 B 的概率，$P(A，\bar{B})$ 表示一个实例属于 A 但不属于 B 的概率，其他类似。它们满足式（4.2.3）：

$$P(A，B) = \frac{N(U_1^{A,B}) + N(U_2^{A,B})}{N(U_1) + N(U_2)} \quad (4.2.3)$$

其中，U_i 表示分类 O_i 的实例集，$N(U_i)$ 表示实例集大小，即实例个数。由式（4.2.3）知，计算 $P(A，B)$ 可以转化为计算 $N(U_1^{A,B})$ 和 $N(U_2^{A,B})$。$N(U_2^{A,B})$：如果知道 U_2 中的每一个实例 s 是否属于 A 和 B，就能计算 $N(U_2^{A,B})$。而实例 s 是否属于 B 是很容易知道的，因此仅仅需要决定实例 s 是否属于概念 A。明确知道实例 s 是否属于 B，因为这已经在 O_2 中明确说明，只需要知道该实例是否明确属于 A，而这可以用机器学习方法来进行判定。将 U_1 的实例集合分成两类 U_1^A 和 $U_1^{\bar{A}}$，然后分别用这两个集合作为正反训练样本，训练得到一个关于 A 的分类器。最后用这分类器决定实例 $s(s \in O_2)$ 是否是概念 A 的实例。由此，我们可以得到 $P(A，B)$ 的计算步骤如下，如图 4.2.1 所示。

（1）把本体 O_1 的实例集 U_1 分成 U_1^A 和 $U_1^{\bar{A}}$，即属于 A 和不属于 A 的实例集，相互独立（如图 4.2.1 a-b 所示）。

（2）把 U_1^A 和 $U_1^{\bar{A}}$ 作为训练样本的正反集合训练生成学习分类器 L。

（3）把本体 O_2 的实例集 U_2 分成 U_2^B 和 $U_2^{\bar{B}}$，即属于 B 和不属于 B 的实例集，相互独立（如图 4.2.1 d-e 所示）。

（4）应用学习分类器 L 于 U_2^B，于是把 U_2^B 分成 $U_2^{A,B}$ 和 $U_2^{\bar{A},B}$。同样，把 $U_2^{\bar{B}}$

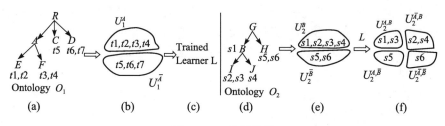

图 4.2.1　实例分类

分成 $U_2^{A,\overline{B}}$ 和 $U_2^{\overline{A},\overline{B}}$。

（5）把本体 O_1 和本体 O_2 的位置调换过来，重复以上各步，最终可以获得实例集 $U_1^{A,B}$、$U_1^{\overline{A},B}$、$U_1^{A,\overline{B}}$、$U_1^{\overline{A},\overline{B}}$。

（6）利用式（4.2.3）计算 $P(A，B)$。

同样的方法可计算得到 $P(A，\overline{B})$、$P(\overline{A}，B)$、$P(\overline{A}，\overline{B})$。然后利用式（4.2.2)求得一对概念 A 和 B 之间的概念实例相似度 $\mathrm{Sim}_I(A，B)$。

这种方法只利用了本体中的实例数据，因而当实例数据较多时更为有效。当实例数据较少时，其学习效率和准确性将受到很大的制约。

4.2.3　基于概念定义的映射方法

基于概念定义的映射方法是指进行映射时主要依据本体中概念的名称、描述、关系、约束等内容。例如，M. Andrea Rodriguez 和 Max J. Egehofer 提出了一种利用概念定义计算概念间相似度的方法。

Rodriguez 和 Egehofer（2003）所提出方法的基本思想是，本体中概念由 3 个部分组成：表示概念的同义词集、概念的语义关系集和刻画概念的特征集，对这 3 个部分相互进行匹配，比较来自不同本体的概念，得到 3 个相似度值，然后对 3 个值进行加权平均就能得到两个概念的语义相似度，进而确定它们之间的映射关系。

4.2.4　基于概念结构的映射方法

基于概念结构的方法是指在映射时参考概念间的层次结构，如结点关系（父结点、子结点、孙结点）、语义邻居关系等。由于结点的层次关系中蕴涵了大量的潜在语义，很多映射方法都利用了这一点。在 Rodriguez 和 Egehofer（2003）提出的方法中，实体类的 3 个组成部分中的语义关系集就是利用了实体类与其他实体间的关系。Sekine 等（1999）的映射方法也利用了这一点。

概念之间的语义关系有多种，其中最常见的是 Hyponymy（上位关系 IS-A）和 Meronymy（部分与整体的关系 Part-of）。这些语义关系可以用语义邻居来表示，以该概念为中心向周围辐射，设定一个语义半径 r，r 的取值大小反映了范围内概念之间的亲疏关系。

Sekine 认为，对于一个分类而言，其层次结构很重要。在该映射方法中，除了结点本身，还参考了其父结点（Father）、子结点（Child）、孙结点（Grandchild）。

Sekine 以 WordNet 和 EDR 为参考本体，按父、己、子、孙结点间距离的比例系数不同进行了 8 组实验。实验表明孙结点的影响微乎其微，但是父结点和子结点在层次结构中占有重要位置，进行本体映射时，父结点和子结点的信息不可忽略。

4.2.5 基于规则的映射方法

基于规则的方法是指在本体映射中定义一些启发式规则。例如："如果两个概念的子概念都相同，那么这两个概念是相似的"等。这些启发式规则是由领域专家手工定义的。其实，这些规则的抽取来自于概念的定义和结构信息。属于这一类映射方法的有 Ehrig 和 Staab（2004）提出的方法。

该方法首先由领域专家编码相似规则。专家定义的相似规则是一些启发式规则。例如："如果两个概念的属性相同，那么这两个概念是等价的。""如果这两个概念的子概念都相同，那么这两个概念是相似的。"这样的规则共有 17 条。对于一对实体 A 和 B：根据每条规则计算得到一个相似值 Sim_k (A,B)，然后用集成的方法把根据各个规则得到的相似度进行综合得到一对实体的相似度。确定每个规则相似度权重的方法有 S 形函数法和基于神经网络的机器学习法。

ACM 和 ITTALKS（Prasad，2002）以两个本体为例进行映射实验时采用了启发式方法，其思想是：一个结点的子结点与另一结点映射的百分比能反映该结点与另一结点的映射关系。例如，假设这个百分比（传播阈值（Propagation Threshold））为 60%，A 有 10 个子结点 A_i（$i=1$，2，…，10），如果 A_1、A_2、A_3 与 B_1 匹配，A_4、A_5 与 B_2 匹配，A 的其他子结点与 B 的其他子结点匹配，则不能得出 A 与 B_1 匹配的结论。如果至少有 6 个子结点映射到 B_1 且值不为空，则可以得出结论：A 与 B_1 匹配。

4.2.6 基于统计学的映射方法

该方法是在映射过程中采用了统计学的方法，如 Prasad（2002）采用的贝叶斯方法和 GLUE 系统在计算概念实例联合分布概率时所用的统计方法。

Prasad 在以 ACM 和 ITTALKS 本体为例的映射实验中用到了统计学中的贝叶斯方法。首先假定所有的叶子结点彼此独立，此时两个概念的相似度为 $P(A_j\mid B_i)$，当 A 中的概念 A^* 同时满足一定条件时，认为 A^* 与 B_i 存在映射关系。

4.2.7 基于机器学习的映射方法

该方法是指在映射过程中采用机器学习技术。如 GLUE 系统在计算概念的实例分布概率时，用机器学习的方法求实例集。GLUE 采用的是多策略的机器学习方法。它采用了两个基学习器：内容学习器和名字学习器。前者主要利用实例文本内容中的词频作预测，使用了朴素的贝叶斯学习分类器，后者利用从根概念名到实例所属的当前概念名连接而成的名字字符串作预测。系统把两个基学习器的结果按一定权重组合起来得到元学习器。

4.2.8 本体代数方法

该方法是利用斯坦福大学设计的本体代数来进行本体映射。本体代数包括三个操作符，即集合交、集合并和集合差（Wiederhold，1994）。创建本体代数的目的是提供一种用来咨询存在大量语义且互斥的知识资源的能力。通过建立关联（跨领域链接的规则）来实现知识的互操作，并且需要定义由一些属性的抽象数学实体组成的上下文，即具有良好结构的本体封装单元（McCarthy，1994）。

Mitra、Wiederhold 和 Kersten 使用本体代数和关联本体来实现本体间的互操作。它的输入是本体的图（Mitra et al.，2000）。其中一元操作符包括过滤、抽取，二元操作符包括集合并、集合交、集合差。

（1）集合并操作符通过关联来链接两个源本体图生成一个统一的本体图，集合并体现了统一本体的一致性。

（2）集合交操作符用来生成关联本体图。它包括利用关联生成器和两个本体间的关联规则生成结点和边。集合交决定了知识库所要处理的相似概念部分。

（3）集合差操作符可以用来辨识两个本体之间的差别，并定义一个本体的条目和关系。它们不受另一个本体中的条目和关系的影响。这一操作允许局部本体维护器来决定一个本体的范围，使得它和别的领域本体间的映射关系是独立的，从而可以在不更新其他映射关系的情况下独立进行操作。

4.2.9 本体聚类方法

Visser 在 KRAFT 项目中提出把本体映射分成多个一对一的映射来实现（Visser，Tamma，2000），这些映射包括：

（1）类映射：源本体类名和目标本体类名之间的映射。

（2）属性映射：源本体一系列属性的值与目标本体一系列属性的值进行映射，源本体属性名和目标本体属性名的映射。

（3）关系映射：源本体关系名和目标本体关系名的映射。

（4）复合映射：复合源本体表达式与复合目标本体表达式之间的映射。

在此基础上，Visser 和 Tamma 建议用"本体聚类"的概念来集成异构源。本体聚类以不同于 Agent 所理解的概念相似性为基础，用层次的形式来表达。

4.3 本体映射方法的分类

一个本体匹配系统可能用到多种匹配算法或多个匹配器，可以根据需要选择，这样就可以先实现各个不同的匹配器，然后使用一种组合方法将它们综合，生成一个混合的匹配方法。按照 Rahm 提出的分类体系（Do，Rahm，2002）进行如图 4.3.1 所示的划分。

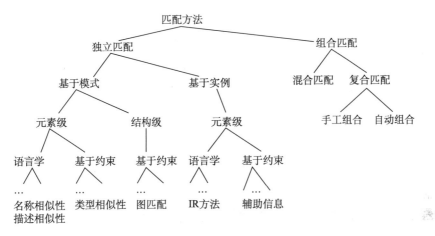

图 4.3.1　匹配分类方法

对每个独立的匹配器可以使用以下分类标准：

4.3.1　模式级与实例级

前者只考虑模式信息，而不考虑实例数据。模式信息包括名称、描述、关系（Part-of，IS-A 等）、约束和模式结构等。通常候选结果用一个介于 0 和 1 之间的数值表示它的相似度，然后在候选结果中进行选择。后者考虑实例数据，可以单独使用也可以与模式信息联合使用。利用机器学习、神经网络的方法从实例数据中抽取出实例的特征，然后利用这些特征计算它的相似度。

4.3.2　匹配粒度（元素级与结构级）

前者只考虑本体中独立的概念、属性或关系，而不考虑它们之间的联系，比如在匹配概念时不会考虑它的父概念、子概念以及其他与之相连的概念；后者除了考虑这些概念本身外，还考虑到与之相关联的概念，甚至属性、关系等。结构级匹配可能是完全匹配，也可能是部分匹配，这取决于要求的完整性和准确性。

4.3.3　基于语言与基于约束

前者使用名称或文本发现本体元素的语义联系。名称相似性常用的度量标准有等价关系、同义关系以及编辑距离，名称在语义上的联系通常要在词典的帮助下确定。后者利用本体模式中包含的约束信息，包括数据类型、取值范围、唯一性、可选性、关系类型和可选值等。如果参与映射的两个本体元素有相同的约束信息，就可以以它为根据来决定模式元素的相似性。

4.3.4 匹配基数

一个元素可以参与 0 个、1 个或多个映射。元素级匹配考虑的是单个映射，一般生成的是 1:1、1:n 或 n:1 这样的结果，要生成 n:m 这样的结果，通常需要使用结构级匹配。

在组合的匹配方法中，每种单独的匹配方法都是基于实体在本体中的某种特征来匹配的。对一个给定的匹配任务，要完整地体现每个映射对在整个本体上的相似度，最终相似度就要体现元素的所有特征，所以将这些独立的匹配器混合往往能够达到较好的效果。在使用混合方法时，可以先使用一种方法产生部分映射，然后再使用其他方法完成映射。混合方法比较灵活，可以针对特定的需求选择匹配方法、执行次序以及通过调整参数合并独立结果。自动化的方法可以减少人的参与，但是很难获得一个适合于不同应用领域的通用解决方法。

4.4 本体映射典型系统介绍

本体映射的研究是目前语义 Web 研究的一个热点，国内外很多机构和个人对本体映射进行了研究，科研人员提出了许多本体映射实现方法，并且有的已经实现。接下来简要介绍其中的几个本体映射系统。

4.4.1 Cupid

Cupid 是微软研究院的 Madhavan 等视像的一个通用模式匹配方法，是一种基于元素级映射和结构级映射的混合方法（Madhavan，Bernstein，2001）。它把模式转化成一棵概念树，做自下而上的结构匹配，其思想是如果两个概念的子概念是相似的，那么这两个概念就趋向于相似；如果两个概念具有相似的祖先，那么它们也趋于相似。为了处理同义词、缩略语、首字母缩写，Cupid 用到了外部技术，引入外部信息源，如词典。为了解决共享元素的问题，它在概念树中加入辅助结点以反映共享结点和父结点之间的多重关系。

Cupid 算法分成三步：

第一步，在语言学上做元素级映射，并通过名称、数据类型和领域进行分类。在这个过程中，复合名词被分解成单个词（如 Company ＿ Name 变成 ⟨Company，Name⟩），按照数据类型，语义内容归入不同的类别，然后在每个类别内计算概念元素对之间的语言相似系数，计算中用到了子串匹配技术（如前缀、后缀比较）和外部技术（查词典）。

第二步，把原来的模式转化成一棵概念树，计算结构相似度，做自下而上的结构匹配。两元素之间的相似性取决于它们的语言相似性以及它们的叶子集的相似性，如果算出的相似系数超过了阈值，那么就增加其叶子集的相似系数。之所以关注叶子集，是因为基于叶结点包含了更多信息的假设，而且与中间结点相比，在不同的本体模式中的变化较少。这一步计算出匹配概念对之间的语言相似系数和结构相似系数的加权平均值。

第三步，计算相似系数，用这些加权平均值来选出匹配结果，将相似系数高于某一阈值的元素作为匹配结果。Cupid 方法适用于数据库模式匹配。

4.4.2　COMA

COMA 系统（Do，Rahm，2002）采用的是复合方法，可以灵活地组合不同的映射算法及其结果，它与其他系统不同之处是拥有一个更灵活的架构，在匹配过程中可以进行反复，充分利用以前的映射结果，显著地提高匹配的效率。COMA 将模式转化成带根结点的有向无环图的形式，元素被转化成图中的结点，每个模式元素都以从根结点出发的完整的路径名称来唯一标识，结点通过不同类型有方向的边连接，这些边代表了包含、参考等关系，所有算法都基于这个有向无环图来工作。它所应用的匹配器主要利用模式信息，如元素和结构属性，包括两种元素级的混合匹配算法（Name 和 TypeName）以及三种结构级的混合匹配算法（NamePath、Children 和 Leaves）。其中，Children 和 Leaves 在比较元素相似性时都用到了 TypeName 算法。

4.4.3　SF 方法

SF（Similarity Flooding）方法是斯坦福大学 S. Melnik 等提出的图匹配算法（Melnik et al.，2002）。其基本思想是利用相邻概念结点间相似的传递性。也就是说如果两个概念结点的邻近结点是相似的，那么它们也趋向于相似。换句话说，两个元素之间的相似性繁殖到了它们各自的邻居。该方法首先把模式信息转化成有向图，然后通过简单的名字匹配和结构匹配得出各个结点之间的初始化相似系数，然后进行迭代计算，最后得出最终的相似系数。

SF 也是一种综合使用了名称匹配和结构匹配的混合方法。首先它把模式信息转化为有向图，图中的每条边使用三元组（S，P，O）表示，S 和 O 分别表示边的起始和目标结点，P 表示边。然后通过简单的名称在字符串上的匹配算出结点间的初始化相似系数。采用的主要方法有：

（1）相同前缀：检查是否具有相同的前缀，如 net＝network。

（2）相同后缀：检查是否具有相同的后缀，如 phone＝telephone。

（3）编辑距离：从一个字符串变换到另一个字符串所花费的代价（包括添加、删除、更换字符）。

采用字符串匹配的结果是相当粗略的，不能准确反映结点之间的语义关系。

接着，在有向图的基础上构建成对互连图 PCG（Pairwise Connectivity Graph）以及相似度繁殖图，之后对初始相似度进行迭代计算，直到得到收敛值（即相似度的变化不超过某一阈值），也就是各个结点对之间最终的相似系数。如果计算结果不收敛，那么就在迭代到最大次数后停止迭代。最后它用一些过滤方法从数值最高的几个候选中找出最合适的一个。与其他模式级匹配方法不同的是它并没有使用词典，没有利用术语之间语言学上的语法关系。

4.4.4 OntoMorph 系统

创建 OntoMorph 系统的目的是推进本体的合并和知识库翻译的快速生成（Chalupsky，2000）。它由 ISI（Information Science Institute）创建，并通过整合两个有力的机制来描述本体转换。一个机制是语句重写。它通过有指导模式的重写规则进行句法重写，并进行基于模式匹配语句简要说明的转换。第二个机制是语义重写，它通过语义模型和逻辑推理来调整语句重写。

在语句重写过程中，输入带词位的令牌表达式，然后表示为句法树。句法树在内部被表示为一个令牌序列，它们的结构仅仅在逻辑上存在。模式语言能够用一种直接而简洁的方式进行匹配并解释任意嵌套的句法树。重写规则应用于执行模型。

在语义重写过程中，OntoMorph 是 PowerLoom 知识表示系统的顶层。PowerLoom 是 Loom 系统的后续版本。使用语义输入规则，并利用 PowerLoom 精确建立源知识库来进行语义描述。

4.4.5 S-Match 动态多维概念映射算法

在中文本体映射方面，文献（程勇等，2006）中提出了一种映射算法，该算法可根据应用程序灵活度和准确性等方面的不同需求提供三种映射模式：浅层映射、中层映射和深层映射。浅层映射仅考虑语言级上的相似性，中层映射考虑语言级和结构级相似性，而深层映射除此之外，还考虑实例级和推理级上的相似性。该算法在体现中英文差别的语言级相似度方面结合知网进行计算，认为概念语义相似度等于义原相似度的加权平均。但对义原相似度进行计算时，未考虑不同义原树深度对义原相似度的影响。

4.5 目前本体映射存在的问题

目前国内外很多高校和研究机构对本体映射领域均有研究，提出了多种映射方法，如本体代数方法、本体聚类方法、SF 方法、Anchor_PROMPT 方法、OntoMorph 系统、GLUE 系统等。在对现有本体映射方法中的映射规则、应用领域、已存在的辅助工具和系统进行研究的基础上，发现现有的映射系统存在很多问题。

（1）本体映射并不是简单地一对一的映射（类名、关系名、属性名从一个本体到另一个本体的映射），实际上真正参与映射的是卷标所代表的概念。目前研究主要集中在概念-概念之间的映射。

（2）本体映射的效果和效率难以同时保证。尽管有一些映射方法的效果不错，但这些方法的效率很难令人满意。这是因为本体内结点的数目非常巨大，而为了追求好的映射结果，人们往往采用多重方法来对本体映射做综合考察，这必然导致效率低下。必须要在映射效果和映射效率之间找到一个平衡点。

（3）映射的自动化程度低。尽管有些工具对于映射有推进作用，然而，他们只能提供一些有限的函数，如类名和关系名的校验、一致性校验、推荐 to-do 表等。最后的判断还是依赖于专家去完成，其自动化水平很低，因此在提高准确性的同时增强自动化程度是一个关键问题。

（4）通用性不高。目前的本体映射工具都是针对特定领域的本体或不同的版本效果比较明显，换成其他领域的本体，效果就不是很明显。

（5）对映射结果的评价难以确定。主要是从准确性和速度来评价映射结果，可以利用时间复杂度来评价映射速度，然而要评价映射结果的准确性就非常复杂了，因为有时候领域专家不能确定所产生的映射是否正确。

（6）目前大多映射工具都只能进行英文本体之间的映射，对其他语言的本体不能进行映射或映射效果很差。

本章参考文献

曹泽文，钱杰，张维明等.2007. 一种综合的概念相似度计算方法. 计算机科学，34（3）：174,175

曹泽文，钱杰，张维明等.2006. 一种改进的本体映射方法. 科学技术与工程，6（19）：3078～3082

程勇，黄河，邱莉榕等.2006. 一个基于相似度计算的动态多维概念映射算法. 小型微型计算机系统，27（6）：975～979

李佳，祝铭，刘辰等.2007. 中文本体映射研究与实现. 中文信息学报，21（4）：27～33

王真星，但唐仁，叶长青等.2007. 本体集成的研究. 计算机工程，33（2）：4,5

Chalupsky H. 2000. OntoMorph：A Translation System for Symbolic Knowledge. http：//www. isi. edu/～hans/ontornorph/presentation/ontomorph. html

Crestani F，Villa R，Wilson R. 2004. Diógene's Ontology Mapping Prototype Ⅵ. http：//diogene. cis. strath. ac. uk/prototype. html

Do H H，Rahm E. 2002. COMA—A System for Flexible Combination of Schema Matching Approaches. *In*：Proc. of the 28th Intl. Conf. on Very Large Databases（VLDB），610～621

Doan A H，Madhavan J，Domingos P et al. 2002. Learning to Map between Ontologies on the Semantic Web. Proc. of World Wide Web Conf. ACM Press，662～673

Ehrig M，Staab S. 2004. QOM—Quick Ontology Mapping. *In*：ISWC 2004. LNCS，3298：683～697

Ehrig M，Sure Y. 2004. Ontology Mapping—An Integrated Approach. LNCS：Proceedings of the 1st European Semantic Web Symposium. Greece，Springer. 10～12

Madhavan J，Bernstein P A. 2001. Generic Schema Matching with Cupid. *In*：Proceedings of the

27th VLDB Conference. Roma, Italy, 49~58

Maedche E, Staab S. 2002. Measuring Similarity between Ontologies. *In*: Proceedings of the European Conference on Knowledge Acquisition and Management EKAW-2002

McCarthy J. 1994. Notes on Formalizing Context. http://www-formal. stanford. edu/jmc/context3/context3. html

Melnik S, Garcia-Molina H, Rahm E. 2002. Similarity Flooding: A Versatile Graph Matching Algorithm. *In*: Proc. of the 18th Intl. Conf. on Data Engineering (ICDE). San Jose, CA

Mitra P, Wiederhold G, Kersten M. 2000. A Graph-Oriented Model for Articulation of Ontology Interdependencies

Prasad S. 2002. A Tool for Mapping between Two Ontologies Using Explicit Information. *In*: The Proceedings of AAMAS 2002 Workshop on Ontologies and Agent Systems

Rodriguez M A, Egenhofer M J. 2003. Determining Semantic Similarity Among Entity Classes from Different Ontologies. IEEE Transactions on Knowledge and Data Engineering, 15 (2): 442~456

Sekine S, Sudo K, Ogino T. 1999. Statistical Matching of Two Ontologies. *In*: the Proceedings of the ACL SIGLEX99: Standardizing Lexical Resources. Maryland, USA, 69~73

Visser P, Tamma V. 1999. An Experience with Ontology Clustering for Information Integration

Wiederhold G. 1994. An Algebra for Ontology Composition. U. S. Postgraduate School, Monterey, CA

第5章 基于本体的概念语义相似度和相关度计算

在语义 Web 中，概念的语义相似度计算对实现本体集成和信息的语义检索起着重要作用。语义 Web 中数据的语义是用本体来描述的，因此，基于本体的概念语义相似程度计算方法对于在语义 Web 中需要定量处理概念语义的各种应用就有了实际意义。

语义 Web 环境下的概念扩展核心任务是一系列语义推理——同义扩展、语义蕴涵、外延扩展及语义相关联想。在完备的推理机制支持下推理不难实现，但多个环节的推理任务在实现过程中易产生混乱。由于缺乏统一的可量化指标，难以形成相关程度由高到低的有序队列，由此生成的扩展词条简单堆砌，不能完整真实地反映领域知识中的关联特点（聂卉，龙朝晖，2007）。

在信息检索中，相关度主要反映的是文本或者用户查询在意义上的符合程度。为了提高信息检索的召回率，需要进行查询扩展处理，这种处理根据同义词词典和语义蕴涵词典扩展查询检索项。同义词扩展，如"计算机"和"电脑"指同一概念，因而查询"计算机"同时也要查询"电脑"，反之亦然。主题蕴涵扩展是指不但要查询检索词，而且还要查询其中所包含的子概念。例如，主题词"艺术"包括"电影"、"舞蹈"、"绘画"等，"电影"包括"故事片"、"纪录片"等，因此，查询"艺术"当然包括"电影"、"舞蹈"、"绘画"及其子概念。语义相关度计算的引入可以增强检索系统对查询关键词的语义理解，使查询效率得到相应的提高（张柯，2007）。

查询扩展的思路：依照领域本体的结构，先分别考虑概念间的相似度和相关度，然后综合两项指标，计算出一个综合的相关联的程度，最后基于综合的概念间相关联程度高低来进行查询词的语义扩展。

5.1 概念语义相似度和相关度研究概述

5.1.1 语义相似度和相关度的概念及两者的关系

心理学中的相似性研究有着悠久的历史，可以追溯到 20 世纪五六十年代 Osgood 和 Quillian 对相似性的研究。心理学相似性模型着重于解释和模拟在心理学实验中观察到的心理现象，故它所产生的结果与人的心理感受具有较高的契合度。但也由于这一点，心理学的相似性模型的可计算性比较差（邱明，2006）。

与心理学的相似性模型相比，人工智能的研究偏重于解决具体领域中的应用问题，并被广泛应用于自然语言理解、范例推理（Case-Based Reasoning，CBR）、图像处理和信息检索等领域。

在深入讨论相似性模型前，先要明确什么是相似性。心理学家认为相似性是一种存在于两个感知对象间的关系，它是人的一种心理反应，由于对它内在的形成机理尚不明确，因此心理学者只能通过观察它的外在表现来描述相似性所具有的性质（Blough，2006）。这也是人工智能和心理学的相关研究尚不能给出相似性严格定义的原因。

刘群和李素建（2002）认为词语相似度是一个主观性相当强的概念，脱离具体的应用去谈论词语相似度很难得到一个统一的定义。因为词语之间的关系非常复杂，其相似或差异之处很难用一个简单的数值来进行度量。从某一角度看非常相似的词语，从另一个角度看很可能差异非常大。他们对相似度的定义是：词语相似度就是两个词语在不同的上下文中可以互相替换使用而不改变文本的句法语义结构的程度。两个词语如果在不同的上下文中可以互相替换且不改变文本的句法语义结构的可能性越大，二者的相似度就越高，否则相似度就越低。相似度是一个数值，一般取值范围在 [0，1] 之间。一个词语与其本身的语义相似度为1，如果两个词语在任何上下文中都不可替换，那么其相似度为 0。

度量两个词语关系的另一个重要指标是词语的相关度。词语相关度反映的是两个词语互相关联的程度，可以用这两个词语在同一个语境中共现的可能性来衡量。词语相关度是一个数值，一般取值范围在 [0，1] 之间。

词语相关度和词语相似度是两个不同的概念。例如，"计算机硬件"和"驱动程序"这两个概念的相似度非常低，但相关度却非常高。可以认为词语相似度反映的是词语之间的聚合特点，而词语相关度则反映的是词语之间的组合特点。

Resnik（Resnik，1995；王进，2006）用轿车、汽油和自行车的例子解释了这两者之间的区别："轿车依赖于汽油作为燃料，显然它们之间的相关性比轿车与自行车更为紧密，但人们却普遍认为轿车与自行车之间的相似性大于轿车与汽油。这个例子表明相关性不能等同于相似性。即使轿车与汽油是紧密相关的，但由于这两者之间没有共同的特性，人们也不会认为它们是相似的。而轿车和自行车都是交通工具，都有轮子并且可以载人，因此它们是相似的。"

相似性与相关性也不是互斥的关系。Resnik 认为相似性可以被视为一种特殊的相关性（对象间基于蕴涵关系的相关性）。对象间的蕴涵关系体现了对象的共同性，因此蕴涵关系的相关性等同于相似性。

和语义相似度一样，语义距离也是语言学中经常提到的一个概念，它指两个概念的相近程度。一般来说，两个概念间的语义距离越小，它们的语义越相近；反之越远。在信息检索领域中，语义距离的值越小，说明文本和用户查询请求越接近。当距离为零时，文本完全符合用户的请求。当距离大于某个值时，文本和用户查询无关联，不能作为结果集返回。对于返回的结果集，完全是由用户自己主观判断集合中的任一结果是否满足请求。语义距离常常被用于度量对象间的相似性。它被视为语义相似性的逆，即两个对象间的语义距离越小，则语义相似性越大。语义距离与相关性也存在着密切的关系，如果对象间只存在蕴涵关系，则语义距离与相关性可以互换。Collins 和 Loftus 从更广义的角度分析了语义距离和相关性的关系，他们认为语义距离和相关性之间存在着细微的差别。如果用网状图表现对象间的关系，语义距离是对象之间的最短的蕴涵距离，而语义相关性则是对象间所有路径的综合（邱明，2006）。

5.1.2 常用的语义相似度和相关度计算方法

语义相似度和相关度有两类常见的计算方法，一种是根据某种世界知识（Ontology）来计算，一种利用大规模的语料库进行统计。

1. 根据世界知识计算的方法

根据世界知识计算的方法需要计算词语语义距离，语义距离反映的是词语之间相似度的大小。一般是利用一部同义词词典（Thesaurus），同义词词典都是将所有的词组织在一棵或几棵树状的层次结构中。在一棵树中，任何两个结点之间有且只有一条路径，因此，这条路径的长度就可以作为这两个概念的语义距离的一种度量（刘群，李素建，2002）。

2. 大规模语料库统计的方法

以大规模的语料库为基础，用统计的方法计算词语之间的语义相关度。例如，利用词语的相关性来计算词语的相关度，事先选择一组特征词，然后计算这一组特征词与每一个词的相关性（一般用这组词在实际的大规模语料中在该词的上下文中出现的频率来度量），于是，对于每一个词都可以得到一个相关性的特征词向量，然后用这些向量之间的相关度（一般用向量的夹角余弦来计算）作为两个词的相关度。这种做法的假设是凡是语义相近的词，他们的上下文也应该相似。

两种计算方法的比较如表 5.1.1 所示（秦春秀等，2007）。

表 5.1.1　两种计算方法的比较

	根据世界知识（本体）计算的方法	大规模语料库统计的方法
方法论	理性主义方法论	经验主义方法论
方法成立的假设条件	两个词语具有一定的语义相关性，当且仅当它们在概念间的结构层次网络图中存在一条通路	词语的上下文可以为词语定义提供足够信息，两个词语语义相似，当且仅当它们处于相似的上下文环境中
基础条件	语义词典	大规模语料库
主要的理论基础	树形图论	向量空间
主要的优点	比较直观而且简单有效，可以计算出字面上不相似，并且统计关联较小的词语间的相似度	能够客观地反映词语的形态、句法、语义和语用等特点，可以发现许多仅靠人无法观测到的字符串间的有效关联
主要的缺点	受人的主观影响比较大，有时不能反映客观现实	性能比较依赖于语料库的优劣，存在数据稀疏的问题，也有噪声干扰
评价方法	目前没有统一的评价方法	有统一的测试语料库

总的来说，基于世界知识的方法简单有效，也比较直观、易于理解，但这种方法得到的结果受人的主观意识影响较大，有时并不能准确反映客观事实；另外，这种方法比较准确地反映了词语之间语义方面的相关性和差异，而对于词语之间的句法和语用特点考虑得比较少。基于语料库的方法比较客观，综合反映了词语在句法、语义、语用等方面的相似性和差异，但是这种方法比较依赖于训练所用的语料库，计算量大，计算方法复杂；另外，受数据稀疏和数据噪声的干扰较大，有时会出现明显的错误（张柯，2007）。

5.1.3　语义相似度和相关度的评估方法

概念相似度和相关度的评估算法与其他算法不同，目前还不存在规范的评估工具或者专家系统级平台。对其计算结果的评价，目前最有效的方法就是将其放在一个实际的应用系统中，通过系统的性能来对不同的相似度计算方法进行评估。比如，在信息检索系统中，可以比较使用哪种相似度计算方法能够得到尽可能多、尽可能准确的检索信息，但是在条件不具备的情况下，一般采用人类主观判断的评价方法。

通常用计算结果与人类主观判断的吻合程度来断定该算法是否有效。概念相似度和相关度的计算结果越接近人类主观判断的结果，其对应的计算方法越好。在与其他算法进行比较的情况下，也可以通过分析、比较实验数据来判定改进算法的有效性（王家琴，2006）。

5.1.4　概念语义相似度和相关度的研究现状

国内外学者在词语的相似性和相关性研究方面做了大量工作。例如：Resnik根据两个词的公共祖先结点的最大信息量来衡量两个词的语义相似度；Agirre

和 Rigau（1995）在利用 WordNet 计算词语的语义相似度时，除了结点间的路径长度外，还考虑到概念层次树的深度、概念层次树的区域密度；刘群等利用知网计算词语间的语义相似度；李素建（2002）综合了知网和同义词词林计算语义相似度，但由于知网与同义词词林是完全不同的组织方式，所以计算结果不太理想；朱礼军等（2004）借鉴计算语言学中的语义距离思想，提出了针对领域知识本体中的概念相似度计算方法；许云等（2005）基于知网进行语义相关度计算，并利用语义相关度的计算结果消除句法分析中的结构性歧义，在计算语义相关度时，不仅利用义原之间的纵向和横向关系，还对实例提供的信息进行了计算；李鹏等（2007）利用本体中概念之间的语义重合度、语义距离、层次深度、调节因子等多种因素，提出了本体内部概念之间的相似度计算方法。

5.2 基于知网的词语语义相似度计算研究

5.2.1 知网简介

知网的创造者——董振东先生反复强调，知网并不是一个在线的词汇数据库，知网不是一部语义词典，知网是一个以汉语和英语的词语所代表的概念为描述对象，以揭示概念与概念之间以及概念所具有的属性之间的关系为基本内容的常识知识库。

在知网的结构中，一个词语有多个"概念"描述，而概念又是由"义原"来描述的。

"概念"是对词语语义的一种描述，每一个词可以表达出几个概念，概念在知网中又称"义项"。"概念"是用一种"知识表示语言"来描述的，这种"知识表示语言"所用的"词语"叫做"义原"，"义原"是用于描述一个"概念"的最小意义单位。

例如，"意思"这个词语在知网中的定义为：

（1）attribute｜属性，interest｜趣味，&entity｜实体；

（2）thought｜念头；

（3）emotion｜情感，FondOf｜喜欢；

（4）information｜信息；

（5）aspiration｜意愿，expect｜期望；

（6）emotion｜情感，grateful｜感激。

其中，每一条为一个概念，即"意思"这个词是由 6 条"概念"来描述的，每一个"概念"又由多个"义原"描述，如（3）中的"情感"、"喜欢"是知网中定义的义原。

与一般的语义词典（如同义词词林或 WordNet）不同，知网并不是简单地将所有的"概念"归结到一个树状的概念层次体系中,而是试图用一系列的"义原"来对每一个"概念"进行描述。

知网一共采用了 1500 义原,这些义原分为以下几个大类:

(1) event | 事件;

(2) entity | 实体;

(3) attribute | 属性值;

(4) aValue | 属性值;

(5) quantity | 数量;

(6) qValue | 数量值;

(7) SecondaryFeature | 次要特征;

(8) syntax | 语法;

(9) EventRole | 动态角色;

(10) EventFeatures | 动态属性。

对于这些义原,刘群等把它们分为三组:第一组,包括第 1 到第 7 类的义原,称之为"基本义原",用来描述单个概念的语义特征;第二组,只包括第 8 类义原,称之为"语法义原",用于描述词语的语法特征,主要是词性(Part of Speech);第三组,包括第 9、10 类义原,称之为"关系义原",用于描述概念和概念之间的关系。

除了义原以外,知网中还用了一些符号来对概念的语义进行描述,如表 5.2.1 所示。

表 5.2.1 知网知识描述语言中的符号及其含义

,	多个属性之间,表示"和"的关系
#	表示"与其相关"
%	表示"是其部分"
$	表示可以被该"V"处置或是该"V"的受事、对象、领有物或者内容
*	表示会"V"或主要用于'V',即施事或工具
+	对 V 类,它表示它所标记的角色是一种隐性的,几乎在实际语言中不会出现
&	表示指向
~	表示多半是,多半有,很可能的
@	表示可以做"V"的空间或时间
?	表示可以是"N"的材料,如对于布匹,标以"? 衣服"表示布匹可以是"衣服"的材料
{}	(1) 对于 V 类,置于 [] 中的是该类 V 所有的"必备角色"。如对于"购买"类,一旦它发生了,必然会在实际上有如下角色参与:施事、占有物、来源、工具。尽管在多数情况下,一个句子并不把全部的角色都交代出来 (2) 表示动态角色,如介词的定义
()	置于其中的应该是一个词表记,如(China | 中国)
^	表示不存在,或没有,或不能
!	表示某一属性为一种敏感的属性,例如:"味道"对于"食物"、"高度"对于"山脉"、"温度"对于"天象"等
[]	标识概念的共性属性

刘群等把这些符号又分为几类：第一类用来表示语义描述式之间的逻辑关系，包括以下几个符号：, ～ ˆ。第二类用来表示概念之间的关系，包括以下几个符号：♯ ％ ＄ * ＋ ＆ @ ？！。第三类包括几个无法归入以上两类的特殊符号：{} () []。

可以看出，概念之间的关系有两种表示方式：一种是用"关系义原"来表示，一种是用表示概念关系的符号来表示。前者类似于一种格关系，后者大部分是一种格关系的"反关系"。例如，"＄"可以被理解为"施事、对象、领有、内容"的反关系，即该词可以充当另一个词的"施事、对象、领有、内容"。

义原一方面作为描述概念的最基本单位，另一方面义原之间又存在复杂的关系。在知网中，一共描述了义原之间的 8 种关系：上下位关系、同义关系、反义关系、对义关系、属性-宿主关系、部件-整体关系、材料-成品关系、事件-角色关系。可以看出，义原之间组成的是一个复杂的网状结构，而不是一个单纯的树状结构。不过，义原关系中最重要的还是上下位关系。根据义原的上下位关系，所有的"基本义原"组成了一个义原层次体系（图 5.2.1）。这个义原层次体系是一个树状结构，这也是本文进行语义相似度计算的基础。

```
- entity|实体
    ├ thing|万物
 …  ├ physical|物质
    …  ├ animate|生物
        …  ├ AnimalHuman|动物
            …  ├ human|人
               │    └ humanized|拟人
               └ animal|兽
```

图 5.2.1 知网的义原层次体系

从表面上看，其他的语义词典，如同义词词林和 WordNet，也有一个树状的概念层次体系，知网似乎和它们很相似，但实际上有着本质的差别。在同义词词林和 WordNet 中，概念是描写词义的最小单位，所以每一个概念都是这个概念层次体系中的一个结点。而在知网中，每一个概念是通过一组义原来表示的，概念本身并不是义原层次体系中的一个结点，义原才是这个层次体系中的一个结点。而且一个概念并不是简单地描述为一个义原的集合，而是要描述为使用某种专门的"知识描述语言"来表达的一个语义表达式。

5.2.2 基于知网的词语语义相似度计算

1. 义原语义相似度计算

知网上所有的概念最终都归结于用义原（个别地方用具体词）来表示，所以义原的相似度计算是概念相似度计算的基础。

由于所有的义原根据上下位关系构成了一个树状的义原层次体系，本文采用简单的通过语义距离计算相似度的办法。假设两个义原在这个层次体系中的路径距离为 d，这两个义原之间的语义相似度为（刘群，李素建，2002）：

$$\text{Sim}(p_1, p_2) = \frac{\alpha}{d + \alpha} \cdots \tag{5.2.1}$$

其中，p_1 和 p_2 表示两个义原（Primitive），d 是 p_1 和 p_2 在义原层次体系中的路径长度，是一个正整数。α 是一个可调节的参数，即语义相似度为 0.5 时的义原语义距离值。

用这种方法计算义原语义相似度的时候，只利用了义原的上下位关系。实际上，在知网中，义原之间除了上下位关系外，还有很多种其他关系，如果在计算时考虑进来，可能会得到更精细的义原相似度度量。

2. 概念语义相似度计算

基于本体的查询扩展只考虑实词的相似度，所以在这里不讨论虚词的相似度计算问题。

因为在知网中，一个词语的每个概念都是由多个义原来解释的，文献（刘群，李素建，2002）把这些义原分为四类：

（1）第一基本义原：每个概念都有且只有一个第一基本义原，将两个概念的这部分相似度记为 $\text{Sim1}(S_1, S_2)$；其中 S_1 为第一个词语的某个概念，S_2 为第二个词语的某个概念。

（2）其他独立义原描述式：语义表达式中除第一独立义原以外的所有其他独立义原（或具体词），将两个概念的这一部分的相似度记为 $\text{Sim2}(S_1, S_2)$。

（3）关系义原描述式：语义表达式中所有的用关系义原描述式，将两个概念这一部分的相似度记为 $\text{Sim3}(S_1, S_2)$。

（4）符号义原描述式：语义表达式中所有的用符号义原描述式，将两个概念这一部分的相似度记为 $\text{Sim4}(S_1, S_2)$。

于是，两个概念语义表达式的整体相似度记为：

$$\text{Sim}(S_1, S_2) = \sum_{i=1}^{4} \beta_i \prod_{j=1}^{i} Sim_j (S_1, S_2) \cdots \tag{5.2.2}$$

其中，β_i（$1 \leqslant i \leqslant 4$）是可调节的参数，且有：$\beta_1 + \beta_2 + \beta_3 + \beta_4 = 1$，$\beta_1 > \beta_2 > \beta_3 > \beta_4$。后者反映了 Sim1 到 Sim4 对于总体相似度所起到的作用依次递减。

式（5.2.2）的意义在于主要部分的相似度值对于次要部分的相似度值起到制约作用，即如果主要部分相似度比较低，那么次要部分的相似度对于整体相似度所起到的作用也要降低。由于第一独立义原描述式反映了一个概念最主要的特征，所以应该将其权值定义得比较大，一般应在 0.5 以上。

3. 词语语义相似度计算

对于两个汉语词语 W_1 和 W_2，如果 W_1 有 n 个义项（概念）——S_{11}，

S_{12}，…，S_{1n}，W_2 有 m 个义项——S_{21}，S_{22}，…，S_{2m}，刘群等认为，W_1 和 W_2 的相似度是各个概念的相似度之最大值。

$$\text{Sim}(W_1，W_2) = \max_{i=1\cdots n, j=1\cdots m} \text{Sim}(S_{1i}，S_{2j}) \cdots \quad (5.2.3)$$

这样，就把两个词语间的语义相似度问题归结到了义项相似度问题。

5.2.3　基于知网的词语语义相似度计算的改进与实现

在基于知网的词语相似度计算实验中，主要参考刘群的计算模型和参数选取，也对该方法存在的问题进行了说明，并进行了相应的改进。

下面对实验中用到的参数进行说明：

α：α 是一个把义原语义距离转化为义原语义相似度的参数，α 的含义是：当语义相似度为 0.5 时的义原语义距离值，在本实验中取 $\alpha=1.6$。

β_1、β_2、β_3、β_4：这四个参数分别是 Sim1、Sim2、Sim3、Sim4 在整体相似度中所占的比重。$\beta_1+\beta_2+\beta_3+\beta_4=1$，$\beta_1>\beta_2>\beta_3>\beta_4$，反映了 Sim1～Sim4 对于总体相似度所起到的作用依次递减。在本实验中，$\beta_1=0.5$，$\beta_2=0.2$，$\beta_3=0.17$，$\beta_4=0.13$。

λ：在知网的知识描述语言中，在一些义原中出现的位置都可能出现一个具体词（概念）中，并用圆括号括起来，例如：在"中国"的定义中有"（Asia｜亚洲）"。所以在计算相似度时还要考虑到具体词和具体词、具体词和义原之间的相似度计算。理想的做法应该是先把具体词还原成知网的语义表达式，然后再计算相似度。这样做将导致函数的递归调用，甚至可能导致死循环，这会使算法变得很复杂。由于具体词在知网的语义表达式中只占很小的比例，因此，在实验中，为了简化起见，把具体词与义原的相似度一律处理为一个比较小的常数 λ，在实验中：$\lambda=0.2$。

在实际的实验过程中，发现刘群的方法首次利用知网把语汇间的关系进行了量化，为词语相似度的计算开辟一种新的思路，该方法能在总体上反映词语间的相似度，但在有些具体的地方存在缺陷，我们在实验中对存在的问题进行了说明并提出了改进的方法。

改进：在计算 Sim2 时以均值代替取最大值。

表 5.2.2 给出一组利用文献（刘群，李素建，2002）计算词语语义相似度的数据。

表 5.2.2　计算词语语义相似度的数据

词语 1	词语 2	计算的相似度
中国	美国	1.0
中国	印度	1.0
中国	韩国	1.0

使用该文献的计算方法计算关于国名相似度的值都是 1.0，这显然是不合理的，相似度为 1，表示这两个词语是可以任意替换的，即两个词要么是同一个词，要么是同义词。

在知网 2000 中，以上各词语在知网中的定义如表 5.2.3 所示。

表 5.2.3　部分词语在知网中的定义

词语	知网 2000 中的定义
中国	place｜地方，country｜国家，ProperName｜专，（Asia｜亚洲） aValue｜属性值，attachment｜归属，#country｜国家，ProperName｜专，（Asia｜亚洲）
美国	place｜地方，country｜国家，ProperName｜专，（North America｜北美） aValue｜属性值，attachment｜归属，#country｜国家，ProperName｜专，（US｜美国）
印度	place｜地方，country｜国家，ProperName｜专，（Asia｜亚洲） aValue｜属性值，attachment｜归属，#country｜国家，ProperName｜专，（India｜印度）
韩国	place｜地方，country｜国家，ProperName｜专，（Asia｜亚洲） aValue｜属性值，attachment｜归属，#country｜国家，ProperName｜专，（South Korea｜韩国）

从表中可以看出，对国名的定义大体是相同的，但每一个国名定义中都有不同的地方，知网定义国名是有差别的。由于该文献对其他义原相似度（Sim2）是取最大值，所以两条义项配对时，当其中有一对义原相同时，整个义项的 Sim2 值就为 1，由于其他的 Sim1、Sim3、Sim4 也相同，所以整体相似度为 1。在 Sim2 的计算中取最大值，只关心了词语间的相同之处，而忽略了词语的差异，所以在本实验中，对 Sim2 的计算不是取最大值，而是取两条义项各义原配对计算相似度的均值，这样就避免了以上的问题。

表 5.2.4 给出改进的方法和文献（刘群，李素建，2002）方法计算结果的对比。

表 5.2.4　计算相似度的数据对比

词语 1	词语 2	改进前计算的相似度	提出的方法
中国	美国	1.0	0.590 546
中国	印度	1.0	0.604 198
中国	韩国	1.0	0.604 198

从表 5.2.4 可以看出，由于"中国"、"印度"、"韩国"在知网中都有"（Asia｜亚洲）"的定义，所以"中国"与"印度"、"中国"与"韩国"的相似度为 0.604 198，稍大于"中国"与"美国"的相似度。

基于知网的词语相似度计算流程如图 5.2.2 所示。

在词语相似度的计算过程中，概念（义项）对相似度的计算过程是计算的重

点，因为采用的方法是取概念对的最大相似度作为词语的相似度。计算概念对的
相似度流程如图 5.2.3 所示。

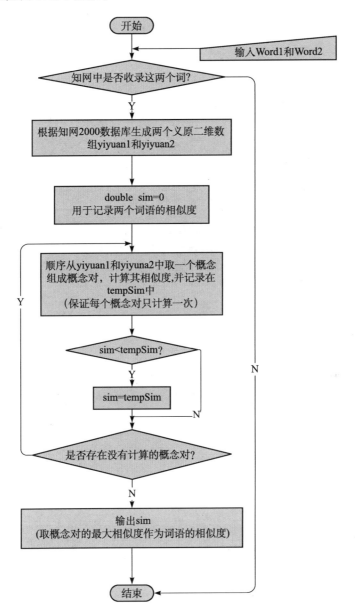

图 5.2.2 基于知网的词语相似度计算流程图

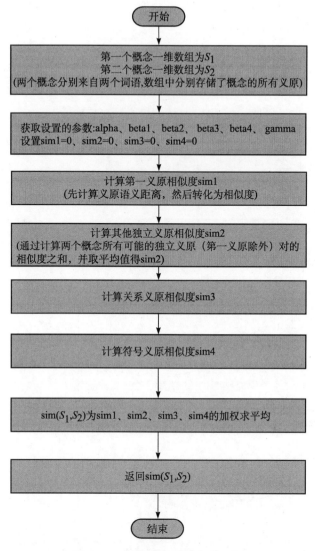

图 5.2.3 概念对的相似度流程图

5.3 基于领域本体的概念语义相似度和相关度的计算研究

对于概念的语义相似度计算，国外许多研究者利用了语义词典 WorldNet 中的同义词集组成的树状层次体系结构，一种方法是考虑两个概念共享信息的程度，基于信息理论定义相似度计算方法，另一种方法是先计算两个概念在树中的语义距离，然后转化为语义相似度。在国内，相关研究起步相对较晚。刘群和李素建（2002）利用了知网将两个概念语义表达式的整体相似度分解成一些义原对的相似度的组合，对于义原的相似度则采用了根据上下位关系得到语义距离并进行转换的方法。对于上述方法，实验验证得到了与人的直观判断比较符合的结果。但是，上述工作的基础资源，无论是 WorldNet 还是知网，都只是较简单术语的本体，缺乏支持逻辑推理的规则或公理，所以如果投入实际的应用领域，不便于进行功能扩展（徐德智，王怀民，2007）。

领域本体（Domain Ontology）专注于解决领域知识的抽象，是用于描述某个特定专业领域的本体，它定义了该领域的概念和概念间的关系，描述该领域的基本原理、主要实体和活动关系，提供领域内部知识共享和知识重用的公共理解基础。

在领域专家和知识工程师共同建立的领域本体基础上，计算概念间的相似度和相关度并综合两项指标，把量化结果应用在基于本体的查询扩展中。

先给出一个简单的关于"病毒知识"的本体（给出这个本体只是为了说明本体概念间的相似性和相关性，所以只列出部分概念和概念间的部分关系）。

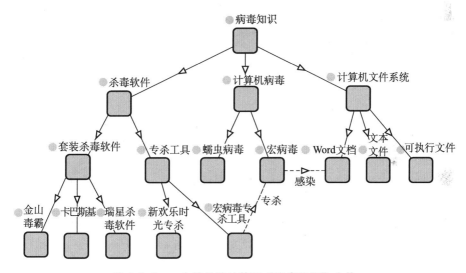

图 5.3.1　一个简单的计算机"病毒知识"本体

图 5.3.1 是由本体建立工具 Protégé（Protégé，2004；Storey et al.，2004）建立的一个简单的关于计算机"病毒知识"的本体，并通过图形化显示插件 Jambalaya 显示的本体结构图，本体描述语言为 OWL。在图 5.3.1 中，方框表示的是领域中的概念（类），如"病毒知识"、"杀毒软件"、"专杀工具"等。概念间带箭头的实线表示概念间的上位/下位关系（父子关系），如"套装杀毒软件"指向"金山毒霸"、"卡巴斯基"、"瑞星杀毒软件"，表示"金山毒霸"、"卡巴斯基"、"瑞星杀毒软件"是"套装杀毒软件"的子类（rdfs:subClassOf），子类关系在 OWL 源文件中表示为：

⟨owl:Class rdf:ID = "金山毒霸"⟩

　　⟨rdfs:subClassOf⟩

```
〈owl:Class rdf:ID = "套装杀毒软件"/〉
〈/rdfs:subClassOf〉
〈/owl:Class〉
```

在本体中，除了上位/下位关系外，还有领域专家自定义的领域内概念间的特有关系，在图 5.3.1 中用带箭头的虚线表示，如"宏病毒"和"Word 文档"这两个类，"宏病毒"和"Word 文档"的关系是"感染"，即"宏病毒"感染"Word文档"，"感染"就是领域本体中领域专家自定义的属性。属性用于表示本体中概念与属性的关系，或者概念间的关系。"感染"属性在 OWL 源文件中表示为：

```
〈owl:FunctionalProperty rdf:ID = "感染"〉
    〈rdf:type rdf:resource = "http://www.w3.org/2002/07/owl#ObjectProperty"/〉
    〈rdfs:domain rdf:resource = "#宏病毒"/〉
    〈rdfs:range rdf:resource = "#Word 文档"/〉
〈/owl:FunctionalProperty〉
```

在领域本体中，如果单独考虑本体术语（概念）的继承关系（即 rdfs:subClassOf），本体可以看成是一个层次树结构，按照 Resnik（1995）的观点，此时概念间的关系为相似性；如果考虑术语通过属性连接（即 owl:ObjectProperty），本体可以看成是一个图结构，按照 Resnik 的观点，此时有边相连的概念间的关系为相关性。

5.3.1 基于领域本体的概念语义相似度计算

刘群等认为两个词语的距离越大，其相似度越低；反之，两个词语的距离越小，其相似度越大。二者之间可以建立一种简单的对应关系，这种对应关系需要满足以下几个条件：

两个词语距离为 0 时，其相似度为 1；

两个词语距离为无穷大时，其相似度为 0；

两个词语的距离越大，其相似度越小。

对于两个义原 p_1 和 p_2，记其相似度为 $\mathrm{Sim}(p_1, p_2)$，其词语距离为 d，那么可以定义一个满足以上条件的简单转换关系：

$$\mathrm{Sim}(p_1, p_2) = \frac{\alpha}{d + \alpha}$$

其中，α 是一个可调节的参数，α 的含义是：当相似度为 0.5 时的义原语义距离值。

特点：利用了 HowNet 将概念之间的相似度计算转化为对概念义原之间的相似度计算，通过计算义原间的距离确定概念相似度。

朱礼军等（2004）借鉴语言学中词语距离的计算方法，提出了基于 RDFS 的领域知识本体中所刻画的概念相似度计算方法。

设 C_1 和 C_2 是领域本体中的两个概念，$Sim(C_1, C_2)$ 表示两个概念之间的相似程度，则有式：

$$Sim(C_1, C_2) = \sum_{i=1}^{n} \delta_i(C_1, C_2)\theta_i$$

其中，n 是概念 C_1、C_2 在领域本体中所具有的最大深度；θ 是权重（可简单地取 $\theta_i = 1/n$）；$\delta_i(C_1, C_2)$ 取值定义如下：

$$\delta_i(C_1, C_2) = \begin{cases} 1, & \text{当 } C_1 \text{、} C_2 \text{ 前 } i \text{ 个父类相同时} \\ 0, & \text{当 } C_1 \text{、} C_2 \text{ 前 } i \text{ 个父类不同时} \end{cases}$$

根据实际需要，可以对上述公式中的 θ_i 权值进行调整。

特点：通过领域本体中语义距离来计算概念相似度，更多体现的是领域专家对概念类别的划分，而不是单纯依赖概念结构图形式上的相似性。由于专家所划分的领域概念体系应该具有权威性，知识工程师对资源的标注也具有一定的权威性，因此，依赖这样的概念体系所计算出的概念相似度也就相应地更加合理。

Andreasen 等（2003）在计算本体内概念间相似度时采用了下式：

$$Sim(x, y) = \rho \frac{|a(x) \bigcap a(y)|}{|a(x)|} + (1-\rho) \frac{|a(x) \bigcap a(y)|}{|a(y)|}$$

其中，$a(x)$ 是以 x 为起点向上可达的结点集合；$a(x) \bigcap a(y)$ 为以 x 和 y 为起点，向上可达的结点集合的交集；$\rho \in [0, 1]$ 是一个可调参数。

特点：该公式充分考虑了概念间的语义重合度、概念层次深度和相似度的不对称性。

基于本体的概念相似度计算主要考虑以下因素：

（1）语义距离。本体层次树结构决定了利用两个概念在树中的最短路径距离来表示它们的语义距离是一种自然的度量方法。两个概念的语义距离越大，其相似度越低；反之，两个概念的距离越小，其相似度越大。刘群和李素建（2002）、Knappe 等（2003）考虑了这个因素。

（2）语义重合度。语义重合度是指本体内部两概念之间包含相同的上位概念在总结点中所占的比例。语义重合度表明了两个概念间的相同程度。在实际计算中，可以转化为公共结点的个数除以总结点个数。

（3）结点所处层次深度和层次差。在本体层次树中自顶向下，概念的分类是由大到小，大类间的概念相似度一般要小于小类间的相似度，因为概念所处的层次越低，其分类越细。因此，在其他因素相同的情况下，处于层次树中离根较远的概念间的相似度要比离根近的概念间相似度大，而且处于同一层次的概念相似度大于不同层次的概念相似度，即层次差越大的两个概念相似度越小。

（4）综合以上各种因素。综合考虑以上各种因素来计算概念间的相似度，现在大多采用这种方法，如李鹏等（2007）、徐德智和王怀民（2007）、吴健等（2005）、聂卉和龙朝晖（2007）。

考虑了影响概念间相似度的多种因素，提出一种概念间相似度计算的方法。在计算概念间相似度时，假定本体中不存在多重继承，当只考虑本体中的上位/下位关系时，本体可以看成一棵层次树，如图 5.3.2 所示，树中任意两个结点（概念）存在一条唯一的通路。

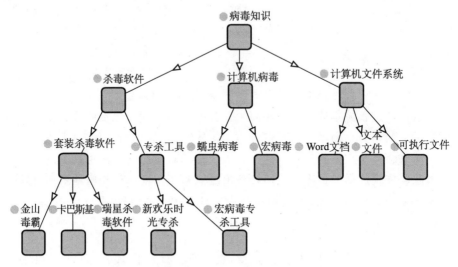

图 5.3.2 考虑相似性的"病毒知识"本体结构

定义 5.3.1（语义重合度） 设本体层次树的根为 R，X、Y 是树中的任意两个结点（即本体中的概念），$\text{NodeSet}(X)$ 是从 X 出发，向上直到根 R 所经过的结点集合，$\text{NodeSet}(X)$ 表示结点集个数；$\text{NodeSet}(X) \cap \text{NodeSet}(Y)$ 表示从 X 和 Y 到 R 共同经过的结点集合（交集）；$\text{NodeSet}(X) \cup \text{NodeSet}(Y)$ 表示从 X 到 R 经过的结点集和从 Y 到 R 经过的结点集的并集；$\dfrac{|\text{NodeSet}(X) \cap \text{NodeSet}(Y)|}{|\text{NodeSet}(X) \cup \text{NodeSet}(Y)|}$ 表示概念 X、Y 之间的语义重合度。

定义 5.3.2（语义距离） 设 X、Y 是本体层次树中的任意两个结点，$\text{Distance}(X, Y)$ 表示从 X 到 Y 所经过的路径长度。

定义 5.3.3（结点层次） 设 X、Y 是本体层次树中的任意两个结点，$\text{Level}(X)$ 表示结点 X 所处的层次，$\text{Level}(Y)$ 表示结点 Y 所处的层次，$|\text{Level}(X) - \text{Level}(Y)|$ 表示结点 X 和结点 Y 的层次差。

在以上三个定义的基础上，提出领域本体中任意两个概念间的相似度计算公式（5.3.1）如下：

$$\text{Sim}(X, Y) = \begin{cases} 1, & X = Y \\ \dfrac{\alpha \times \beta}{(\text{Distance}(X, Y) + \alpha) \times |\text{NodeSet}(X) \cup \text{NodeSet}(Y)|} \\ \qquad \dfrac{\times |\text{NodeSet}(X) \cap \text{NodeSet}(Y)|}{\times (\gamma \times |\text{Level}(X) - \text{Level}(Y)| + 1)}, & X \neq Y \end{cases}$$

$$(5.3.1)$$

当 $X = Y$，$\text{Sim}(X, Y) = 1$，即概念与本身的相似度为 1。

当 $X \neq Y$，式（5.3.1）可分解为

$$\text{Sim}(X, Y) = \frac{\alpha}{(\text{Distance}(X, Y) + \alpha)}$$
$$\times \frac{\beta \times |\text{NodeSet}(X) \bigcap \text{NodeSet}(Y)|}{|\text{NodeSet}(X) \bigcup \text{NodeSet}(Y)|}$$
$$\times \frac{1}{(\gamma \times |\text{Level}(X) - \text{Level}(Y)| + 1)}$$

其中，α 是一个可调节的参数，α 的值反映了语义距离与语义相似度的关系，取值为正实数。β 是一个可调节的参数，β 用于调节语义重合度的值对相似度的影响，β 的取值范围为 $\left[1, \dfrac{\text{Depth}(O)}{\text{Depth}(O) - 1}\right)$，$\text{Depth}(O)$ 表示本体 O 的层次树深度。引入 β 主要是因为当本体树深度值小时，语义重合度对相似度的影响过大，所以加入 β 来作调节，因为本体树中语义重合度最大的两个概念是本体树中最大层次上结点和其父结点，语义重合度为：$\dfrac{\text{Depth}(O) - 1}{\text{Depth}(O)}$，$\beta$ 的这个取值范围可以保证在 $X \neq Y$ 的情况下，$\text{Sim}(X, Y) < 1$。γ 是一个可调节的参数，γ 用于调节概念层次差对相似度的影响，γ 的取值范围一般在 $(0, 1)$ 之间。

容易看出，式（5.3.1）满足以下条件：

（1）两个概念距离为 0 时，其相似度为 1；

（2）两个概念距离为无穷大时，其相似度为 0；

（3）两个概念的相似度值保证为 $[0, 1]$ 之间；

（4）两个概念的距离越大，其相似度越小；

（5）两个概念的语义重合度越大，其相似度越小；

（6）两个概念的层次差越大，其相似度越小。

在计算概念相似度时，概念在树中所处的深度是一个需要考虑的因素。由于语义重合度的计算中蕴涵了深度信息，所以该公式也满足在语义距离相同的情况下，处于层次树中离根较远的概念间的相似度要比离根近的概念间相似度大。

例如，在图 5.3.2 中，"金山毒霸" 和 "瑞星杀毒软件" 的语义距离为 2，"计算机病毒" 和 "计算机文件系统" 的语义距离也为 2，但 "金山毒霸" 和 "瑞星杀毒软件" 离根较远，也就是说分类越细，它们相似度应该高于 "计算机病毒" 和 "计算机文件系统" 的相似度，这也符合人们的认识。利用式（5.3.1）可以计算：

$$\text{Sim（"金山毒霸"，"瑞星杀毒软件"）} = \frac{3 \times \alpha \times \beta}{5 \times (2 + \alpha)}$$

$$\text{Sim（"计算机病毒"，"计算机文件系统"）} = \frac{1 \times \alpha \times \beta}{3 \times (2 + \alpha)}$$

由于 α 和 β 取正值，因此，Sim（"金山毒霸"，"瑞星杀毒软件"）＞Sim

（"计算机病毒"，"计算机文件系统"）。可以看出式（5.3.1）能反应深度对相似度的影响。

下面简要介绍算法中用到的几个数据表的用途和结构：

ClassHierarchy：用于存储经过 Jena 解析后生成的本体概念信息，字段包括（结点编号，结点名称，父结点编号，结点层次）。

ClassSimRel：用于存储概念对的相似度、相关度以及综合值，字段包括（概念1，概念2，相似度，相关度，综合值）。

PropertyList：用于存储概念间的关联信息，字段包括（关系名，概念1，概念2，最短路径长度）。

下面给出基于领域本体的概念间相似度计算算法：

算法 DOBCS（Domain Ontology-Based Concepts Similarity，基于领域本体的概念间相似度计算）

功能描述：计算领域本体中概念间的相似度。

输入：本体描述文件（OWL 文件）。

输出：列出领域本体中概念间的相似度，并写入数据表 ClassSimRel。

DOBCS1［初始化］利用 Jena API 解析本体结构，在内存中生成本体中关于概念上下位关系描述的三元组集合。

DOBCS2［生成概念层次表］在三元组集合中，从根结点开始，以深度优先的策略遍历本体层次树的各个结点，并按（结点编号，结点名称，父结点编号，结点层次）的方式把结点信息存储到数据表 ClassHierarchy 中。

DOBCS3［组合所有可能的概念对］从数据表 ClassHierarchy 中读出概念并组成所有的概念对，按（概念1，概念2，相似度，相关度，综合值）的方式把概念对写入 ClassSimRel 表中，其中后三项的取值为0。

DOBCS4［选择概念对］从 ClassSimRel 表中依次选择概念对。

DOBCS5［计算概念语义距离］对于概念对中的概念，通过 ClassHierarchy 表，生成一条从概念到根的结点路径，以数组方式按顺序存储，在概念对形成的两个路径数组中，查找到两数组的第一个公共结点后，累加两个数组的下标值，可得到语义距离。

DOBCS6［计算语义重合度］在 DOBCS5 中得到的两个路径数组中，计算路径的交集和并集，可得到语义重合度：交集的结点个数/并集的结点个数。

DOBCS7［计算概念层次差］对于概念对中的概念，从概念层次表 ClassHierarchy 获取该概念所处的层次，两个概念层次差的绝对值即为概念层次差。

DOBCS8［计算概念相似度］根据概念语义距离、语义重合度和概念层次差，利用式（5.3.1），计算概念相似度，并修改 ClassSimRel 表中对应记录的"相似度"字段的值。

DOBCS9［是否还有未计算的概念对？］检查是否还有未计算的概念对，如果有转到 DOBCS4，否则转到 DOBCS10。

DOBCS10 [算法结束] 输出 ClassSimRel 表，算法结束。

5.3.2 基于领域本体的概念语义相关度计算

在 OWL 描述的本体结构中，概念的关系又可分为两种：一种是 owl：DatatypeProperty 类型，另一种是 owl：ObjectProperty 类型。owl：DatatypeProperty 类型描述的是概念和数值的关系，不属于概念相关度研究的范畴，在这里不作讨论，现只考虑 owl：ObjectProperty，描述的是概念间的关系。

在本体中，除去上/下位关系后，只留下相关概念的关系图。考虑概念相关性时，本体结构是一个图结构，如图 5.3.3 所示。

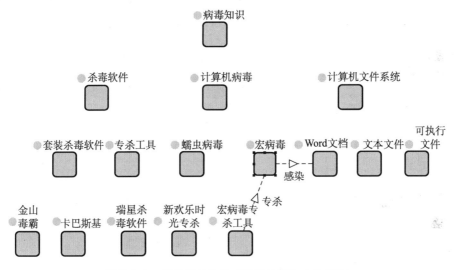

图 5.3.3 考虑相关性的"病毒知识"本体结构

定义 5.3.4（最短路径） 设 X、Y 是本体概念相关图中的任意两个结点，ShortestPath(X, Y) 表示从 X 到 Y 的最短路径长度，当 X，Y 不连通时，ShortestPath(X, Y) 的值为 ∞。

在以上定义的基础上，提出领域本体中任意两个概念间的相关度计算公式（5.3.2）如下：

$$\text{Rel}(X,Y) = \begin{cases} 1, & X = Y \text{ 或 } X,Y \text{ 等价} \\ \dfrac{\lambda}{\text{ShortestPath}(X,Y) + \lambda}, & \text{其他关系} \end{cases} \quad (5.3.2)$$

其中，λ 是一个可调节的参数，即相关度为 0.5 时概念间的最短距离值。

下面给出基于领域本体的概念间相关度计算的算法。

算法 DOBCR（Domain Ontology-Based Concept Relevance，基于领域本体的概念间相关度计算）

功能描述：计算领域本体中概念间的相关度。

输入：本体描述文件（OWL 文件）。

输出：列出领域本体中概念间的相似度，并写入数据表 ClassSimRel。

DOBCR1［初始化］利用 Jena API 解析本体结构，查找本体中所有由 owl:ObjectProperty 关联的概念对，并按（关系名，概念 1，概念 2，最短路径长度）的方式存入 PropertyList 表中，此时得到本体中直接关联的概念对，其最短路径长度为 1。

DOBCR2［推理新关系的准备］用 PropertyList 中的数据生成三个相同的二维数组 baseRelList、allRelList 和 newRelList。其中，一维的存储形式为（概念 1，概念 2，最短路径长度），最短路径长度值为 1，baseRelList 存储作为推理用的基本关系数组，allRelList 用于存储所有的关系，newRelList 存储生成的新关系。

DOBCR3［推理新关系］对于 newRelList 中的每一个关系，和 baseRelList 中的关系进行推理，考虑以下几种情况：$R_1(a, b) \bigcap R_2(b, c) \rightarrow R'(a, c)$，$R_1(a, b) \bigcap R_2(c, a) \rightarrow R'(b, c)$，$R_1(a, b) \bigcap R_2(a, c) \rightarrow R'(b, c)$，$R_1(b, a) \bigcap R_2(c, a) \rightarrow R'(b, c)$。产生的新关系存放到 tmpNewRelList 二维数组中。其中，一维的存储形式为（概念 1，概念 2，最短路径长度），最短路径长度加 1，推理完成后，清空 newRelList，把 tmpNewRelList 中的关系复制到 newRelList 中，并追加到 allRelList 中。

DOBCR4［是否产生新关系？］如果 newRelList 中没有信息，表示上次推理未产生新关系，跳转到 DOBCR5，否则，表示产生了新的关系，需要用新的关系继续推理，跳转到 DOBCR3。

DOBCR5［计算概念相关度］此时 allRelList 存储了本体中所有直接和间接的专家自定义关系，根据概念的最短路径长度，利用式（5.3.2）计算概念相关度，并修改 ClassSimRel 表中对应记录的"相关度"字段的值。

DOBCR6［算法结束］输出 ClassSimRel 表，算法结束。

5.3.3 结合领域本体的语义相似度和语义相关度的计算方法

概念间的相似度主要反映了本体中的上/下位关系，相关度主要反映了领域专家定义的在该领域概念间特有的关系。可以说两项指标对概念间的相互关系都有贡献，下面给出一个结合相似度和相关度综合关系的计算式（5.3.3）：

$$Sim\_Rel(X, Y) = Sim(X, Y) + Rel(X, Y) - Sim(X, Y) \times Rel(X, Y) \quad (5.3.3)$$

其中，$Sim\_Rel(X, Y)$ 表示概念 X、概念 Y 的综合关系值，$Sim(X, Y)$ 表示概念 X 与概念 Y 的相似度，$Rel(X, Y)$ 表示概念 X 与概念 Y 的相关度。可以看出，该公式能充分体现两项指标对总体关系的贡献。

下面给出结合语义相似度和语义相关度的计算算法。

算法 DOBCSR (Domain Ontology-Based Concepts Similarity and Relevance，

基于本体的概念间相似度和相关度的综合计算）

功能描述：结合语义相似度和语义相关度的计算。

输入：概念相似度和相关度数据表 ClassSimRel。

输出：列出综合的结果，并写入数据表 ClassSimRel。

DOBCSR1［初始化］返回 ClassSimRel 中的所有行；

DOBCSR2［综合计算］对于 ClassSimRel 中的每一条记录，获取相似度和相关度，利用式（5.3.3）计算综合的相似度和相关度，并修改 ClassSimRel 对应记录的"综合值"字段；

DOBCSR3［算法结束］输出 ClassSimRel 表，算法结束。

5.4　基于概念相似度和相关度的查询扩展

搜索引擎技术在一定程度上解决了 Web 信息检索困难的问题，但由于大量同义词和多义词的存在，而且用户在查询时使用的词语往往与文档索引使用的词或词组有很大差别，同时用户又习惯于用非常简短的查询语句表达自己的查询目的，Wen 等通过对微软公司旗下 MSN 中的 Encarta 在线百科全书网站连续两个月的用户查询记录进行分析，发现 49％的用户查询仅有一个单词，33％的查询由两个单词组成，用户平均使用 1.4 个单词描述其查询，这就给基于关键词的查询系统带来了巨大的困难（Wen et al.，2001）。因此，研究查询扩展成为具有重要实际意义的研究方向。

5.4.1　查询扩展技术概述

查询扩展（Query Expansion）技术利用计算机语言学、信息学等多种技术把与原查询相关的词或者词组添加到原查询中，组成新的更长、更准确的查询，然后检索文档。在一定程度上弥补了用户查询信息不足的缺陷，也有助于改善检索中的查全率和查准率。目前传统的查询扩展主要有全局分析、局部分析以及基于用户反馈信息、基于用户查询日志和基于关联规则的查询扩展（黄名选等，2007）。查询扩展技术的提出迄今已有 30 年的历史，作为改善检索的一种方法，查询扩展技术已逐渐发展成了信息检索领域研究的一个重要方向。

根据计算查询用词与扩展用词相关度方法的不同，可以大致将已有的查询扩展方法分为全局分析和局部分析两类（梅翔等，2007）。全局分析的基本思想是对研究范围内全部文档中的词或词组进行相关分析，计算每对词或词组间的关联程度。当一个新的查询到来时，根据预先计算的词间相关关系，将与查询用词关联程度最高的词及词组加入原查询以生成新的查询。目前常见的全局分析方法包括潜在语义索引法、相似性词典法等。全局分析可以最大限度地挖掘词语之间的关系，但是当研究的对象规模扩大到一定程度时，如 Internet，这种全局分析需要付出极大的时间和空间代价，往往是不可行的。目前流行的局部分析方法主要是局部反馈法（Local Feedback），它将用户初次查询返回的前 N 个结果作为相关的结果，进行查询扩展。局部上下文分析的方法综合了全局和局部分析的优点，利用全局分析的词共同出现频率的思想避免了向原查询加入不相关的词（Xu，Croft，2000）。这种方法和局部分析共同存在的问题在于当初次检索返回的多数文档与原查询无关时，会将大量无关的词加入新的查询语句，从而严重影响最终的检索精度（梅翔等，2007）。基于关联规则的查询扩展虽然克服了全局分析和局部分析的不足，但是扩展的效果依然取决于词间关联规则的质量，也就是要依赖数据挖掘技术。基于用户查询日志的查询扩展主要不足是首先须有大量的用户查询日志存在，需要有一个积累的过程，其次基本上要求大量用户有共同的兴趣，还需要在服务器端实现。

　　总之，传统的查询扩展虽然在技术上有了很大改进，却不能实质性地提高信息检索性能，主要原因是传统的查询扩展技术是以查询词为中心，机械式地进行字串符号扩展，是在符号匹配层次上进行的查询扩展，忽略了查询语义及查询概念语义之间的关联扩展，因而没有充分表达和扩展用户查询意图，不能从根本上消除用户查询意图与检索结果之间的语义偏差和用户查询的歧义性问题，也就没有最终解决查全率和查准率问题。针对这些问题，近几年来有关学者开始着手一些新的研究，其中最受关注的是语义概念查询扩展技术的研究，试图从语义概念的层次上扩展用户查询，取得了积极的成果（黄名选等，2007）。

5.4.2　基于本体的查询扩展

　　基于本体查询扩展方法的基本思想是：在用户初始查询的基础上抽取概念来建立用户查询空间，以保证加入的扩展词不再局限于相似度高或者同时出现频率高的词，基于精确性的考虑，对扩展词进行分组查询扩展并对查询结果整合排序以提高查准率（张选平等，2006）。

　　利用领域本体的概念网络来实现查询扩展，扩展的概念集很大程度上依赖于领域知识的描述。而通常意义上的领域本体是对领域知识的规范定义，具有概念化、明确、可共享等特点，因此，从某种意义上讲，基于领域本体计算的关联度是合理的，甚至能够更准确地反映出本领域知识的关联特点（聂卉，2007）。

　　查询扩展需要基于相关属性调整用户输入的查询字段。在此基础上，修改后的查询字段会被发布给搜索引擎。传统的查询扩展是基于语义库（语义库的构建，或者是由领域专家来完成，如 WordNet、HowNet 知识库，或者是基于大规模通用语料库的统计信息来构建扩展词表），从概念层次进行扩展，但没有考虑概念之间的相关程度。

5.4.3　基于领域本体概念间相似度和相关度的查询扩展

　　基于领域本体概念相似度和相关度查询扩展的基本思想是：通过利用前面的

计算方法，给出概念间综合关系的量化结果并存储，当用户检索时，通过查找与检索概念综合概念相似度和相关度的值大于扩展阈值的概念，并把综合相似度和相关度的值作为检索词的权重，和扩展的概念一起加入到扩展的查询集中，最后提交给搜索引擎。

扩展的关系可以包含：

（1）等价类关系：扩展概念为查询概念的同义词。

（2）父–子关系：扩展概念与查询概念是本体层次结构中的父/子结点。

（3）子树结点：扩展概念是查询概念的子树上的结点。

（4）兄弟结点：扩展概念是查询概念的兄弟结点，有相同的父结点。

（5）兄弟子树结点：扩展概念是查询概念的兄弟子树上的结点。

（6）其他：领域专家定义的关系。

基于领域本体概念间相似度和相关度的查询扩展流程如图 5.4.1 所示。

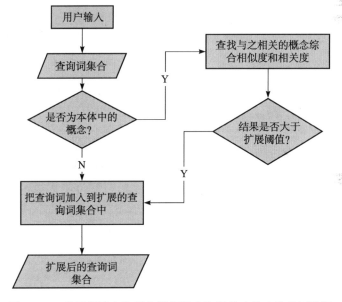

图 5.4.1　基于领域本体概念间相似度和相关度的查询扩展流程

下面给出基于领域本体概念相似度和相关度的查询扩展算法：

算法 QEBCSR（Query Expansion Based-on Concepts Similarity and Relevance，基于领域本体的概念相似度和相关度的查询扩展）。

功能描述：利用综合的领域本体概念相似度和相关度的计算结果，扩展用户的初始检索词集合，生成扩展的检索词及相应权重集合。

输入：用户初始检索词集合。

输出：扩展的检索词及相应权重集合。

QEBCSR1［初始化］获取用户的初始检索词，分开后把各个检索词存放在数组中；

QEBCSR2［选择初始检索词并加入扩展集合中］从数组中取出一个未处理的初始检索词，设置初始检索词的权重为1，把初始检索词和相应权重加入到扩展集合中；

QEBCSR3［是不是领域本体中的概念？］检查初始检索词是不是领域本体中的概念，如果是，跳转到 QEBCSR4，否则跳转到 QEBCSR5；

QEBCSR4［扩展检索词］从领域本体概念相似度和相关度的关系表 ClassSimRel 中，查找与检索词的综合相似度和相关度值大于扩展阈值的概念，综合相似度和相关度值作为新检索词的权重，把新的检索词和相应权重加入扩展集合；

QEBCSR5［是否还有未处理的初始检索词？］检查是存在未处理的初始检索词，如果有，跳转到 QEBCSR2，否则跳转到 QEBCSR6；

QEBCSR6［算法结束］输出扩展的检索词及相应权重集合，算法结束。

 本章参考文献

黄名选，严小卫，张师超.2007.查询扩展技术进展与展望.计算机应用与软件，24（11）：1～4

黄名选，严小卫，张师超等.2007.关联语义的概念查询扩展模型.情报杂志，26（8）：92～95

李鹏，陶兰，王弼佐.2007.一种改进的本体语义相似度计算及其应用.计算机工程与设计，28（1）：227～229

李素建.2002.基于语义计算的语句相关度研究.计算机工程与应用，38（7）：75～76

刘群，李素建.2002.基于《知网》的词汇语义相似度计算.中文计算语言学，7（2）：59～76

梅翔，陈俊亮，徐萌.2007.一种基于偏好的查询扩展方法.高技术通讯，17（11）：1142～1146

聂卉，龙朝晖.2007.结合语义相似度与相关度的概念扩展.情报学报，26（5）：728～732

聂卉.2007.基于本体的查询扩展与规范.现代图书情报技术，3：35～38

秦春秀，赵捧未，刘怀亮.2007.词语相似度计算研究.情报理论与实践，30（1）：105～108

邱明.2006.语义相似性度量及其在设计管理系统中的应用.浙江：浙江大学博士学位论文

王家琴.2006.Web 信息检索中的概念相似度研究.长沙：湖南大学硕士学位论文

王进.2006.基于本体的语义信息检索研究.合肥：中国科学技术大学博士学位论文

吴健，吴朝晖，李莹等.2005.基于本体论和词汇语义相似度的 Web 服务发现.计算机学报，28（4）：595～602

徐德智，王怀民.2007.基于本体的概念间语义相似度计算方法研究.计算机工程与应用，43（8）：154～156

徐剑军，梁邦勇，李涓子等.2002.基于本体的智能 Web 服务.计算机科学，29（12）：92～94

许云，樊孝忠，张锋.2005.基于知网的语义相关度计算.北京理工大学学报，25（5）：411～414

张柯.2007.基于概念格的语义相关度计算及应用.开封：河南大学硕士学位论文

张选平，蒋宇，袁明轩等.2006.一种基于概念的信息检索查询扩展.微电子学与计算机，23

（4）：110～114

朱礼军，陶兰，刘慧 . 2004. 领域本体中的概念相似度计算 . 华南理工大学学报（自然科学版），
　　32（zl）：147～150

Agirre E，Rigau G. 1995. A Proposal for Word Sense Disambiguation Using Conceptual Distance. In-
　　ternational Conference of Recent Advances in Natural Language Processing

Andreasen T，Bulskov H. 2003. From Ontology over Similarity to Query Evaluation. Elsevier Science

Blough D S. 2006. The Perception of Similarity. Avian Visual Cognition. Department of Psychology,
　　Brown University，http：//www. pigeon. psy. tufts. edu/avc/dblough/default. htm

Dong Zhendong, Dong Qiang. 2000. 知网——HowNet Knowledge Database. http：//www.
　　keenage. com

Knappe R，Bulskov H，Andreasen T. 2003. Similarity Graphs. LNAI 2871. In：14th Internation-
　　al Symposium on Methodologies for Intelligent Systems，ISMIS 2003，Maebashi，Japan，668～
　　672

Princeton University. 2007. WordNet—A Lexical Database for English. http：//wordnet. prin-
　　ceton. edu

Stanford Center for Biomedical Informatics Research. 2011. Welcome to Protégé. http：//protege.
　　stanford. edu

Resnik P. 1995. Using Information Content to Evaluate Semantic Similarity in a Taxonomy. In：
　　Proceedings of the International Joint Conference on Artificial Intelligence. Montreal，Canada，
　　448～453

Storey M，Lintern R，Ernst N，Perrin D. 2004. Visualization and Protégé. In：7th International
　　Protégé Conference，Bethesda，Maryland

Wen J R，Nie J Y，Zhang H J. 2001. Clustering User Queries of a Search Engine. In：Proceed-
　　ings of the 10th International Conference on World Wide Web，Hong Kong：ACM Press，
　　162～168

Xu J X，Croft W B. 2000. Improving the Effectiveness of Information Retrieval with Local Context
　　Analysis. ACM Transactions on Information Systems，18（1）：79～112

第三篇

本体推理方法 ——描述逻辑

第6章 基本描述逻辑 ALC

6.1 描述逻辑及其发展

6.1.1 描述逻辑概述

知识表示是人工智能的一个研究范畴，它主要涉及知识表达的形式化设计。其中，一个主要的研究方面是用刻画对象的类和对象之间关系的方法来表示知识。这种方法促进了框架系统和语义网络在 20 世纪 70 年代的发展，但是框架系统和语义网络一般都没有形式化定义和基于执行策略相应的推理工具。KL-ONE 系统的提出为基于逻辑的形式化迈出了重要一步，KL-ONE 吸取了早期的语义网络和框架系统的思想，它提供了解释对象、类（或者概念）以及它们之间关系（或者联系）的逻辑基础。这样的逻辑结构有两个目的，首先是对用来构建类和关系的构造集的精确刻画；其次是提供关于语义的健壮和完全的推理过程。1984 年 Ron Brachman 和 Hector Levesque 在 AAAI 上发表的文章 "The Tractability of Subsumption in Frame-Based Description Language" 把 KL-ONE 作为语言的表达能力和推理的复杂性进行了折中，这就是描述逻辑研究的起源（Baader et al.，2003）。

一些研究主要强调用类和关系来建立基本术语，又称术语系统（Terminological Systems）。后来，主要强调用语言所允许的构造器来构建概念，把它叫做概念术语（Concept Language）。最近，研究者的注意力转向逻辑系统下的相关属性，于是描述逻辑这个名称就变得很流行。

描述逻辑是基于对象的知识表示的形式化，它吸取了 KL-ONE 的主要思想，是一阶谓词逻辑的一个可判定子集。它与一阶谓词逻辑不同的是描述逻辑系统能提供可判定的推理服务。除了知识表示以外，描述逻辑还用在其他许多领域。描述逻辑的重要特征是很强的表达能力和可判定性，它能保证推理算法总能停止，并返回正确的结果。在众多知识表示的形式化方法中，描述逻辑在十多年来受到人们的特别关注，主要原因在于：它们有清晰的模型-理论机制；很适合通过概念分类学来表示应用领域，并提供了有用的推理服务。

描述逻辑建立在概念（Concept）和关系（Relation，Role）之上，其中概念解释为对象的集合，关系解释为对象之间的二元关系。一个描述逻辑系统包含四个基本组成部分：表示概念和关系的构造集、Tbox 包含断言、Abox 实例断言、Tbox 和 Abox 上的推理机制。一个描述逻辑系统的表示能力和推理能力取决于对以上几个要素的选择以及不同的假设（董明楷等，2003）。

描述逻辑最开始只是用来表示静态知识。为了考虑在时间上的变化，或者在一定动作下的变化以及保持其语言的相对简单性，很自然地需要通过相应的模态算子来扩展它，以保留其命题模态状态。众所周知，即使只是对简单的模态系统进行综合，也可能会导致很复杂的系统。Schild、Schmiedel 等最初所构造的时序描述逻辑和认知逻辑要么就是因为表达能力太强而导致不可判定性，要么就是太弱（时态算子仅仅对公式或者概念是可用的）。Baader 和 Laux 则进行了折中，将 ALC 与多态 K 相结合，允许将模态算子使用到公式和概念上，并证明在扩展领域模型中的结果语言的满足性问题是可判定的。Wolter 等对具有模态算子的描述逻辑进行了深入系统的调查分析，并证明在恒定的领域假设下多种认知和时序描述逻辑是可判定的。他将描述逻辑和命题动态逻辑 PDL 相结合，提出了动态描述逻辑。

为了对动作和规划能在统一的框架下进行表示和推理，Artale 和 Franconi 提出了一个知识表示系统，用时间约束的方法将状态、动作和规划的表示统一起来。为了能使该表示方法进行有效的推理并具有明确的语义，它又和描述逻辑结合起来，从而形成了一个很好的知识表示方法。它具有以下优点：①能用统一的方法表示状态、动作和规划，这一点与情景演算不同；②能进行高效的推理，该框架下的可满足性问题和包含检测问题等都是多项式时间；③有明确的语义；④能自动进行规划识别。

可满足性问题是描述逻辑推理中的核心问题，因为其他许多问题（如包含检测、一致性问题等）都可化为可满足性问题。为了能用计算机自动判断描述逻辑中的可满足性问题，Schmidt-Schauß 和 Smolka 首先建立了基于 ALC 的 Tableau 算法，该算法能在多项式时间内判断 ALC 概念的可满足性问题。目前，Tableau 算法已用于各种描述逻辑中（如 ALCN、ALCQ 等），并且 Tableau 算法也可用于判断实例检测等问题。现在主要研究各种描述逻辑中 Tableau 算法的扩展、复杂性及优化策略等。

　　为了能让描述逻辑处理模态词，Baader 将模态操作引入描述逻辑，证明了该描述逻辑公式的可满足性问题是可判定的。结合可能世界语义和可达关系，引入时间依赖和信念等模态操作，提出了多维描述逻辑框架，该描述逻辑较好地刻画了多主体系统模型。目前，主要研究工作集中在建立合理的模态公理及多维描述逻辑。

6.1.2　描述逻辑的发展过程

　　描述逻辑的研究经历了以下几个发展过程（Baader，Sattler，2000，2001；宋炜，张铭，2004）。

　　第一阶段（1980～1990）：提出执行系统，如 KL-ONE（Brachman，Schmolze，1985）、K-REP（Mays et al.，1991）、BACK（Peltason，1991）、LOOM（MacGregor R，1987），这些系统都借用了算法 Structural Subsumption Algorithms，该算法首次规范化了概念描述，然后比较了规范化描述的语法结构。这些算法通常是有效的，但缺点是没有表达能力。例如，对于有表达能力的 DL，就不能区分 Subsumption/Instance 关系。在这一阶段后期，对 DL 的推理复杂性的形式调查表明大多数 DL 没有多项式级推理时间复杂度。

　　第二阶段（1990～1995）：开始引入新的算法到 DL 中，此算法被称为 Tableau-Based Algorithm（Schmidt-Schauβ，1991）。算法对于少数如带有布尔算子的 DL 有表达能力的 DL 有效。为了判断知识库的一致性，算法 Tableau-Based Algorithm 通过分解知识库中的概念来构建一个模型，然后推导模型中元素上新的限制。算法要么因为构建模型产生矛盾而结束，要么得到规范模型而结束。由于少数 DL 系统中的 Subsumption 和 Satisfiability 降低了一致性，所以要用一致性检测算法来解决推理中出现的问题。首次应用算法 KRIS（Baader et al.，1991）和 CRACK（Bresciani et al.，1995）系统证明这些算法的优化可以得到系统可接受的结果，但不好的是时间复杂度不再是多项式级。这一阶段也被看做是 DL 系统推理复杂度分析的阶段。

　　第三阶段（1995～2000）：这一阶段被描述为有表达能力的 DL 推理的发展阶段，在基于 Tableau Approach 或者基于模型逻辑的转换下发展。优化系统 FaCT（Horrocks，1998）、RACE（Haarslev，Moller，1999）和 DLP（Patel-Schneider，1999）展示了有表达能力的 Tableau-Based Algorithm 对系统甚至是一些大知识库都有好的应用效果。在这一阶段，逻辑模型之间的关系和一阶逻辑的可判定部分的关系得到了详细研究。

　　第四阶段（2000 年至今）：这一阶段借用有表达能力的 DL 来加强 DL 系统，继续完善算法 Tableau-Based Algorithm，把描述逻辑应用到语义 Web（Baader，2001）知识表示（Baader et al.，1991；Calvanese et al.，2002）和集成生物信息（Stevens et al.，2000；Schulz，2004）中。

6.1.3 描述逻辑的研究内容

描述逻辑系统体系结构如图 6.1.1 所示。

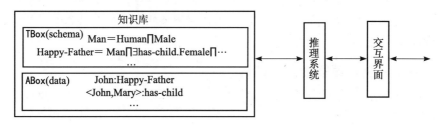

图 6.1.1 描述逻辑系统体系结构

其中，TBox（Terminological Part）是描述领域的公理集，ABox（Assertion Part）是描述具体情形的公理集。

描述逻辑的研究主要涉及以下几方面。

1. 理论研究方面

描述逻辑的表达能力主要取决于构造器的选择，选择适当的构造器进行描述逻辑的扩展是描述逻辑的一个研究方面。其次寻找合理的描述逻辑推理方法，提出相应的优化策略是另一个研究方面。

2. 知识表示系统的实现方面

现有的系统如 FaCT、RACE 等对有一定表达能力的描述逻辑虽然有一定的应用效果，但对表达能力强的描述逻辑应用效果就不好，对表达能力强的描述逻辑系统的开发是研究的一个方面。

3. 描述逻辑的应用方面

描述逻辑有清晰的模型-理论语义，很适合于通过概念分类来表示知识的应用领域。描述逻辑已用于概念建模、软件工程中，但商业应用平台还未出现，这有待进一步研究。最近，将描述逻辑应用于语义 Web 中也是研究的热点。描述逻辑很适合应用于有概念分类的地方，它的应用领域可以进一步扩展。

6.2 基本描述逻辑 ALC 简介

6.2.1 基本描述逻辑 ALC 的语法与语义

描述逻辑描述形成了层次知识：概念和关系名（史忠植等，2004）。关系表示二元描述，如 has-child(x, y)。概念表示一元描述，如 parent(x) ＝person$(x) \wedge \exists y.$(has-child $(x, y) \wedge$ person$(y))$。描述逻辑具有固定的表示符号，如构造符 $\sqcap$、$\sqcup$、$\top$、$\neg$、$\exists$、$\forall$。原始概念和角色用构造符集可以建立复杂的概念和角色，从而实现知识的表示和推理。含有以上这些基本构造符的 ALC 是标准描述逻辑。

一个描述逻辑系统包含四个基本组成部分：表示概念和关系的构造集、TBox 包含断言、ABox 实例断言、TBox 和 ABox 推理机制。一个描述逻辑系统的表示能力和推理能力取决于对以上几个要素的选择以及不同的假设。

一般地，描述逻辑依据提供的构造器，在简单的概念和关系上构造出复杂的概念和关系，通常描述逻辑至少包含以下构造器：交（⊓）、并（⊔）、非（¬）、存在量词（∃）和全称量词（∀）。这种最基本的描述逻辑称之为 ALC（Schmidt-Schauβ，1991）。在 ALC 的基础上再添加不同的构造器，则构成不同表达能力的描述逻辑。ALC 的语法和语义（Horrocks，2002；吴强，2003）如表 6.2.1 所示。

表 6.2.1　ALC 的语法、语义

构造器	语法	实例	语义
原子概念	A	Human	$A^I \subseteq \Delta^I$
原子角色	R	Has-child	$R^I \subseteq \Delta^I \times \Delta^I$
合取	$C \sqcap D$	Human ⊓ Male	$C^I \cap D^I$
析取	$C \sqcup D$	Teacher ⊔ Student	$C^I \cup D^I$
否定	$\neg C$	¬ Male	$\Delta^I \setminus C$
存在约束	$\exists R. C$	∃ has-child. Male	$\{x \mid \exists y, <x, y> \in R^I \wedge y \in C^I\}$
全局约束	$\forall R. C$	∀ has-child. Doctor	$\{x \mid \forall y, <x, y> \in R^I \Rightarrow y \in C^I\}$
顶	$\top$		Δ^I
底	$\bot$		$\varnothing$

下面对表中的有些概念进行说明：

（1）合取解释为个体集合的交；

（2）析取解释为个体集合的并；

（3）否定解释为个体集合的补；

（4）$\exists R. \top \Leftrightarrow \exists R.$ ；

（5）$\neg(C \sqcup D) \Leftrightarrow \neg C \sqcap \neg D$ ；

（6）$\neg(C \sqcap D) \Leftrightarrow \neg C \sqcup \neg D$ ；

（7）$\neg(\forall R. C) \Leftrightarrow \exists R. \neg C$ ；

（8）$\neg(\exists R. C) \Leftrightarrow \forall R. \neg C$ 。

一个解释 $I = (\Delta^I, \cdot^I)$ 由一个非空集合 Δ^I（域）和一个函数 $\cdot^I$（一个解释函数）组成。其中，函数 $\cdot^I$ 能把每个概念映射到 Δ^I 的一个子集，每个关系映射到 $\Delta^I \times \Delta^I$ 的一个子集，每个个体映射到 Δ^I 的一个元素。

一个解释函数 $\cdot^I$ 是一个可扩展的函数当且仅当该函数满足语言的语义定义。

6.2.2　基本描述逻辑 ALC 的知识库

基本描述逻辑 ALC 的知识库构成（Franconi，2003）如图 6.2.1 所示。

$$\Sigma = <\text{TBox}，\text{ABox}>$$

图 6.2.1 基本描述逻辑 ALC 的知识库构成

其中，TBox 表示术语断言集合，例如：

Student＝Person ⊓ ∃ NAME. String ⊓ ∃ ADDRESS. String ⊓ ∃ ENROLLED. Course

Student ⊑ ∃ ENROLLED. Course

∃ TEACHES. Course ⊑¬ Undergrad ⊔ Professor

ABox 表示实例断言集合，它描述成员关系，有成员函数：$C(a)$、$R(a，b)$，例如：Student（john）、ENROLLED（john，cs415）、（Student ⊔ Professor）（paul）。

（1）TBox 用来描述语义，不同的语义用不同的 TBox 表达，主要依赖于断言是否允许被循环。下面是从经典逻辑的角度来说明 TBox 表示的语义。

如果 $C ⊑ D$，则解释 I 满足断言 $C^{I} ⊑ D^{I}$；

如果 $C＝D$，则解释 I 满足断言 $C^{I}＝D^{I}$。

一个解释 I 是一个 TBox T 的模型要求 I 满足 T 中的所有断言。

（2）ABox：如果 $I＝(\Delta^{I}，\cdot^{I})$ 是一个解释，并且：

①如果 $a^{I} \in C^{I}$，则 $C（a）$ 在解释 I 下被满足；

②如果 $(a^{I}，b^{I}) \in R^{I}$，则 $R(a，b)$ 在解释 I 下被满足。

则断言一个集合 A 叫做 ABox。

（3）几个概念的说明。

如果 A 中的每个断言在解释 I 下被满足，则解释 I 被称为 ABox A 的一个模型；如果一个 ABox A 有一个模型，则说 ABox A 是满足的。

对于一个解释 $I＝(\Delta^{I}，\cdot^{I})$，如果 I 满足知识库 Σ 中的所有断言，则 I 是知识库 Σ 的一个模型。

如果知识库 Σ 存在一个模型，则 Σ 是可满足的。

（4）ALC 中的逻辑蕴涵。

如果知识库 Σ 的每个模型都是 φ 的一个模型，则 $\Sigma \vdash \varphi$。

例如：

TBox：∃ TEACHES. Course ⊑¬ Undergrad ⊔ Professor

ABox：TEACHES(john，cs415)，Course(cs415)，Undergrad（john）

$\Sigma \vdash$ Professor(john)

6.2.3 基本描述逻辑 ALC 中的推理概述

ALC 中的推理服务包括：概念可满足性（Concept Satisfiability）、包含关系（Subsumption）、可满足性（Satisfiability）、实例检测（Instance Checking）、检索（Retrieval）、实现（Realization）（Horrocks et al.，1999；Giunchiglia，Sebastiani，1996；Baader et al.，2003），下面分别对它们进行说明。

1. 概念可满足性

检测概念 C 在知识库 Σ 是否可满足，也就是检测知识库 Σ 中是否存在一个模型 I，此模型 I 能使 $C^I \neq \phi$ 成立。

形式化表述为：$\Sigma \nvDash C \equiv \bot$，如 Student $\sqcap \neg$ Person。

2. 包含关系

检测在知识库 Σ 中概念 C 是否被概念 D 包含，也就是关系 $C^I \sqsubseteq D^I$ 是否在知识库 Σ 的每个模型 I 中均成立。

形式化表述为：$\Sigma \vDash C \sqsubseteq D$ 如 Student $\sqsubseteq$ Person。

3. 可满足性

检测知识库 Σ 是否可满足，也就是知识库 Σ 是否有一个模型。

形式化表述为：$\Sigma \nvDash C \sqcup D$ 如 Student $= \neg$ Person。

4. 实例检测

检测断言 $C(a)$ 在知识库 Σ 中的每个模型均可满足。

形式化为：$\Sigma \vDash C(a)$ 如 Professor(john)。

5. 检索

形式化为：$\{a \mid \Sigma \vDash C(a)\}$ 如 Professor $\Rightarrow$ john。

6. 实现

形式化为：$\{C \mid \Sigma \vDash C(a)\}$ 如 john $\Rightarrow$ Professor。

可以将一些推理问题转化为可满足性问题，下面进行说明。

（1）概念可满足性：$\Sigma \nvDash C \equiv \bot \Leftrightarrow$ 存在 x 满足 $\Sigma \bigcup \{C(x)\}$ 有一个模型。

（2）包含关系：$\Sigma \vDash C \sqcup D \Leftrightarrow \Sigma \bigcup \{(C \sqcap \neg D)(x)\}$ 没有模型。包含关系用文氏图表示，如图 6.2.2 所示。

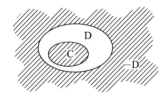

图 6.2.2　包含关系文氏图

（3）实例检测：$\Sigma \vDash C(a) \Leftrightarrow \Sigma \bigcup \{\neg C(a)\}$ 没有模型。

6.2.4　基本描述逻辑 ALC 的推理过程

可满足性是 ALC 推理过程的关键性问题，判定可满足性是由一个算法来完成（Donini et al.，1996；Donini，Massacci，2000），此算法须满足以下要求：

（1）可满足性判定算法的终止性、有效性、完全性是可行的；

（2）可满足性判定算法是用基于 Tableau Calculus 的技巧；

（3）对描述逻辑在现实中的应用而言，完全性很重要；

（4）此算法不仅要对一般的知识库有效而且对实际知识库也要有效，即使是相关逻辑问题的复杂性是 PSPACE（空间复杂性）和 EXPTIME（时间复杂性）。

Tableau 算法：Tableau 算法（Tableau Calculus）是解决可满足性问题的一个决策过程（Hähnle，2001；张健，2000）。如果一个公式是可满足的，那么，此过程将构造性地显示该公式的一个模型。该算法的基本思路：通过公式来逐渐构建模型，通过自顶向下的方式来分解公式。此过程一直持续到找完所有可能的公式，找完所有可能公式的目的是为了证明没有找到不可满足公式的模型。

对于 Tableaux 算法的说明：

（1）合成地将一个理论 Σ 转换成一个受约束系统 S——也称为 Tableau，每个 Σ 中的公式转换为 S 中的一个约束；

（2）运用明确的完全性规则添加约束到 S 中，完全性规则要么是决定性的——它们将产生一个决定性的受约束系统，要么是非决定性的——产生几个可选择的受约束系统（或者分支）；

（3）运用完全性规则直到要么每个分支产生矛盾（或者冲突），要么不再运用规则的完全分支是可用的；

（4）完全受约束系统给了一个 Σ 的模型，该模型与 Tableaux 中的某一分支是相当的。

下面是一阶逻辑（FOL）中 Tableau 的例子：

$$\frac{\Phi \wedge \Psi}{\Phi} \quad \frac{\Phi \vee \Psi}{\Phi / \Psi} \quad \frac{\forall x \cdot \Phi}{\Phi \ \{X/t\}} \quad \frac{\exists x. \Phi}{\Phi \ \{X/z\}}$$
$$\Psi$$

$$\boxed{\exists y. \ (p \ (y) \ \wedge \neg \ q(y)) \wedge \forall z. (p(z) \vee q(z))}$$
$$\exists y. (p(y) \wedge \neg q(y))$$
$$\forall z. (p(z) \vee q(z))$$
$$p(\breve{y}) \wedge \neg q(\breve{y})$$
$$p(\breve{y})$$
$$\neg q(\breve{y})$$
$$p(\breve{y}) \vee q(\breve{y})$$
$$p(\breve{y}) \qquad q(\breve{y})$$
$$\langle COMPLETED \rangle \langle CLASH \rangle$$

公式是可满足的，所设计的模型是 $\Delta^I = \{\breve{y}\}$，$p^I = \{\breve{y}\}$，$q^I = \varnothing$。

在上面的过程中，一阶逻辑中完全性规则仅仅在公式转换为否定范式（Negation Normal Form）的情况下才起作用，即所有的否定被消除掉。用同样的方法可以将任意一个 ALC 中的公式转换为对应的否定范式，这样一来否定只出现

在原子概念前面。所用的转换为

$$\neg(C \sqcup D) \Leftrightarrow \neg C \sqcap \neg D$$

$$\neg(C \sqcap D) \Leftrightarrow \neg C \sqcup \neg D$$

$$\neg(\forall R.C) \Leftrightarrow \exists R.\neg C$$

$$\neg(\exists R.C) \Leftrightarrow \forall R.\neg C$$

Tableau 算法中的完全性规则:Tableau 算法中的扩展规则是直接来自于构造器的语义。

下面看 Tableau 算法中的扩展规则。

1. 与规则 (⊓规则)

如果在一个给定的解释 I 中包含一个元素 a,可以得到 $a \in (C \sqcap D)^I$,那么,从语义的角度来讲元素 a 应该在 C^I 和 D^I 的交集中,也就是元素 a 应该既在 C^I 中也在 D^I 中。因为该规则对任何解释都必须正确,在一般解释中可得到一个在概念 $C \sqcap D$ 的解释中的一般元素 x (记为 $x:(C \sqcap D)$),因此元素 x 既属于 C 的解释又属于 D 的解释。

假设现在要构造一个继承解释 S,该解释使与概念 $C \sqcap D$ 相当的集合至少包含一个元素。可以把这最初的要求说成约束 $x:(C \sqcap D)$。从语义来说,可以知道 S 必须是约束 $x:C$ 和 $x:D$ 共有的,所以能添加这些新约束到 S 中,还可以知道如果 S 满足这些约束那么 S 也将满足首先的约束。通过以上的考虑可以得到下面的扩展规则:

$$S \to_{\sqcap} \{x:C, x:D\} \cup S$$

    If

（1）$x:C \sqcap D$ 在 S 中;

（2）$x:C$ 和 $x:D$ 都不在 S 中。

2. 存在规则(∃规则)

如果在一个给定的解释 I 中包含一个元素 a,可以得到 $a \in (\exists R.C)^I$,那么从语义角度来讲必须存在一个元素 b (不必与 a 有区别)使得 $(a,b) \in R^I$ 和 $b \in C^I$ 成立。可以得到下面的传递规则:

$$S \to_{\exists} \{xRy, y:C\} \cup S$$

    If

（1）$x:\exists R.C$ 在 S 中;

（2）y 是一个新变量;

（3）在 S 中不存在 z 使得 xRz 和 $z:C$ 成立。

下面给出了 ALC 中的完全规则:

$$S \to_{\sqcap} \{x:C, x:D\} \cup S$$

    If

（1）$x:C \sqcap D$ 在 S 中;

(2) $x:C$ 和 $x:D$ 都不在 S 中。

$S \to_\sqcup \{x：E\} \cup S$

    If

    (1) $x:C \sqcup D$ 在 S 中；

    (2) 既不是 $x:C$ 也不是 $x:D$ 在 S 中；

    (3) $E=C$ 或者 $E=D$。

$S \to_\forall \{y:C\} \cup S$

    If

    (1) $x:\forall R.C$ 在 S 中；

    (2) xRy 在 S 中；

    (3) $y:C$ 存在 S 中。

$S \to_\exists \{xRy, y:C\} \cup S$

    If

    (1) $x:\exists R.C$ 在 S 中；

    (2) y 是一个新变量；

    (3) 在 S 中不存在 z 使得 xRz 和 $z:C$ 成立。

定义 6.2.1（冲突）　当构建一个约束系统时，能寻找明确的矛盾来看约束系统可满足与否，称这些矛盾为冲突。冲突在一个约束系统中的形式如下：

$\{x:A, \neg x:A\}$，这里的 A 是一个概念名。

一个冲突表示一个不可满足的约束系统，因为包含冲突的任何约束系统都是不可满足的。

6.2.5　用 Tableau 算法进行推理的例子

下面列举出几个 ALC 中用 Tableau 算法进行推理的实例：

1. 概念可满足性的推理例子

$$((\forall \text{CHILD. Male}) \sqcap (\exists \text{CHILD.} \neg \text{Male}))$$

$((\forall \text{CHILD. Male}) \sqcap (\exists \text{CHILD.} \neg \text{Male}))(x)$

$(\forall \text{CHILD. Male})(x)$ $\sqcap$ 一规则

$(\exists \text{CHILD.} \neg \text{Male})(x)$

$\text{CHILD}(x, y)$ $\exists$ 一规则

$\neg \text{Male}(y)$

$\text{Male}(y)$ $\forall$ 一规则

$\langle \text{CLASH} \rangle$

2. ALC 中 Tableau 算法的例子——约束语法

$$((\forall \text{CHILD. Male}) \sqcap (\exists \text{CHILD.} \neg \text{Male}))$$

x:$((\forall \text{CHILD. Male}) \sqcap (\exists \text{CHILD.} \neg \text{Male}))$

x:$(\forall \text{CHILD. Male})$　　　　　　　　⊓—规则

x:$(\exists \text{CHILD.} \neg \text{Male})$

x:CHILDy　　　　　　　　　　　　∃—规则

y:$\neg$ Male

y:Male　　　　　　　　　　　　　　∀—规则

〈CLASH〉

另一个例子：

$$((\forall \text{CHILD. Male}) \sqcap (\exists \text{CHILD. Male}))$$

x:$((\forall \text{CHILD. Male}) \sqcap (\exists \text{CHILD. Male}))$

　x：$(\forall \text{CHILD. Male})$　　　　　　　⊓—规则

　x:$(\exists \text{CHILD. Male})$

　　x:CHILDy　　　　　　　　　　∃—规则

　　y:Male

　　y:Male　　　　　　　　　　　∀—规则

　　〈COMPLETED〉

3. 带有个体实例的 Tableau 算法推理的例子

此算法是检测 ABox 的可满足性问题。

(Parent$\sqcap \forall$ CHILD. Male) (john)

$\neg$ Male (mary)

CHILD(john，mary)

john：Parent$\sqcap \forall$ CHILD. Male

　　mary：$\neg$ Male

john CHILD mary

　　john:Parent　　　　　　　　⊓—规则

　john：$\forall$ CHILD. Male

　　mary：Male　　　　　　　　∀—规则

　　〈CLASH〉

因此说明知识库是不一致的。

本章参考文献

董明楷，蒋运承，史忠植. 2003. 一种带缺省推理的描述逻辑. 计算机学报，26（6）：729～736

史忠植，蒋运承，张海俊等. 2004. 基于描述逻辑的主体服务匹配. 计算机学报，27（5）：625～635

宋炜，张铭. 2004. 语义网简明教程. 北京：高等教育出版社

吴强. 2003. 语义 Web 中以描述逻辑为本体语言的推理. 计算机工程与应用, 33

张健. 2000. 逻辑公式的可满足性判定——方法、工具及应用. 北京：科学出版社

Baader F et al. 1991. Terminological Knowledge Representation: A Proposal for a Terminological Logic

Baader F et al. 2003. The Description Logic Handbook: Theory, Implementation, and Application. Cambridge University Press

Baader F, Hollunder B. 1991. A Terminological Knowledge Representation System with Complete Inference Algorithm. *In*: Proceedings of PDK'91, Vol. 567 of Lecture Notes in Artificial Intelligence. Springer-Verlag, 67~86

Baader F, Horrocks I. 2001. Description Logics for the Semantic Web. Theoretical Computer Science, RWTH Aachen, Germany

Baader F, Sattler U. 2000. Tableau Algorithms for Description Logics

Baader F, Sattler U. 2001. An Overview Algorithms for Description Logics

Brachman R J, Schmolze J G. 1985. An Overview of the KL-ONE Knowledge Representation System. Cognitive Science, 9 (2): 171~216

Bresciani P, Franconi E, Tessaris S. 1995. Implementing and Testing Expressive Description Logics: Preliminary Report. *In*: Borgida A, Lenzerini M, Nardi D, Nebel B. Working Notes of the 1995 Description Logics Workshop. 131~139

Calvanese D et al. 2002. Description Logics: Foundations for Class-Based Knowledge Representation. http: //dl. kr. org

Donini F M, Giacomo G D, Massacci F. 1996. EXPTIME Tableaux for ALC. *In*: Proc. 1996 Description Logic Workshop (DL-96), No. WS-96-05 in AAAI Technical Reports Series, AAAI Press/MIT Press. 107~110

Donini F M, Massacci F. 2000. EXPTIME Tableaux for ALC. Artificial Intelligence, 124: 87~138

Franconi E. 2003. Knowledge Bases in Description Logic. Department of Computer Science, University of Manchester

Giunchiglia F, Sebastiani R. 1996. A SAT-Based Decision Procedure for ALC. *In*: Proceedings of the 5th International Conference on the Principles of Knowledge Representation and Reasoning (KR'96), 304~314

Haarslev V, Moller R. 1999. RACE System Description. *In*: Proceedings of the 1999 Description Logic Workshop (DL'99), 130~132

Hähnle R. 2001. Tableaux and Related Methods. *In*: Handbook of Automated Reasoning

Horrocks I, Sattler U, Tobies S. 1999. Practical Reasoning for Expressive Description Logics. *In*: Proceedings of the 6th International Conference on Logic for Programming and Automated Reasoning, LNAI 1705, 161~180

Horrocks I. 1998. Using an Expressive Description Logic: Fact or Fiction? *In*: Proceedings of the 6th International Conference on the Principles of Knowledge Representation and Reasoning (KR'98), Morgan Kaufmann, 636~647

Horrocks I. 2002 . Description Logic: Axioms and Rules. Rule Markup Techniques. 7th Feb, 2002

MacGregor R. 1987. The Evolving Technology of Classification-Based Knowledge Representation Systems. *In*：Sowa J F. Principles of Semantic Networks，Morgan Kaufmann，385~400

Mays E，Dionne R，Weida R. 1991. K-REP System Overview. SIGART Bulletin，2（3）

Patel-Schneider P F. 1999. DLP. *In*：Proceedings of the 1999 Description Logic Workshop（DL'99），9~13

Peltason C. 1991. The BACK System—An Overview. SIGART Bulletin，2（3）：114~119

Schmidt-Schauβ M. 1991. Attributive Concept Descriptions with Complements. Artificial Intelligence Journal，48（1）：1~26

Schulz S. 2004. DL Requirements from Medicine and Biology. *In*：Proceedings of the 2004 Description Logic Workshop（DL '2004）

Stevens R，Goble C A，Bechhofer S. 2000. Ontology-Based Knowledge Representation for Bioinformatics. Briefings Bioinformatics

第7章 扩展描述逻辑 ALC⁺形式系统

基本描述逻辑 ALC 提供了否定、概念交、概念并、全局约束、存在约束构造器，它有一定的表达能力。为了达到更强的表达能力，引入新的描述逻辑 ALC⁺，它是在 ALC 的基础上增加了传递关系（记为 R^+）、反关系（记为 R^-）、关系并（记为 $R_1 \sqcup R_2$）、关系复合（记为 $R_1 \circ R_2$）、个体实例集（记为 $\{a\}$）和一般数量约束（记为 $\geqslant nR.C$，$\leqslant nR.C$）的构造器。下面对 ALC⁺ 中的语法和语义的形式化定义和一些性质进行阐述（文斌，2005）。

7.1 扩展描述逻辑 ALC⁺ 的形式化公理体系

7.1.1 扩展描述逻辑 ALC⁺ 的语法

ALC⁺ 要用到的符号表示如下：

(1) 原子概念集 Φ_0：$\Phi_0 = \{C_1,\ C_2,\ \cdots\}$；

(2) 原子关系集 Π_0：$\Pi_0 = \{R_1,\ R_2,\ \cdots\}$；

(3) 对象个体（实例）集 O：$O = \{a,\ b,\ \cdots\}$；

(4) 连接词：$\leftrightarrow$（当且仅当），$\rightarrow$（蕴涵）；

(5) 构造器：$\neg$（取反），$\sqcup$（并），$\sqcap$（交），$\top$（全概念），$\bot$（空概念），$\forall R.C$（全局约束），$\exists R.C$（存在约束），$\geqslant nR.C$（最小数量约束），$\leqslant nR.C$（最大数量约束），$^-$（反关系），$^+$（传递关系），$\circ$（关系复合），$\{a\}$（个体实例集），

其中，n 为非负整数；

（6）括号："（"，"）"。

在以后的讨论中，若无特别说明，n 为非负整数，$\forall$ 表示集合中的任意一个元素，$\exists$ 表示存在集合中的一个元素，$\parallel \parallel$ 表示求集合的势，$\bigcup$ 表示集合的并，$\bigcap$ 表示集合的交，$\varnothing$ 表示空集，$\mid$ 表示应满足的条件。

定义 7.1.1　$\exists R.C = \neg \forall R. \neg C$，即 $\exists R.C$ 表示在某个特定的领域中，与概念 C 中的某个对象个体之间存在关系 R 的个体实例集。

利用 $\neg \neg C = C$ 就可得：$\exists R. \neg C = \neg \forall R.C$ 和 $\forall R. \neg C = \neg \exists R.C$。

给了这些规定以后，下面将给出描述逻辑 ALC^+ 的语言 L 的定义。

在描述逻辑 ALC^+ 中，设 Π_0 表示原子关系集，Φ_0 表示原子概念集。定义的关系集 Π 和概念集 Φ 为满足下面条件（语法 1～8）的最小集合。

描述逻辑 ALC^+ 的语法：

（1）如果 $R \in \Pi_0$，则 $R \in \Pi$；

（2）如果 $C \in \Phi_0$，则 $C \in \Phi$；

（3）如果 C，$D \in \Phi$，则 $\bot$，$\neg$，C，$C \sqcap D$，$C \sqcup D \in \Phi$；

（4）如果 $R \in \Pi$，$C \in \Phi$，则 $\forall R.C$，$\exists R.C \in \Phi$；

（5）如果 R，$S \in \Pi$，则 R^-，R^+，$R \circ S$，$R \sqcup S \in \Pi$；

（6）如果 C，$D \in \Phi$，则 $C \rightarrow D$，$C \leftrightarrow D \in \Phi$；

（7）如果 a 是个体实例，则 $\{a\} \in \Phi_0$；

（8）如果 $R \in \Pi_0$，$C \in \Phi$，则 $\geqslant nR.C$，$\leqslant nR.C \in \Phi$。

其中，n 为非负整数。

定义 7.1.2　（ALC^+ 的语言 L 中的合式公式）ALC^+ 中的概念叫做 ALC^+ 的合式公式，简称公式。满足下面三条的也是公式：①原子概念是公式；②若 C，D 是公式，则 $\neg C$，$C \sqcap D$，$C \sqcup D$，$\forall R.C$，$\exists R.C$，$\geqslant nR.C$，$\leqslant nR.C$，$C \rightarrow D$ 也是公式；③若 a 是实例个体，则 $\{a\}$ 是公式。

如同命题逻辑中，定义 $\neg \neg C = C$，$C \sqcap D = \neg(\neg C \sqcup \neg D)$，$C \rightarrow D = \neg C \sqcup D$，$C \sqcup D = C \rightarrow D$ 且 $D \rightarrow C$。

7.1.2　扩展描述逻辑 ALC^+ 的语义

下面将给出 ALC^+ 的语义模型以及概念可满足、有效式的定义。

定义 7.1.3　（模型）模型是二元组 $I = (\Delta^I, \cdot^I)$，它由一个领域集 Δ^I 和一个解释函数 $\cdot^I$ 组成；解释函数 $\cdot^I$ 把每个概念 C 映射到 Δ^I 的子集 C^I 中，把每个关系 R 映射到 $\Delta^I \times \Delta^I$ 的子集 R^I 中，即解释函数 $\cdot^I$ 把每个概念 C 映射到 Δ^I 的子集 C^I 中，$\cdot^I$：$C \rightarrow C^I$，$C \in \Phi$，$C^I \subseteq \Delta^+$ 中。把每个关系 R 映射到 $\Delta^I \times \Delta^I$ 的子集 R^I 中，$\cdot^I$：$R \rightarrow R^I$，$R \in \Pi$，$R^I \subseteq \Delta^I \times \Delta^I$。其中要求解释函数满足：$I(a)$ 表示包含个体实例 a 的映射为 C^I 的概念集合，即 $C \in I(a)$，这就意味着概念 C 包

含个体实例 a 并且 $C^I \subseteq \Delta^I$。

定义 7.1.4 （概念可满足）在描述逻辑 ALC^+ 的模型 I 中，如果解释 $\cdot^I$ 使得概念 C 具有 $C^I \neq \varnothing$，那么称概念 C 是可满足的，记为 $I \models C$。

定义 7.1.5 （公式可满足）在描述逻辑 ALC^+ 的模型 I 中，如果解释 $\cdot^I$ 使得公式 C 具有 $C^I \neq \varnothing$，那么称公式 C 是可满足的，记为 $I \models C$。

定义 7.1.6 （有效式）在描述逻辑 ALC^+ 的模型 I 中，如果任意解释 $\cdot^I$ 使得公式 C 具有 $C^I \sqsubseteq \Delta^I$，那么称公式 C 是有效式，记为 $\models C$。

为了定义语义时的方便，下面给出集合差的定义。

定义 7.1.7 （集合差）设 C^I 和 D^I 为概念 C 和 D 在领域集 Δ^I 下所对应的两个个体实例集，由所有属于 C^I 而不属于 D^I 的个体实例组成的集合称为 C^I 和 D^I 的差，记作 $C^I \setminus D^I$。即 $C^I \setminus D^I = \{a \mid a \in C^I \text{ 且 } a \notin D^I\}$。

给出描述逻辑 ALC^+ 模型后，下面给出 ALC^+ 的语义解释规则：

描述逻辑 ALC^+ 的语义为：

(1) $\top^I = \Delta^I = \{a \mid a \in (C \sqcup \neg C)^I\} = \{a \mid a \in C^I \bigcup (\neg C)^I\} = \{a \mid a \in C^I \text{ 或者 } a \notin C^I\}$；

(2) $\bot^I = \varnothing = \{a \mid a \in (C \sqcap \neg C)^I\} = \{a \mid a \in C^I \bigcap (\neg C)^I\} = \{a \mid a \in C^I \text{ 且 } a \notin C^I\}$；

(3) $I \models C$ 当且仅当解释 $\cdot^I$ 使得 $a \in C^I$ 成立；

(4) $(\neg C)^I = \Delta^I \setminus C^I = \{a \mid a \in \Delta^I \text{ 且 } a \notin C^I\}$；

(5) $(C \sqcup D)^I = C^I \bigcup D^I = \{a \in \Delta^I \mid a \in C^I \text{ 或者 } a \in D^I\}$；

(6) $(C \sqcap D)^I = C^I \bigcap D^I = \{a \in \Delta^I \mid a \in C^I \text{ 且 } a \in D^I\}$；

(7) $(\forall R.C)^I = \{a \in \Delta^I \mid \forall b \text{ 使得 } (a, b) \in R^I \text{ 则 } b \in C^I\}$；

(8) $(\exists R.C)^I = \{a \in \Delta^I \mid \exists b \text{ 使得 } (a, b) \in R^I \text{ 且 } b \in C^I\}$；

(9) $(\geqslant nR.C)^I = \{a \in \Delta^I \mid \parallel \{b \in \Delta^I \mid (a, b) \in R^I \text{ 且 } b \in C^I\} \parallel \geqslant n\}$；

(10) $(\leqslant nR.C)^I = \{a \in \Delta^I \mid \parallel \{b \in \Delta^I \mid (a, b) \in R^I \text{ 且 } b \in C^I\} \parallel \leqslant n\}$；

(11) $(R^+)^I = \{(a, c) \in \Delta^I \times \Delta^I \mid \exists b_1, b_2, \cdots, b_n \in \Delta^I \text{ 使得} (a, b_1) \in R^I, (b_1, b_2) \in R^I, \cdots, (b_n, c) \in R^I\}$；

(12) $(R^-)^I = \{(a, b) \mid (b, a) \in R^I\}$；

(13) $(R \circ S)^I = \{(a, c) \in \Delta^I \times \Delta^I \mid \exists b \in \Delta^I \text{ 使得 } (a, b) \in R^I \text{ 且 } (b, c) \in S^I\}$；

(14) $(R \sqcup S)^I = R^I \bigcup S^I = \{(a, b) \in \Delta^I \times \Delta^I \mid (a, b) \in R^I \text{ 或者 } (a, b) \in S^I\}$；

(15) $I \models \{a\}$ 当且仅当 $a = \{a\}^I$；

(16) $I \models \{a\} \rightarrow C$ 当且仅当 $a \in C^I$；

(17) $I \models C \rightarrow D$ 当且仅当 $\exists a \in \Delta^I$，如果 $a \in C^I$ 那么 $a \in D^I$；

(18) $I \models C \leftrightarrow D$ 当且仅当 $\exists a \in \Delta^I$，如果 $a \in C^I$ 那么 $a \in D^I$，且如果 $a \in D^I$ 那么 $a \in C^I$。

7.1.3　扩展描述逻辑 ALC⁺ 公理及其解释说明

从公理（Axioms）的角度来研究不同的系统以便进一步探讨它们的特性。下面将给出描述逻辑 ALC⁺ 的逻辑公理，并充分阐述其合理性。

描述逻辑 ALC⁺ 是由以下公理体系生成公式集的：

1. 描述逻辑 ALC⁺ 的公理

公理 7.1.1　$\vdash \neg C \sqcup (\neg D \sqcup C)$

等价表示为 $\vdash C \rightarrow (D \rightarrow C)$

公理 7.1.2　$\vdash \neg(\neg C \sqcup(\neg D \sqcup E)) \sqcup (\neg(\neg C \sqcup D) \sqcup (\neg C \sqcup E))$

等价表示为 $\vdash (C \rightarrow (D \rightarrow E)) \rightarrow ((C \rightarrow D) \rightarrow (C \rightarrow E))$

公理 7.1.3　$\vdash \neg(C \sqcap D) \sqcup (\neg D \sqcup C)$

等价表示为 $\vdash (\neg C \rightarrow \neg D) \rightarrow (D \rightarrow C)$

公理 7.1.4　$\vdash \neg(\neg(\neg \exists R.(C \sqcup D) \sqcup (\exists R.C \sqcup \exists R.D)) \sqcup \neg(\neg(\exists R.C \sqcup \exists R.D) \sqcup \exists R.(C \sqcup D)))$

等价表示为 $\vdash \exists R.(C \sqcup D) \leftrightarrow \exists R.C \sqcup \exists R.D$

公理 7.1.5　$\vdash \neg \exists R.(\neg C \sqcap D) \sqcap \neg(\neg \exists R.C \sqcap \neg \exists R.D)$

等价表示为 $\vdash \exists R.(C \sqcap D) \rightarrow \exists R.C \sqcap \exists R.D$

公理 7.1.6　$\vdash (\neg \exists R.C \sqcup \exists R.\neg D) \sqcup \exists R.\neg(\neg C \sqcap D)$

等价表示为 $\vdash (\exists R.C \sqcap \forall R.D) \rightarrow \exists R.(C \sqcap D)$

公理 7.1.7　$\vdash \neg(\neg(\neg \exists(R \circ S).C \sqcup \exists R.\exists S.C) \sqcup \neg(\neg \exists R.\exists S.C \sqcup \exists(R \circ S).C))$

等价表示为 $\vdash \exists(R \circ S).C \leftrightarrow \exists R.\exists S.C$

公理 7.1.8　$\vdash \neg(\neg(\neg \exists(R \sqcup S).C \sqcup (\exists R.C \sqcup \exists S.C)) \sqcup \neg(\neg(\exists R.C \sqcup \exists S.C) \sqcup \exists(R \sqcup S).C))$

等价表示为 $\vdash \exists(R \sqcup S).C \leftrightarrow \exists R.C \sqcup \exists S.C$

公理 7.1.9　$\vdash \neg(\neg(\neg \exists R^+.C \sqcup \exists R^+.\exists R.C) \sqcup \neg(\neg \exists R^+.\exists R.C \sqcup \exists R^+.C))$

等价表示为 $\vdash \exists R^+.C \leftrightarrow \exists R^+.\exists R.C$

公理 7.1.10　$\vdash \neg \geqslant nR.(C \sqcup D) \sqcup (\geqslant nR.C \sqcup \geqslant nR.D)$

等价表示为 $\vdash \geqslant nR.(C \sqcup D) \rightarrow \geqslant nR.C \sqcup \geqslant nR.D$

公理 7.1.11　$\vdash \neg \geqslant nR.(\neg C \sqcap D) \sqcap \neg(\neg \geqslant nR.C \sqcap \neg \geqslant nR.D)$

等价表示为 $\vdash \geqslant nR.(C \sqcap D) \rightarrow \geqslant nR.C \sqcap \geqslant nR.D$

公理 7.1.12　$\vdash \neg \exists R^-.\forall R.C \sqcup C$

等价表示为 $\vdash \exists R^-.\forall R.C \rightarrow C$

公理 7.1.13　$\vdash \neg(\geqslant nR.C \sqcup \leqslant n-1R.C) \sqcap \neg(\neg \leqslant n-1R.C \sqcup \geqslant nR.C)$

等价表示为 $\vdash \neg \geqslant nR.C \leftrightarrow \leqslant n-1R.C$

公理 7.1.14　如果 $\vdash \{a\} \rightarrow C$，且 $\vdash C \rightarrow D$，那么 $\vdash \{a\} \rightarrow D$

公理 7.1.15　⊢{a}→C⊔D 当且仅当 ⊢{a}→C 或者 ⊢{a}→D

公理 7.1.16　⊢{a}→C⊓D 当且仅当 ⊢{a}→C 且 ⊢{a}→D

公理 7.1.17　如果 ⊢C→D，且 ⊢D→C，那么 ⊢C↔D

公理 7.1.18　如果 ⊢C→D，且 ⊢D→E，那么 ⊢C→E

公理 7.1.19　⊢C→D⊓E 当且仅当 ⊢C→D 且 ⊢C→E

其中，C、D、E 是概念，R、S 是关系，n 是非负整数。

2. 对 ALC⁺ 公理的具体解释

公理 7.1.1　⊢C→（D→C）表示在论域中，一个个体实例如果它属于 C 所对应的实例集，那么该个体实例一定满足如果它属于 D 对应的实例集，则它也属于 C 所对应的实例集。

公理 7.1.2　⊢（C→（D→E））→（（C→D）→（C→E））表示在论域中，一个个体实例如果满足它属于 C 所对应的实例集，则它属于满足 D 包含于 E 的个体实例集，那么它一定满足如果它属于满足 C 包含于 D 的个体实例集，则它也属于满足 C 包含于 E 的个体实例集。

公理 7.1.3　⊢（¬C→¬D）→（D→C）表示在论域中，一个个体实例满足若它属于 C 所对应的实例集的补集时它属于 D 所对应的实例集的补集，那么它也满足若它属于 D 所对应的实例集时它属于 C 所对应的实例集。

公理 7.1.4　∃R.(C⊔D)↔∃R.C⊔∃R.D 表示在论域中，与概念 C 或者概念 D 中的个体实例有关系 R 的个体实例集对应的概念为真，当且仅当与概念 C 中的个体实例有关系 R 的个体实例集对应的概念为真或者与概念 D 中的个体实例有关系 R 的个体实例集对应的概念为真。

公理 7.1.5　∃R.(C⊓D)→∃R.C⊓∃R.D 表示在论域中，与概念 C 和概念 D 的相同个体实例有关系 R 的个体实例集对应的概念为真，蕴涵与概念 C 中的个体实例有关系 R 的个体实例集对应的概念为真并且跟概念 D 中的个体实例有关系 R 的个体实例集对应的概念也为真。

公理 7.1.6　(∃R.C⊓∀R.D)→∃R.(C⊓D) 表示在论域中，与概念 C 中的个体实例有关系 R 的个体集对应的概念为真并且跟一些个体实例（这些个体实例都属于概念 D）有关系 R 的个体实例集对应的概念为真蕴涵与概念 C 和概念 D 的相同个体实例有关系 R 的个体实例集对应的概念为真。

公理 7.1.7　∃(R∘S).C↔∃R.∃S.C 表示在论域中，与概念 C 中的个体实例有关系 R、S 的复合关系的个体集对应的概念为真当且仅当跟与概念 C 中的个体实例有关系 S 的个体集中的个体实例有关系 R 的个体实例集对应的概念为真。

公理 7.1.8　∃(R⊔S).C↔∃R.C⊔∃S.C 表示在论域中，与概念 C 中的个体实例有关系 R 或者关系 S 的个体实例集对应的概念为真，当且仅当与概念 C 中的个体实例有关系 R 的个体实例集对应概念为真或者与跟概念 C 中的个体实

例有关系 S 的个体实例集对应的概念为真。

公理 7.1.9　$\exists R^{+}.C \leftrightarrow \exists R^{+}.\exists R.C$ 表示与概念 C 中的个体实例有传递关系 R 的个体实例集对应的概念为真，当且仅当跟与概念 C 中的个体实例有关系 R 的个体实例集中的个体实例有传递关系 R 的个体实例集对应的概念为真。

公理 7.1.10　$\geqslant nR.(C \sqcup D) \rightarrow \geqslant nR.C \sqcup \geqslant nR.D$ 表示在论域中，与概念 C 或者概念 D 中的至少 n 个个体实例有关系 R 的个体实例集对应的概念为真蕴涵与概念 C 中的至少 n 个个体实例有关系 R 的个体实例集对应概念为真或者与概念 D 中的至少 n 个个体实例有关系 R 的个体实例集对应的概念为真。

公理 7.1.11　$\geqslant nR.(C \sqcap D) \rightarrow \geqslant nR.C \sqcap \geqslant nR.D$ 表示在论域中与概念 C 中至少 n 个个体实例（并且这些个体实例也属于概念 D）有关系 R 的个体实例集对应的概念为真蕴涵与概念 C 中的至少 n 个个体实例有关系 R 的个体实例集对应概念为真并且与概念 D 中的至少 n 个个体实例有关系 R 的个体实例集的交集对应的概念为真。

公理 7.1.12　$\exists R^{-}.\forall R.C \rightarrow C$ 表示在论域中，跟与一些个体实例有关系 R（并且这些个体实例属于概念 C）的个体集中的个体实例有关系 R 的反关系 R^{-} 的个体实例集对应的概念为真，那么该概念 C 为真。

公理 7.1.13　$\neg \geqslant nR.C \leftrightarrow \leqslant n-1R.C$ 表示在论域中，与概念 C 中至少 n 个个体实例有关系 R 的个体实例集对应的概念为假，当且仅当与概念 C 中的至多 $n-1$ 个个体实例有关系 R 的个体实例集对应的概念为真。

公理 7.1.14　如果 $\vdash \{a\} \rightarrow C$，且 $\vdash C \rightarrow D$，那么 $\vdash \{a\} \rightarrow D$ 表示在论域中，一个个体实例属于概念 C，并且概念 C 又蕴涵概念 D，那么该个体实例也属于概念 D。

公理 7.1.15　$\vdash \{a\} \rightarrow C \sqcup D$ 当且仅当 $\vdash \{a\} \rightarrow C$ 或者 $\vdash \{a\} \rightarrow D$ 表示在论域中，一个个体实例属于概念 C 和概念 D 的并，当且仅当该个体实例属于概念 C 或者属于概念 D。

公理 7.1.16　$\vdash \{a\} \rightarrow C \sqcap D$ 当且仅当 $\vdash \{a\} \rightarrow C$ 且 $\vdash \{a\} \rightarrow D$ 表示在论域中，一个个体实例属于概念 C 和概念 D 的交，当且仅当该个体实例既属于概念 C 又属于概念 D。

公理 7.1.17　如果 $\vdash C \rightarrow D$，且 $\vdash D \rightarrow C$，那么 $\vdash C \leftrightarrow D$ 表示在论域中，概念 C 蕴涵概念 D，并且概念 D 又蕴涵概念 C，那么概念 C 与概念 D 等价。

公理 7.1.18　如果 $\vdash C \rightarrow D$，且 $\vdash D \rightarrow E$，那么 $\vdash C \rightarrow E$ 表示在论域中，概念 C 蕴涵概念 D，并且概念 D 又蕴涵概念 E，那么概念 C 蕴涵概念 E。

公理 7.1.19　$\vdash C \rightarrow D \sqcap E$ 当且仅当 $\vdash C \rightarrow D$ 且 $\vdash C \rightarrow E$ 表示在论域中，概念 C 蕴涵概念 D 和概念 E 的交，当且仅当概念 C 蕴涵概念 D 且概念 C 蕴涵概念 E；也就是概念 C 为真蕴涵概念 D 和概念 D 的交所对应的概念为真，当且仅当概念 C 为真蕴涵概念 D 为真并且也蕴涵概念 E 为真。

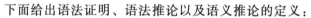

下面给出语法证明、语法推论以及语义推论的定义：

定义 7.1.8　（语法的"证明"）设 $\Gamma \subseteq L$，$C \in L$，当我们说"C 是从 Γ 可证的"，是指存在着 L 的元素的有限序列 C_1，C_2，$\cdots$，C_n。其中，$C_n = C$，且每个 C_k（$k = 1$，2，$\cdots$，n）满足：

(1) $C_k \in \Gamma$，或

(2) C_k 是"公理"，或

(3) 存在 i，$j < k$，使 $C_j = C_i \rightarrow C_k$，

具有上述性质的有限序列 C_1，C_2，$\cdots$，C_n 叫做 C 从 Γ 的"证明"。

定义 7.1.9　（语法推论）设 $\Gamma \subseteq L$，$C \in L$，然后规定：

(1) 如果公式 C 是从公式集 Γ 可证，那么我们记为 $\Gamma \vdash C$，这时 Γ 中的公式叫做"假设"，C 叫做假定集 Γ 的语法推论；

(2) 若 $\varnothing \vdash C$，则称 C 是 $\mathrm{ALC^+}$ 中的"定理"，记为 $\vdash C$。C 在 $\mathrm{ALC^+}$ 中从 $\varnothing$ 的证明，简称为在 $\mathrm{ALC^+}$ 中的证明；

(3) 在一个证明中，当 $C_j = C_i \rightarrow C_k$（$i$，$j < k$）时，就说 C_k 是 C_i，$C_i \rightarrow C_k$ 使用假言推理（Modus Ponens）这条推理规则而得，或简单地说，使用"MP 而得"。

定义 7.1.10　（有效个体实例）设 $\Gamma \subseteq L$，$C \in L$，$a \in O$，给定一个解释函数 $\cdot^I$，如果 $C \in I(a)$，那么称 a 是 C 的有效个体实例。

定义 7.1.11　（语义推论）设 $\Gamma \subseteq L$，$C \in L$。如果 Γ 中所有公式的任何公共有效个体实例都是公式 C 的有效个体实例，则称 C 是公式集 Γ 的语义推论，记作 $\Gamma \vDash C$。

7.2　扩展描述逻辑 $\mathrm{ALC^+}$ 的基本性质

首先给出演绎定理及其证明过程：

定理 7.2.1　（演绎定理）$\Gamma \cup \{C\} \vdash D$ 当且仅当 $\Gamma \vdash C \rightarrow D$

证明：（$\Leftarrow$）假定 $\Gamma \vdash C \rightarrow D$。由定义，$C \rightarrow D$ 有一个从 Γ 的证明 C_1，C_2，$\cdots$，C_n。其中，$C_n = C \rightarrow D$。于是，

C_1，C_2，$\cdots$，C_n，C，D

便是 D 从 $\Gamma \cup \{C\}$ 的证明。

（$\Rightarrow$）假定 $\Gamma \cup \{C\} \vdash D$，并设 D_1，D_2，$\cdots$，D_n（$= D$）是 D 从 $\Gamma \cup \{C\}$ 的一个证明。对这个证明的长度 n，用归纳法来证明 $\Gamma \vdash C \rightarrow D$。

(1) 当 $n = 1$ 时，有三种可能：$D = C$，$D \in \Gamma$，D 是公理。不管出现哪种情况，都有 $\Gamma \vdash C \rightarrow D$。事实上，当 $D = C$ 时，序列 D，$D \rightarrow (D \rightarrow D)$，$D \rightarrow D$，也就是 D，$D \rightarrow (C \rightarrow D)$，$C \rightarrow D$ 就是 $C \rightarrow D$ 从 Γ 的证明；当 $D \in \Gamma$，或者 D 是公理时，序列 D，$D \rightarrow (C \rightarrow D)$，$C \rightarrow D$ 就是 $C \rightarrow D$ 从 Γ 的证明。

(2) 当 $n>1$ 时，有四种可能：$D=C$，$D\in\Gamma$，D 是公理，D 是使用 MP 得到的。前三种情况可与（1）中的三种情况一样处理。只用讨论 D 由 D_i 及 $D_j=D_i\rightarrow D$ 使用 MP 而得到的情形。因为 i，$j<n$，由归纳假设，

如果 $\Gamma\cup\{C\}\vdash D_i$，那么 $\Gamma\vdash C\rightarrow D_i$；

如果 $\Gamma\cup\{C\}\vdash D_j$，那么 $\Gamma\vdash C\rightarrow D_j$ 即 $\Gamma\vdash C\rightarrow(D_i\rightarrow D)$。

于是就有 $C\rightarrow D$ 从 Γ 的证明：

(1) ⋯⋯
⋯⋯ $\left.\right\}$ $C\rightarrow D_i$ 从 Γ 的证明
(k) $C\rightarrow D_i$

$(k+1)$ ⋯⋯
⋯⋯ $\left.\right\}$ $C\rightarrow(D_i\rightarrow D)$ 从 Γ 的证明
(l) $C\rightarrow(D_i\rightarrow D)$

$(l+1)$ $C\rightarrow(D_i\rightarrow D)\rightarrow((C\rightarrow D_i)\rightarrow(C\rightarrow D))$ 公理 7.1.2

$(l+2)$ $(C\rightarrow D_i)\rightarrow(C\rightarrow D)$ (l)，$(l+1)$，MP

$(l+3)$ $C\rightarrow D$ (k)，$(l+2)$，MP

这就是归纳过程。

      证毕。

根据上面给出的公理，可推导出下面的命题。

命题 7.2.1 $\vdash C\rightarrow C$

证明：下面是 $C\rightarrow C$ 的一个证明。

(1) $C\rightarrow((C\rightarrow C)\rightarrow C)$ 公理 7.1.1

(2) $(C\rightarrow((C\rightarrow C)\rightarrow C))\rightarrow((C\rightarrow(C\rightarrow C))\rightarrow(C\rightarrow C))$ 公理 7.1.2

(3) $(C\rightarrow(C\rightarrow C))\rightarrow(C\rightarrow C)$ (1)，(2)，MP

(4) $C\rightarrow(C\rightarrow C)$ 公理 7.1.1

(5) $(C\rightarrow C)$ (3)，(4)，MP

      证毕。

命题 7.2.2 $\vdash\neg C\rightarrow(C\rightarrow D)$

证明：下面是所要的证明。

(1) $(\neg D\rightarrow\neg C)\rightarrow(C\rightarrow D)$ 公理 7.1.3

(2) $((\neg D\rightarrow\neg C)\rightarrow(C\rightarrow D))\rightarrow(\neg C\rightarrow((\neg D\rightarrow\neg C)\rightarrow(C\rightarrow D)))$

                                                   公理 7.1.1

(3) $\neg C\rightarrow((\neg D\rightarrow\neg C)\rightarrow(C\rightarrow D))$ (1)，(2)，MP

(4) $(\neg C\rightarrow((\neg D\rightarrow\neg C)\rightarrow(C\rightarrow D)))\rightarrow((\neg C\rightarrow(\neg D\rightarrow\neg C))\rightarrow(\neg C\rightarrow(C\rightarrow D)))$ 公理 7.1.2

(5) $(\neg C\rightarrow(\neg D\rightarrow\neg C))\rightarrow(\neg C\rightarrow(C\rightarrow D))$ (3)，(4)，MP

(6) $\neg C\rightarrow(\neg D\rightarrow\neg C)$ 公理 7.1.1

(7) ¬C→(C→D)　　　　　　　　　　　　　　　　(5)，(6)，MP

　　证毕。

命题 7.2.3　├（¬C→C）→C

证明：根据演绎定理，只用证明 {¬C→C}├C。

下面就是 C 从 {¬C→C} 的一个证明。

(1) ¬C→(C→¬(¬C→C))　　　　　　　　　　　　　　命题 7.2.2

(2) (¬C→(C→¬(¬C→C)))→((¬C→C)→(¬C→¬(¬C→C)))

　　　　　　　　　　　　　　　　　　　　　　　　　公理 7.1.2

(3) (¬C→C)→(¬C→¬(¬C→C))　　　　　　　　　　　(1)，(2)，MP

(4) ¬C→C　　　　　　　　　　　　　　　　　　　　　假定

(5) ¬C→¬(¬C→C)　　　　　　　　　　　　　　　　　(3)，(4)，MP

(6) (¬C→¬(¬C→C))→((¬C→C)→C)　　　　　　　　公理 7.1.3

(7) (¬C→C)→C　　　　　　　　　　　　　　　　　　(5)，(6)，MP

(8) C　　　　　　　　　　　　　　　　　　　　　　　(4)，(7)，MP

　　证毕。

命题 7.2.4（换位律）　　　(C→D)→(¬D→¬C)

证明：根据演绎定理，只用证明 {C→D}├¬D→¬C，下面是¬D→¬C 从 C→D 的一个证明过程。

(1) ¬¬C→C　　　　　　　　　　　　　　　　　　　　双重否定律

(2) C→D　　　　　　　　　　　　　　　　　　　　　　假设

(3) ¬¬C→D　　　　　　　　　　　　　　　　　　　　(1)，(2)，公理 7.1.18

(4) D→¬¬D　　　　　　　　　　　　　　　　　　　　双重否定律

(5) ¬¬C→¬¬D　　　　　　　　　　　　　　　　　　(3)，(4)，公理 7.1.18

(6) (¬¬C→¬¬D)→(¬D→¬C)　　　　　　　　　　　公理 7.1.3

(7) ¬D→¬C　　　　　　　　　　　　　　　　　　　　(5)，(6)，MP

　　证毕。

命题 7.2.5　¬(C→D)→(D→C)

证明：根据演绎定理，只用证明 {¬(C→D)，D}├C。

(1) ¬(C→D)→((C→D)→C)　　　　　　　　　　　　命题 7.2.2

(2) ¬(C→D)　　　　　　　　　　　　　　　　　　　　假设

(3) (C→D)→C　　　　　　　　　　　　　　　　　　(1)，(2)，MP

(4) ¬C→(C→D)　　　　　　　　　　　　　　　　　　命题 7.2.2

(5) ¬C→C　　　　　　　　　　　　　　　　　　　　(3)，(4)，公理 7.1.18

(6) (¬C→C)→C　　　　　　　　　　　　　　　　　　命题 7.2.3

(7) C　　　　　　　　　　　　　　　　　　　　　　　(5)，(6)，MP

证毕。

定理 7.2.2 　（反证律）

$\left.\begin{array}{l}\Gamma\cup\{\neg C\}\vdash D\\ \Gamma\cup\{\neg C\}\vdash\neg D\end{array}\right\}\ \Gamma\vdash C$

证明：根据已知条件（D 和 $\neg D$ 都存在从 $\Gamma\cup\{\neg C\}$ 的证明），可以先写出 D 从 $\Gamma\cup\{\neg C\}$ 的证明。

$\left.\begin{array}{ll}(1) &\cdots\cdots\\ &\cdots\cdots\\ (k) &D\end{array}\right\}$ D 从 $\Gamma\cup\{\neg C\}$ 的证明

$\left.\begin{array}{ll}(k{+}1) &\cdots\cdots\\ &\cdots\cdots\\ (l) &\neg D\end{array}\right\}$ $\neg D$ 从 $\Gamma\cup\{\neg C\}$ 的证明

(l+1) $\neg D\rightarrow(D\rightarrow C)$ 　　　　　　　　　命题 7.2.2

(l+2) $D\rightarrow C$ 　　　　　　　　　(l)，(l+1)，MP

(l+3) C 　　　　　　　　　(k)，(l+2)，MP

至此证明了 $\Gamma\cup\{\neg C\}\vdash C$。用一次演绎定理，可得 $\Gamma\vdash\neg C\rightarrow C$。由此可将 C 从 Γ 的证明如下构造出来。

$\left.\begin{array}{ll}(1) &\cdots\cdots\\ &\cdots\cdots\\ (m) &\neg C\rightarrow C\end{array}\right\}$ $\neg C\rightarrow C$ 从 $\Gamma\cup\{\neg C\}$ 的证明

(m+1) $(\neg C\rightarrow C)\rightarrow C$ 　　　　　　　命题 7.2.3

(m+2) C 　　　　　　　　　(m)，(m+1)，MP

于是有 $\Gamma\vdash C$。

证毕。

定理 7.2.3 　（归谬律）

$\left.\begin{array}{l}\Gamma\cup\{C\}\vdash D\\ \Gamma\cup\{C\}\vdash\neg D\end{array}\right\}\ \Gamma\vdash\neg C$

证明：因为已知 $\Gamma\cup\{C\}\vdash D$，故存在 D 从 $\Gamma\cup\{C\}$ 的证明，在这个证明中所有出现的假定 C 之前，都插入 $\neg\neg C$ 和 $\neg\neg C\rightarrow C$ 两项，于是该证明就变成了 D 从 $\Gamma\cup\{\neg\neg C\}$ 的证明，从而得到：

(1) $\Gamma\cup\{\neg\neg C\}\vdash D$。

同理，由已知条件 $\Gamma\cup\{C\}\vdash\neg D$ 可得。

(2) $\Gamma\cup\{\neg\neg C\}\vdash\neg D$。

由 (1)，(2) 用反证律得 $\Gamma\vdash\neg C$。这样由反证律推出了归谬律。

证毕。

命题 7.2.6 $\neg(C \rightarrow D) \rightarrow \neg D$

证明：根据演绎定理，只用证明 $\{\neg(C \rightarrow D)\} \vdash \neg D$。

把 D 作为新假设，于是有：

(1) $\{\neg(C \rightarrow D), D\} \vdash C \rightarrow D$

(2) $\{\neg(C \rightarrow D), D\} \vdash \neg(C \rightarrow D)$

由（1），（2）用归谬律得 $\{\neg(C \rightarrow D)\} \vdash \neg D$，

下面是 $\{\neg(C \rightarrow D), D\} \vdash C \rightarrow D$ 的证明过程，

(1) $D \rightarrow (C \rightarrow D)$ 公理 7.1.1

(2) D 假设

(3) $C \rightarrow D$ （1），（2），MP

    证毕。

命题 7.2.7 $\neg(C \rightarrow D) \rightarrow C$

证明：根据演绎定理，只用证明 $\{\neg(C \rightarrow D)\} \vdash C$，

把 $\neg C$ 作为新假设，于是有：

(1) $\{\neg(C \rightarrow D), \neg C\} \vdash C \rightarrow D$

(2) $\{\neg(C \rightarrow D), \neg C\} \vdash \neg(C \rightarrow D)$

由（1），（2）用反证律可得 $\{\neg(C \rightarrow D)\} \vdash C$，

下面是 $\{\neg(C \rightarrow D), \neg C\} \vdash C \rightarrow D$ 的证明过程，

(1) $\neg C$ 假设

(2) $\neg C \rightarrow (C \rightarrow D)$ 命题 7.2.2

(3) $C \rightarrow D$ （1），（2），MP

    证毕。

ALC^+ 还有下面的重要性质：

性质 7.2.1 幂等律：

(1) $C \sqcap C \leftrightarrow C$

(2) $C \sqcup C \leftrightarrow C$

性质 7.2.2 交换律：

(1) $C \sqcap D \leftrightarrow D \sqcap C$

(2) $C \sqcup D \leftrightarrow D \sqcup C$

性质 7.2.3 结合律：

(1) $(C \sqcap D) \sqcap E \leftrightarrow C \sqcap (D \sqcap E)$

(2) $(C \sqcap D) \sqcap E \leftrightarrow C \sqcup (D \sqcup E)$

性质 7.2.4 分配律：

(1) $C \sqcup (D \sqcap E) \leftrightarrow (C \sqcup D) \sqcap (C \sqcup E)$

(2) $C \sqcap (D \sqcup E) \leftrightarrow (C \sqcap D) \sqcup (C \sqcap E)$

性质 7.2.5 同一律:

(1) $C \sqcup \bot \leftrightarrow C$

(2) $C \sqcap \top \leftrightarrow C$

性质 7.2.6

(1) $C \sqcup \top \leftrightarrow \top$

(2) $C \sqcap \bot \leftrightarrow \bot$

性质 7.2.7 排中律: $\neg C \sqcup C \leftrightarrow \top$

性质 7.2.8 矛盾律: $C \sqcap \neg C \leftrightarrow \bot$

性质 7.2.9 吸收律:

(1) $C \sqcup (C \sqcap D) \leftrightarrow C$

(2) $C \sqcap (C \sqcup D) \leftrightarrow C$

性质 7.2.10 De. Morgan 律:

(1) $\neg(C \sqcap D) \leftrightarrow \neg C \sqcup \neg D$

(2) $\neg(C \sqcup D) \leftrightarrow \neg C \sqcap \neg D$

性质 7.2.11 余补律:

(1) $\neg \bot \leftrightarrow \top$

(2) $\neg \top \leftrightarrow \bot$

性质 7.2.12 双重否定律: $\neg\neg C \leftrightarrow C$

下面对上面给出的性质分别进行证明:

性质 7.2.13 双重否定律: $\neg\neg C \leftrightarrow C$

证明:要证 $\neg\neg C \leftrightarrow C$,也就是要证 $\neg\neg C \to C$ 和 $C \to \neg\neg C$。

首先证明 $\neg\neg C \to C$。

根据演绎定理,只用证明 $\{\neg\neg C\} \vdash C$,把 $\neg C$ 作为新的假设,便有:

(1) $\{\neg\neg C, \neg C\} \vdash \neg C$

(2) $\{\neg\neg C, \neg C\} \vdash \neg(\neg C)$

根据 (1)(2) 用反证律即可得 $\{\neg\neg C\} \vdash C$。

再证明 $C \to \neg\neg C$。

由演绎定理,只用证明 $\{C\} \vdash \neg\neg C$。

把 $\neg C$ 作为新假设,便得:

(1) $\{C, \neg C\} \vdash C$

(2) $\{C, \neg C\} \vdash \neg C$

由 (1),(2) 用归谬律可得 $\{C\} \vdash \neg\neg C$。

证毕。

性质 7.2.1 幂等律:

(1) $C \sqcap C \leftrightarrow C$

(2) $C \sqcup C \leftrightarrow C$

证明：

第一，要证 $C \sqcap C \leftrightarrow C$ 就是要证 $C \sqcap C \rightarrow C$ 和 $C \rightarrow C \sqcap C$，首先证明 $C \sqcap C \rightarrow C$。

要证 $C \sqcap C \rightarrow C$，就是要证 $\neg(C \rightarrow \neg C) \rightarrow C$，证明如下：

(1) $\neg C \rightarrow (C \rightarrow \neg C)$ 公理 7.1.1

(2) $(\neg C \rightarrow (C \rightarrow \neg C)) \rightarrow (\neg(C \rightarrow \neg C) \rightarrow \neg \neg C)$ 公理 7.1.3

(3) $\neg(C \rightarrow \neg C) \rightarrow \neg \neg C$ (1)，(2)，MP

(4) $\neg \neg C \rightarrow C$ 双重否定律

(5) $\neg(C \rightarrow \neg C) \rightarrow C$ (3)，(4)，公理 7.1.18

再证明 $C \rightarrow C \sqcap C$

要证 $C \rightarrow C \sqcap C$ 就是要证 $C \rightarrow \neg(C \rightarrow \neg C)$，证明如下：

根据演绎定理只用证明 $\{C\} \vdash \neg(C \rightarrow \neg C)$，把 $C \rightarrow \neg C$ 作为新假定，于是有：

(1) $\{C, C \rightarrow \neg C\} \vdash C$

(2) $\{C, C \rightarrow \neg C\} \vdash \neg C$

由 (1)(2) 用归谬律便得 $\{C\} \vdash \neg(C \rightarrow \neg C)$。

第二，要证 $C \sqcup C \leftrightarrow C$，就是要证 $C \sqcup C \rightarrow C$ 和 $C \rightarrow C \sqcup C$。

首先证明 $C \sqcup C \rightarrow C$。

要证 $C \sqcup C \rightarrow C$，就是要证 $(\neg C \rightarrow C) \rightarrow C$，这就是命题 7.2.3。

再证明 $C \rightarrow C \sqcup C$。

要证 $C \rightarrow C \sqcup C$，就是要证 $C \rightarrow (\neg C \rightarrow C)$，这就是公理 7.1.1。

     证毕。

性质 7.2.2   交换律：

(1) $C \sqcap D \leftrightarrow D \sqcap C$

(2) $C \sqcup D \leftrightarrow D \sqcup C$

证明：

第一，要证明 $C \sqcap D \leftrightarrow D \sqcap C$，也就是要证明 $C \sqcap D \rightarrow D \sqcap C$ 和 $D \sqcap C \rightarrow C \sqcap D$。

首先证明 $C \sqcap D \rightarrow D \sqcap C$。

要证明 $C \sqcap D \rightarrow D \sqcap C$，即要证明 $\neg(C \rightarrow \neg D) \rightarrow \neg(D \rightarrow \neg C)$，证明如下：

根据演绎定理，只要证明 $\{\neg(C \rightarrow \neg D)\} \vdash \neg(D \rightarrow \neg C)$。

把 $D \rightarrow \neg C$ 作为新假定，于是有：

(1) $\{\neg(C \rightarrow \neg D), D \rightarrow \neg C\} \vdash C \rightarrow \neg D$

(2) $\{\neg(C \rightarrow \neg D), D \rightarrow \neg C\} \vdash \neg(C \rightarrow \neg D)$

根据 (1)(2) 用归谬律得 $\{\neg(C \rightarrow \neg D)\} \vdash \neg(D \rightarrow \neg C)$。

下面是证明 $\{\neg(C \rightarrow \neg D), D \rightarrow \neg C\} \vdash C \rightarrow \neg D$ 的过程。

(1) $D \rightarrow \neg C$ 假定

(2) $(D \rightarrow \neg C) \rightarrow (\neg \neg C \rightarrow \neg D)$　　　　　　　　　换位律

(3) $\neg \neg C \rightarrow \neg D$　　　　　　　　　　　　　(1)，(2)，MP

(4) $C \rightarrow \neg \neg C$　　　　　　　　　　　　　　　双重否定律

(5) $C \rightarrow \neg D$　　　　　　　　　　　　(3)，(4)，公理 7.1.18

第二，要证明 $C \sqcup D \leftrightarrow D \sqcup C$，也就是要证明 $C \sqcup D \rightarrow D \sqcup C$ 和 $D \sqcup C \rightarrow C \sqcup D$。

首先证明 $C \sqcup D \rightarrow D \sqcup C$。

要证明 $C \sqcup D \rightarrow D \sqcup C$，就是要证明 $(\neg C \rightarrow D) \rightarrow (\neg D \rightarrow C)$，证明如下：

根据演绎定理，只用证明 $\{\neg C \rightarrow D，\neg D\} \vdash C$。

把 $\neg C$ 作为新假定，于是有：

(1) $\{\neg C \rightarrow D，\neg D，\neg C\} \vdash D$

(2) $\{\neg C \rightarrow D，\neg D，\neg C\} \vdash \neg D$

根据 (1) (2) 用反证律得到 $\{\neg C \rightarrow D，\neg D\} \vdash C$。

再证明 $D \sqcup C \rightarrow C \sqcup D$。

要证明 $D \sqcup C \rightarrow C \sqcup D$，就是要证明 $(\neg D \rightarrow C) \rightarrow (\neg C \rightarrow D)$，证明如下：

根据演绎定理，只用证明 $\{\neg D \rightarrow C，\neg C\} \vdash D$。

把 $\neg D$ 作为新假定，于是有：

(1) $\{\neg D \rightarrow C，\neg C，\neg D\} \vdash C$

(2) $\{\neg D \rightarrow C，\neg C，\neg D\} \vdash \neg C$

由 (1) (2) 用反证律便得 $\{\neg D \rightarrow C，\neg C\} \vdash D$。

　　证毕。

性质 7.2.3　结合律：

(1) $(C \sqcap D) \sqcap E \leftrightarrow C \sqcap (D \sqcap E)$

(2) $(C \sqcup D) \sqcup E \leftrightarrow C \sqcup (D \sqcup E)$

证明：

第一，要证明 $(C \sqcap D) \sqcap E \leftrightarrow C \sqcap (D \sqcap E)$，也就是要证明 $\neg (\neg (C \rightarrow \neg D) \rightarrow \neg E) \leftrightarrow \neg (C \rightarrow \neg \neg (D \rightarrow \neg E))$。

首先证明 $\neg (\neg (C \rightarrow \neg D) \rightarrow \neg E) \rightarrow \neg (C \rightarrow \neg \neg (D \rightarrow \neg E))$，证明如下：

先证明 $(C \rightarrow \neg \neg (D \rightarrow \neg E)) \rightarrow (E \rightarrow (C \rightarrow \neg D))$，下面是 $(C \rightarrow \neg \neg (D \rightarrow \neg E)) \rightarrow (E \rightarrow (C \rightarrow \neg D))$ 的证明过程，由演绎定理得，只用证明 $\{C \rightarrow \neg \neg (D \rightarrow \neg E)\} \vdash E \rightarrow (C \rightarrow \neg D)$，再用两次演绎定理，只用证明 $\{C \rightarrow \neg \neg (D \rightarrow \neg E)，E，C\} \vdash \neg D$，下面是 $\neg D$ 从 $\{C \rightarrow \neg \neg (D \rightarrow \neg E)，E，C\}$ 的证明过程，把 D 作为新假设，于是有：

(1) $\{C \rightarrow \neg \neg (D \rightarrow \neg E)，E，C，D\} \vdash E$

(2) $\{C \rightarrow \neg \neg (D \rightarrow \neg E)，E，C，D\} \vdash \neg E$

根据 (1) (2) 用反证律可得 $\{C \rightarrow \neg \neg (D \rightarrow \neg E)，E，C\} \vdash \neg D$。

下面是 $\{C\rightarrow\neg\neg(D\rightarrow\neg E)，E，C，D\}\vdash\neg E$ 的证明过程：

(1) $C\rightarrow\neg\neg(D\rightarrow\neg E)$ 假设

(2) $\neg\neg(D\rightarrow\neg E)\rightarrow(D\rightarrow\neg E)$ 双重否定律

(3) $C\rightarrow(D\rightarrow\neg E)$ (1)，(2)，公理 7.1.18

(4) C 假设

(5) $D\rightarrow\neg E$ (3)，(4)，MP

(6) D 假设

(7) $\neg E$ (5)，(6)，MP

于是有：

(1) $(C\rightarrow\neg\neg(D\rightarrow\neg E))\rightarrow(E\rightarrow(C\rightarrow\neg D))$ 已证

(2) $(E\rightarrow(C\rightarrow\neg D))\rightarrow(\neg(C\rightarrow\neg D)\rightarrow\neg E)$ 换位律

(3) $(C\rightarrow\neg\neg(D\rightarrow\neg E))\rightarrow(\neg(C\rightarrow\neg D)\rightarrow\neg E)$ (1)，(2)，MP

(4) $((C\rightarrow\neg\neg(D\rightarrow\neg E))\rightarrow(\neg(C\rightarrow\neg D)\rightarrow\neg E))\rightarrow(\neg(\neg(C\rightarrow\neg D)\rightarrow\neg E)\rightarrow$
$\neg(C\rightarrow\neg\neg(D\rightarrow\neg E)))$ 换位律

(5) $\neg(\neg(C\rightarrow\neg D)\rightarrow\neg E)\rightarrow\neg(C\rightarrow\neg\neg(D\rightarrow\neg E))$ (3)，(4)，MP

再证明 $\neg(C\rightarrow\neg\neg(D\rightarrow\neg E))\rightarrow\neg(\neg(C\rightarrow\neg D)\rightarrow\neg E)$，证明如下：

先证明 $(\neg(C\rightarrow\neg D)\rightarrow\neg E)\rightarrow(C\rightarrow\neg\neg(D\rightarrow\neg E))$，下面是证明过程，

根据演绎定理得，只用 $\{\neg(C\rightarrow\neg D)\rightarrow\neg E\}\vdash C\rightarrow\neg\neg(D\rightarrow\neg E)$，由双重否定律可得 $\neg\neg(D\rightarrow\neg E)\leftrightarrow D\rightarrow\neg E$，于是只用证明 $\{\neg(C\rightarrow\neg D)\rightarrow\neg E\}\vdash C\rightarrow(D\rightarrow\neg E)$；再用两次演绎定理可得，只用证 $\{\neg(C\rightarrow\neg D)\rightarrow\neg E，C，D\}\vdash\neg E$，把 E 作为新假设，于是有：

(1) $\{\neg(C\rightarrow\neg D)\rightarrow\neg E，C，D，E\}\vdash D$

(2) $\{\neg(C\rightarrow\neg D)\rightarrow\neg E，C，D，E\}\vdash\neg D$

根据 (1)，(2) 用反证律可得 $\{\neg(C\rightarrow\neg D)\rightarrow\neg E，C，D\}\vdash\neg E$

下面是 $\{\neg(C\rightarrow\neg D)\rightarrow\neg E，C，D，E\}\vdash\neg D$ 的证明过程：

(1) $\neg(C\rightarrow\neg D)\rightarrow\neg E$ 假设

(2) $(\neg(C\rightarrow\neg D)\rightarrow\neg E)\rightarrow(E\rightarrow(C\rightarrow\neg D))$ 公理 7.1.3

(3) $E\rightarrow(C\rightarrow\neg D)$ (1)，(2)，MP

(4) E 假设

(5) $C\rightarrow\neg D$ (3)，(4)，MP

(6) C 假设

(7) $\neg D$ (5)，(6)，MP

于是有：

(1) $(\neg(C\rightarrow\neg D)\rightarrow\neg E)\rightarrow(C\rightarrow\neg\neg(D\rightarrow\neg E))$ 已证

(2) $((\neg(C\rightarrow\neg D)\rightarrow\neg E)\rightarrow(C\rightarrow\neg\neg(D\rightarrow\neg E)))\rightarrow(\neg(C\rightarrow\neg\neg(D\rightarrow\neg E))\rightarrow\neg$

$(\neg(C\to\neg D)\to\neg E))$ 换位律

(3) $\neg(C\to\neg\neg(D\to\neg E))\to\neg(\neg(C\to\neg D)\to\neg E)$ (1), (2), MP

因而, $\neg(\neg(C\to\neg D)\to\neg E)\to\neg(C\to\neg\neg(D\to\neg E))$ 和 $\neg(C\to\neg\neg(D\to\neg E))\to$ $\neg(\neg(C\to\neg D)\to\neg E)$ 由公理7.1.17可得 $\neg(\neg(C\to\neg D)\to\neg E)\leftrightarrow\neg(C\to\neg\neg(D\to$ $\neg E))$。

第二,要证明 $(C\sqcup D)\sqcup E\leftrightarrow C\sqcup(D\sqcup E)$, 也就是要证明 $(\neg(\neg C\to D)\to$ $E)\leftrightarrow(\neg C\to(\neg D\to E))$。

首先证明 $(\neg(\neg C\to D)\to E)\to(\neg C\to(\neg D\to E))$, 下面是证明过程:

根据演绎定理可得, 只用证明 $\{\neg(\neg C\to D)\to E\}\vdash\neg C\to(\neg D\to E)$, 再用两次演绎定理可得, 只用证明 $\{\neg(\neg C\to D)\to E, \neg C, \neg D\}\vdash E$, 把 $\neg E$ 作为新假设, 于是有:

(1) $\{\neg(\neg C\to D)\to E, \neg C, \neg D, \neg E\}\vdash D$

(2) $\{\neg(\neg C\to D)\to E, \neg C, \neg D, \neg E\}\vdash\neg D$

根据 (1)(2) 用反证律可得 $\{\neg(\neg C\to D)\to E, \neg C, \neg D\}\vdash E$。

下面是 $\{\neg(\neg C\to D)\to E, \neg C, \neg D, \neg E\}\vdash D$ 的证明过程:

(1) $\neg(\neg C\to D)\to E$ 假设

(2) $E\to\neg\neg E$ 双重否定律

(3) $\neg(\neg C\to D)\to\neg\neg E$ (1), (2), 公理7.1.18

(4) $(\neg(\neg C\to D)\to\neg\neg E)\to(\neg E\to(\neg C\to D))$ 公理7.1.3

(5) $\neg E\to(\neg C\to D)$ (3), (4), MP

(6) $\neg E$ 假设

(7) $\neg C\to D$ (5), (6), MP

(8) $\neg C$ 假设

(9) D (7), (8), MP

再证明 $(\neg C\to(\neg D\to E))\to(\neg(\neg C\to D)\to E)$, 下面是证明过程。

根据演绎定理, 只用证明 $\{\neg C\to(\neg D\to E)\}\vdash\neg(\neg C\to D)\to E$ ①

由换位律可知 $(\neg(\neg C\to D)\to E)\to(\neg E\to\neg\neg(\neg C\to D))$ ②

由①②用公理7.1.18可得, 只用证明 $\{\neg C\to(\neg D\to E)\}\vdash\neg E\to\neg\neg(\neg C\to D)$ ③

而由双重否定律可知 $\neg\neg(\neg C\to D)\to(\neg C\to D)$ ④

再由③④用公理7.1.18可得, 只用证明 $\{\neg C\to(\neg D\to E)\}\vdash\neg E\to(\neg C\to D)$, 两次用演绎定理可得, 只用证明 $\{\neg C\to(\neg D\to E), \neg E, \neg C\}\vdash D$, 下面是 $\{\neg C\to(\neg D\to E), \neg E, \neg C\}\vdash D$ 的证明过程。

把 $\neg D$ 作为新假设, 于是有:

(1) $\{\neg C\to(\neg D\to E), \neg E, \neg C, \neg D\}\vdash E$

(2) $\{\neg C\to(\neg D\to E), \neg E, \neg C, \neg D\}\vdash\neg E$

由（1）（2）用反证律可得 $\{\neg C \to (\neg D \to E), \neg E, \neg C\} \vdash D$。

下面是 $\{\neg C \to (\neg D \to E), \neg E, \neg C, \neg D\} \vdash E$ 的证明过程：

(1) $\neg C$ 假设

(2) $\neg C \to (\neg D \to E)$ 假设

(3) $\neg D \to E$ (1)，(2)，MP

(4) $\neg D$ 假设

(5) E (3)，(4)，MP

于是，$(\neg(\neg C \to D) \to E) \to (\neg C \to (\neg D \to E))$ 和 $(\neg C \to (\neg D \to E)) \to (\neg(\neg C \to D) \to E)$ 由公理 7.1.17 可得 $(\neg(\neg C \to D) \to E) \leftrightarrow (\neg C \to (\neg D \to E))$。

证毕。

性质 7.2.4 分配律：

(1) $C \sqcup (D \sqcap E) \leftrightarrow (C \sqcup D) \sqcap (C \sqcup E)$

(2) $C \sqcap (D \sqcup E) \leftrightarrow (C \sqcap D) \sqcup (C \sqcap E)$

证明：

第一，要证明 $C \sqcup (D \sqcap E) \leftrightarrow (C \sqcup D) \sqcap (C \sqcup E)$，也就是要证明 $(\neg C \to \neg(D \to \neg E)) \leftrightarrow \neg((\neg C \to D) \to \neg(\neg C \to E))$。

首先证明 $(\neg C \to \neg(D \to \neg E)) \to ((\neg C \to D) \to \neg(\neg C \to E))$，下面是证明过程：

根据演绎定理，只用证明 $\{\neg C \to \neg(D \to \neg E)\} \vdash \neg((\neg C \to D) \to \neg(\neg C \to E))$。

(1) 由命题 7.2.5 可知 $(\neg((\neg C \to D) \to \neg(\neg C \to E))) \to (\neg(\neg C \to E) \to (\neg C \to D))$；

(2) 由（1）（2）用公理 7.1.18 可得，只用证明 $\{\neg C \to \neg(D \to \neg E)\} \vdash \neg(\neg C \to E) \to (\neg C \to D)$；

由换位律可知 $(\neg(\neg C \to E) \to (\neg C \to D)) \to (\neg(\neg C \to D) \to \neg\neg(\neg C \to E))$。

由公理 7.1.18 可得，只用证明 $\{\neg C \to \neg(D \to \neg E)\} \vdash \neg(\neg C \to D) \to \neg\neg(\neg C \to E)$。

由演绎定理得，只用证明 $\{\neg C \to \neg(D \to \neg E), \neg(\neg C \to D)\} \vdash \neg\neg(\neg C \to E)$。

由双重否定律可知 $\neg\neg(\neg C \to E) \to (\neg C \to E)$，于是只用证明 $\{\neg C \to \neg(D \to \neg E), \neg(\neg C \to D)\} \vdash \neg C \to E$。

由演绎定理，只用证明 $\{\neg C \to \neg(D \to \neg E), \neg(\neg C \to D), \neg C\} \vdash E$，下面是 $\{\neg C \to \neg(D \to \neg E), \neg(\neg C \to D), \neg C\} \vdash E$ 的证明过程：

把 $\neg E$ 作为新假设，于是有：

(1) $\{\neg C \to \neg(D \to \neg E), \neg(\neg C \to D), \neg C, \neg E\} \vdash D$

(2) $\{\neg C \to \neg(D \to \neg E), \neg(\neg C \to D), \neg C, \neg E\} \vdash \neg D$

由（1），（2）用反证律可得 $\{\neg C \to \neg(D \to \neg E), \neg(\neg C \to D), \neg C\} \vdash E$。

下面是 $\{\neg C \to \neg(D \to \neg E), \neg(\neg C \to D), \neg C, \neg E\} \vdash D$ 的证明过程：

(1) $\neg C \rightarrow \neg (D \rightarrow \neg E)$　　　　　　　　　　　　　　　假设

(2) $\neg (D \rightarrow \neg E) \rightarrow (\neg E \rightarrow D)$　　　　　　　　　　命题 7.2.5

(3) $\neg C \rightarrow (\neg E \rightarrow D)$　　　　　　　　　(1)，(2)，公理 7.1.18

(4) $\neg C$　　　　　　　　　　　　　　　　　　　假设

(5) $\neg E \rightarrow D$　　　　　　　　　　　　　(3)，(4)，MP

(6) $\neg E$　　　　　　　　　　　　　　　　　　假设

(7) D　　　　　　　　　　　　　　　(5)，(6)，MP

下面是 $\{\neg C \rightarrow \neg (D \rightarrow \neg E)，\neg(\neg C \rightarrow D)，\neg C，\neg E\} \vdash \neg D$ 的证明过程：

(1) $\neg(\neg C \rightarrow D)$　　　　　　　　　　　　　　　假设

(2) $\neg(\neg C \rightarrow D) \rightarrow \neg D$　　　　　　　　　　命题 7.2.6

(3) $\neg D$　　　　　　　　　　　　　　(1)，(2)，MP

再证明 $\neg((\neg C \rightarrow D) \rightarrow \neg(\neg C \rightarrow E)) \rightarrow (\neg C \rightarrow \neg (D \rightarrow \neg E))$，下面是证明过程：

根据演绎定理可得，只用证明 $\{\neg((\neg C \rightarrow D) \rightarrow \neg(\neg C \rightarrow E))\} \vdash \neg C \rightarrow \neg (D \rightarrow \neg E)$，

再根据演绎定理，只用证明 $\{\neg((\neg C \rightarrow D) \rightarrow \neg(\neg C \rightarrow E))，\neg C\} \vdash \neg(D \rightarrow \neg E)$，

由命题 7.2.5 可知 $\neg(D \rightarrow \neg E) \rightarrow (\neg E \rightarrow D)$。

由公理 7.1.18 可得，只用证明 $\{\neg((\neg C \rightarrow D) \rightarrow \neg(\neg C \rightarrow E))，\neg C\} \vdash \neg E \rightarrow D$。

根据演绎定理，只用证明 $\{\neg((\neg C \rightarrow D) \rightarrow \neg(\neg C \rightarrow E))，\neg C，\neg E\} \vdash D$，下面是证明过程：

(1) $\neg((\neg C \rightarrow D) \rightarrow \neg(\neg C \rightarrow E))$　　　　　　　　　假设

(2) $\neg((\neg C \rightarrow D) \rightarrow \neg(\neg C \rightarrow E)) \rightarrow (\neg(\neg C \rightarrow E) \rightarrow (\neg C \rightarrow D))$

　　　　　　　　　　　　　　　　　　　　　　　　命题 7.2.5

(3) $\neg(\neg C \rightarrow E) \rightarrow (\neg C \rightarrow D)$　　　　　　　　(1)，(2)，MP

(4) $(\neg(\neg C \rightarrow E) \rightarrow (\neg C \rightarrow D)) \rightarrow (\neg(\neg C \rightarrow D) \rightarrow \neg\neg(\neg C \rightarrow E))$

　　　　　　　　　　　　　　　　　　　　　　　　换位律

(5) $\neg(\neg C \rightarrow D) \rightarrow \neg\neg(\neg C \rightarrow E)$　　　　　(3)，(4)，MP

(6) $\neg\neg(\neg C \rightarrow E) \rightarrow (\neg C \rightarrow E)$　　　　　　双重否定律

(7) $\neg(\neg C \rightarrow D) \rightarrow (\neg C \rightarrow E)$　　　　　(5)，(6)，公理 7.1.18

(8) $(\neg(\neg C \rightarrow D) \rightarrow (\neg C \rightarrow E)) \rightarrow ((\neg(\neg C \rightarrow D) \rightarrow \neg C) \rightarrow (\neg(\neg C \rightarrow D) \rightarrow E))$

　　　　　　　　　　　　　　　　　　　　　　　　公理 7.1.2

(9) $(\neg(\neg C \rightarrow D) \rightarrow \neg C) \rightarrow (\neg(\neg C \rightarrow D) \rightarrow E)$　　(7)，(8)，MP

(10) $\neg(\neg C \rightarrow D) \rightarrow \neg C$　　　　　　　　　　命题 7.2.7

(11) $\neg(\neg C \rightarrow D) \rightarrow E$　　　　　　　　　(9)，(10)，MP

(12) $(\neg(\neg C \rightarrow D) \rightarrow E) \rightarrow (\neg E \rightarrow \neg\neg(\neg C \rightarrow D))$　　　　换位律

(13) ¬E→¬¬(¬C→D)	(11)，(12)，MP
(14) ¬E	假设
(15) ¬¬(¬C→D)	(13)，(14)，MP
(16) ¬¬(¬C→D)→(¬C→D)	双重否定律
(17) ¬C→D	(15)，(16)，MP
(18) ¬C	假设
(19) D	(17)，(18)，MP

于是，(¬C→¬(D→¬E))→¬((¬C→D)→¬(¬C→E)) 和 ((¬C→D)→¬(¬C→E))→(¬C→¬(D→¬E)) 由公理 7.1.17 可得 (¬C→¬(D→¬E))↔¬((¬C→D)→¬(¬C→E))。

第二，C⊓(D⊔E)↔(C⊓D)⊔(C⊓E)。

要证明 C⊓(D⊔E)↔(C⊓D)⊔(C⊓E)，也就是要证明¬(C→¬(¬D→E))↔(¬¬(C→¬D)→¬(C→¬E))。

首先证明¬(C→¬(¬D→E))→ (¬¬(C→¬D)→¬(C→¬E))，下面是证明过程：

先证明¬(¬¬(C→¬D)→¬(C→¬E))→¬¬(C→¬(¬D→E))。

根据演绎定理，只用证明 {¬(¬¬(C→¬D)→¬(C→¬E))}├¬¬(C→¬(¬D→E))。

(1) 由双重否定律可知¬¬(C→¬(¬D→E))→(C→¬(¬D→E))。

(2) 由 (1) (2) 用公理 7.1.18 可得，只用证明 {¬(¬¬(C→¬D)→¬(C→¬E))}├C→¬(¬D→E)。

根据演绎定理，只用证明 {¬(¬¬(C→¬D)→¬(C→¬E))，C}├¬(¬D→E)。

再由命题 7.2.5 可得，¬(¬D→E)→(E→¬D)。

用公理 7.1.18 可得只用证明 {¬(¬¬(C→¬D)→¬(C→¬E))，C}├E→¬D。

由演绎定理，只用证明 {¬(¬¬(C→¬D)→¬(C→¬E))，C，E}├¬D。

把 D 作为新假设，于是有：

(1) {¬(¬¬(C→¬D)→¬(C→¬E))，C，E，D}├E

(2) {¬(¬¬(C→¬D)→¬(C→¬E))，C，E，D}├¬E

由 (1) (2) 用归谬律可得 {¬(¬¬(C→¬D)→¬(C→¬E))，C，E}├¬D。

下面是 {¬(¬¬(C→¬D)→¬(C→¬E))，C，E，D}├¬E 的证明过程：

(1) ¬(¬¬(C→¬D)→¬(C→¬E))	假设
(2) ¬(¬¬(C→¬D)→¬(C→¬E))→(¬(C→¬E)→¬¬(C→¬D))	
	命题 7.2.5
(3) ¬(C→¬E)→¬¬(C→¬D)	(1)，(2)，MP

(4) $\neg\neg(C\to\neg D)\to(C\to\neg D)$　　　　　　　　双重否定律

(5) $\neg(C\to\neg E)\to(C\to\neg D)$　　　　　　　(3)，(4)，公理 7.1.18

(6) $(\neg(C\to\neg E)\to(C\to\neg D))\to((\neg(C\to\neg E)\to C)\to(\neg(C\to\neg E)\to\neg D))$

　　　　　　　　　　　　　　　　　　　　公理 7.1.2

(7) $(\neg(C\to\neg E)\to C)\to(\neg(C\to\neg E)\to\neg D)$　　(5)，(6)，MP

(8) $\neg(C\to\neg E)\to C$　　　　　　　　　　　　命题 7.2.7

(9) $\neg(C\to\neg E)\to\neg D$　　　　　　　　　　(7)，(8)，MP

(10) $(\neg(C\to\neg E)\to\neg D)\to(D\to(C\to\neg E))$　公理 7.1.3

(11) $D\to(C\to\neg E)$　　　　　　　　　　　　　(9)，(10)，MP

(12) D　　　　　　　　　　　　　　　　　　　　假设

(13) $C\to\neg E$　　　　　　　　　　　　　　　(11)，(12)，MP

(14) C　　　　　　　　　　　　　　　　　　　　假设

(15) $\neg E$　　　　　　　　　　　　　　　　　(13)，(14)，MP

于是有：

(1) $\neg(\neg\neg(C\to\neg D)\to\neg(C\to\neg E))\to\neg\neg(C\to\neg(\neg D\to E))$　　已证

(2) $(\neg(\neg\neg(C\to\neg D)\to\neg(C\to\neg E))\to\neg\neg(C\to\neg(\neg D\to E)))\to(\neg(C\to\neg(\neg D\to E))\to\neg(\neg\neg(C\to\neg D)\to\neg(C\to\neg E)))$　　　　　　　　　　公理 7.1.3

(3) $\neg(C\to\neg(\neg D\to E))\to(\neg\neg(C\to\neg D)\to\neg(C\to\neg E))$　(1)，(2)，MP

再证明 $(\neg\neg(C\to\neg D)\to\neg(C\to\neg E))\to(C\to\neg(\neg D\to E))$，下面是证明过程：

根据演绎定理，只用证明 $\{\neg\neg(C\to\neg D)\to\neg(C\to\neg E)\}\vdash\neg(C\to\neg(\neg D\to E))$，而根据命题 7.2.5 可知 $\neg(C\to\neg(\neg D\to E))\to(\neg(\neg D\to E)\to C)$，由公理 7.1.18，只用证明 $\{\neg\neg(C\to\neg D)\to\neg(C\to\neg E)\}\vdash\neg(\neg D\to E)\to C$，再一次根据演绎定理，只用证明 $\{\neg\neg(C\to\neg D)\to\neg(C\to\neg E),\neg(\neg D\to E)\}\vdash C$。于是把 $\neg C$ 作为新假设有：

(1) $\{\neg\neg(C\to\neg D)\to\neg(C\to\neg E),\neg(\neg D\to E),\neg C\}\vdash E$

(2) $\{\neg\neg(C\to\neg D)\to\neg(C\to\neg E),\neg(\neg D\to E),\neg C\}\vdash\neg E$

由 (1)，(2) 用反证律可得 $\{\neg\neg(C\to\neg D)\to\neg(C\to\neg E),\neg(\neg D\to E)\}\vdash C$。

下面是 $\{\neg\neg(C\to\neg D)\to\neg(C\to\neg E),\neg(\neg D\to E),\neg C\}\vdash E$ 的证明过程：

(1) $(C\to\neg D)\to\neg\neg(C\to\neg D)$　　　　　　双重否定律

(2) $\neg\neg(C\to\neg D)\to\neg(C\to\neg E)$　　　　　　假设

(3) $(C\to\neg D)\to\neg(C\to\neg E)$　　　　　(1)，(2)，公理 7.1.18

(4) $\neg C\to(C\to\neg D)$　　　　　　　　　　　命题 7.2.2

(5) $\neg C$　　　　　　　　　　　　　　　　　　　假设

(6) $(C\to\neg D)$　　　　　　　　　　　　　　(4)，(5)，MP

本体方法及其应用

(7) $\neg(C\rightarrow\neg E)$ (3)，(6)，MP

(8) $\neg(C\rightarrow\neg E)\rightarrow\neg\neg E$ 命题 7.2.6

(9) $\neg\neg E$ (7)，(8)，MP

(10) $\neg\neg E\rightarrow E$ 双重否定律

(11) E (9)，(10)，MP

下面是 $\{\neg\neg(C\rightarrow\neg D)\rightarrow\neg(C\rightarrow\neg E),\ \neg(\neg D\rightarrow E),\ \neg C\}\vdash\neg E$ 的证明过程：

(1) $\neg(\neg D\rightarrow E)$ 假设

(2) $\neg(\neg D\rightarrow E)\rightarrow\neg E$ 命题 7.2.6

(3) $\neg E$ (1)，(2)，MP

于是，$\neg(C\rightarrow\neg(\neg D\rightarrow E))\rightarrow(\neg\neg(C\rightarrow\neg D)\rightarrow\neg(C\rightarrow\neg E))$ 和 $(\neg\neg(C\rightarrow\neg D)\rightarrow\neg(C\rightarrow\neg E))\rightarrow\neg(C\rightarrow\neg(\neg D\rightarrow E))$ 由公理 7.1.17 可得 $\neg(C\rightarrow\neg(\neg D\rightarrow E))\leftrightarrow(\neg\neg(C\rightarrow\neg D)\rightarrow\neg(C\rightarrow\neg E))$。

证毕。

性质 7.2.5 同一律：

(1) $C\sqcup\bot\leftrightarrow C$

(2) $C\sqcap\top\leftrightarrow C$

证明：

(1) 由于 $\bot$ 表示空概念，$\sqcup$ 表示概念的并，要证明 $C\sqcup\bot\leftrightarrow C$，也就是要证明 $C\leftrightarrow C$，即要证明 $C\rightarrow C$，这就是命题 7.2.1；

(2) 由于 $\top$ 表示全概念，$\sqcap$ 表示概念的交，要证明 $C\sqcap\top\leftrightarrow C$，也就是要证明 $C\leftrightarrow C$，即要证明 $C\rightarrow C$，这就是命题 7.2.1。

证毕。

性质 7.2.6

(1) $C\sqcup\top\leftrightarrow\top$

(2) $C\sqcap\bot\leftrightarrow\bot$

证明：

(1) 由于 $\top$ 表示全概念，$\sqcup$ 表示概念的并，要证明 $C\sqcup\top\leftrightarrow\top$，也就是要证明 $\top\leftrightarrow\top$，即要证明 $\top\rightarrow\top$，这就是命题 7.2.1；

(2) 由于 $\bot$ 表示空概念，$\sqcap$ 表示概念的交，要证明 $C\sqcap\bot\leftrightarrow\bot$，也就是要证明 $\bot\leftrightarrow\bot$，即要证明 $\bot\rightarrow\bot$，这就是命题 7.2.1。

证毕。

性质 7.2.7 排中律：$\neg C\sqcup C\leftrightarrow\top$

证明：要证明 $\neg C\sqcup C\leftrightarrow\top$，也就是要证明 $\vdash\neg C\sqcup C$，

$\vdash\neg C\sqcup C$，这就是双重否定 $\neg\neg C\rightarrow C$。

证毕。

性质 7.2.8 　矛盾律：$C \sqcap \neg C \leftrightarrow \bot$

证明：要证明 $C \sqcap \neg C \leftrightarrow \bot$，也就是要证明 $\vdash \neg(C \sqcap \neg C)$。

由定义 $\sqcap$，要证明 $\vdash \neg(C \sqcap \neg C)$ 就是要证明 $\vdash \neg\neg(C \to \neg C)$，下面是 $\vdash \neg\neg$ $(C \to \neg C)$ 的证明过程：

(1) $C \to \neg\neg C$	双重否定律
(2) $(C \to \neg\neg C) \to \neg\neg(C \to \neg\neg C)$	双重否定律
(3) $\neg\neg(C \to \neg\neg C)$	(1)，(2)，MP

　　　　证毕。

性质 7.2.9 　吸收律：

(1) $C \sqcup (C \sqcap D) \leftrightarrow C$

(2) $C \sqcap (C \sqcup D) \leftrightarrow C$

证明：

(1) 下面是 $C \sqcup (C \sqcap D) \leftrightarrow C$ 的证明过程：

$C \sqcup (C \sqcap D) \leftrightarrow (C \sqcap \top) \sqcup (C \sqcap D)$	同一律
$\leftrightarrow C \sqcap (\top \sqcup D)$	分配律
$\leftrightarrow C \sqcap \top$	性质 7.2.6
$\leftrightarrow C$	同一律

(2) 下面是 $C \sqcap (C \sqcup D) \leftrightarrow C$ 的一个证明过程：

$C \sqcap (C \sqcup D) \leftrightarrow (C \sqcap C) \sqcup (C \sqcap D)$	分配律
$\leftrightarrow C \sqcup (C \sqcap D)$	幂等律
$\leftrightarrow (C \sqcap \top) \sqcup (C \sqcap D)$	同一律
$\leftrightarrow C \sqcap (\top \sqcup D)$	分配律
$\leftrightarrow C \sqcap \top$	性质 7.2.6
$\leftrightarrow C$	同一律

　　　　证毕。

性质 7.2.10 　De. Morgan 律：

(1) $\neg(C \sqcap D) \leftrightarrow \neg C \sqcup \neg D$

(2) $\neg(C \sqcup D) \leftrightarrow \neg C \sqcap \neg D$

证明：

第一，要证明 $\neg(C \sqcap D) \leftrightarrow \neg C \sqcup \neg D$，也就是要证明 $\neg\neg(C \to \neg D) \leftrightarrow (\neg\neg C \to \neg D)$，首先证明 $\neg\neg(C \to \neg D) \to (\neg\neg C \to \neg D)$。

根据演绎定理，只用证明 $\{\neg\neg(C \to \neg D)\} \vdash \neg\neg C \to \neg D$，再一次根据演绎定理，只用证明 $\{\neg\neg(C \to \neg D), \neg\neg C\} \vdash \neg D$，下面是所要的证明过程：

(1) $\neg\neg C$	假设
(2) $\neg\neg C \to C$	双重否定律

(3) C (1)，(2)，MP

(4) $\neg\neg(C\rightarrow\neg D)$ 假设

(5) $\neg\neg(C\rightarrow\neg D)\rightarrow(C\rightarrow\neg D)$ 双重否定律

(6) $C\rightarrow\neg D$ (4)，(5)，MP

(7) $\neg D$ (3)，(6)，MP

再证明 $(\neg\neg C\rightarrow\neg D)\rightarrow\neg\neg(C\rightarrow\neg D)$，

根据演绎定理，只用证明 $\{\neg\neg C\rightarrow\neg D\}\vdash\neg\neg(C\rightarrow\neg D)$，证明如下：

(1) $C\rightarrow\neg\neg C$ 双重否定律

(2) $\neg\neg C\rightarrow\neg D$ 假设

(3) $C\rightarrow\neg D$ (1)，(2)，公理 7.1.18

(4) $(C\rightarrow\neg D)\rightarrow\neg\neg(C\rightarrow\neg D)$ 双重否定律

(5) $\neg\neg(C\rightarrow\neg D)$ (3)，(4)，MP

于是，$\neg\neg(C\rightarrow\neg D)\rightarrow(\neg\neg C\rightarrow\neg D)$ 和 $(\neg\neg C\rightarrow\neg D)\rightarrow\neg\neg(C\rightarrow\neg D)$ 由公理 7.1.17 可得 $\neg\neg(C\rightarrow\neg D)\leftrightarrow(\neg\neg C\rightarrow\neg D)$。

第二，要证明 $\neg(C\sqcup D)\leftrightarrow\neg C\sqcap\neg D$，也就是要证明 $\neg(\neg C\rightarrow D)\leftrightarrow\neg(\neg C\rightarrow\neg\neg D)$，

首先证明 $\neg(\neg C\rightarrow D)\rightarrow\neg(\neg C\rightarrow\neg\neg D)$，

根据演绎定理，只用证明 $\{\neg(\neg C\rightarrow D)\}\vdash\neg(\neg C\rightarrow\neg\neg D)$，把 $\neg C\rightarrow\neg\neg D$ 作为新假设，于是有：

(1) $\{\neg(\neg C\rightarrow D)，\neg C\rightarrow\neg\neg D\}\vdash\neg C\rightarrow D$

(2) $\{\neg(\neg C\rightarrow D)，\neg C\rightarrow\neg\neg D\}\vdash\neg(\neg C\rightarrow D)$

由 (1)，(2) 用归谬律可得 $\{\neg(\neg C\rightarrow D)\}\vdash\neg(\neg C\rightarrow\neg\neg D)$

下面是 $\{\neg(\neg C\rightarrow D)，\neg C\rightarrow\neg\neg D\}\vdash\neg C\rightarrow D$ 的证明过程：

(1) $\neg C\rightarrow\neg\neg D$ 假设

(2) $\neg\neg D\rightarrow D$ 双重否定律

(3) $\neg C\rightarrow D$ (1)，(2)，公理 7.1.18

再证明 $\neg(\neg C\rightarrow\neg\neg D)\rightarrow\neg(\neg C\rightarrow D)$，

根据演绎定理，只用证明 $\{\neg(\neg C\rightarrow\neg\neg D)\}\vdash\neg(\neg C\rightarrow D)$，把 $\neg C\rightarrow D$ 作为新假设，于是有：

(1) $\{\neg(\neg C\rightarrow\neg\neg D)，\neg C\rightarrow D\}\vdash\neg C\rightarrow\neg\neg D$

(2) $\{\neg(\neg C\rightarrow\neg\neg D)，\neg C\rightarrow D\}\vdash\neg(\neg C\rightarrow\neg\neg D)$

由 (1) (2) 用归谬律可得 $\{\neg(\neg C\rightarrow\neg\neg D)\}\vdash\neg(\neg C\rightarrow D)$

下面是 $\{\neg(\neg C\rightarrow\neg\neg D)，\neg C\rightarrow D\}\vdash\neg C\rightarrow\neg\neg D$ 的证明过程：

(1) $\neg C\rightarrow D$ 假设

(2) $D\rightarrow\neg\neg D$ 双重否定律

(3) $\neg C \rightarrow \neg D$ 　　　　　　　　　　　(1)，(2)，公理 7.1.18

于是，$\neg\neg(C\rightarrow\neg D)\rightarrow(\neg\neg C\rightarrow\neg D)$ 和 $\neg(\neg C\rightarrow\neg\neg D)\rightarrow\neg(\neg C\rightarrow D)$ 由公理 7.1.17 可得 $\neg(\neg C\rightarrow D)\leftrightarrow\neg(\neg C\rightarrow\neg\neg D)$。

证毕。

性质 7.2.11　余补律：

(1) $\neg\bot\leftrightarrow\top$

(2) $\neg\top\leftrightarrow\bot$

证明：

(1) 由于 $\bot$ 表示空概念，$\top$ 表示全概念，$\neg$ 表示否定，于是 $\neg\bot$ 与 $\top$ 等价；

(2) 由于 $\top$ 表示全概念，$\bot$ 表示空概念，$\neg$ 表示否定，于是 $\neg\top$ 与 $\bot$ 等价。

证毕。

命题 7.2.8　$\vdash\forall R.(C\sqcup D)\rightarrow\forall R.C\sqcup\forall R.D$

证明：根据演绎定理得，只用证明 $\{\forall R.(C\sqcup D)\}\vdash\forall R.C\sqcup\forall R.D$。

(1) $\forall R.(C\sqcup D)$ 　　　　　　　　　　　假设

(2) $\neg\exists R.\neg(C\sqcup D)$ 　　　　　　　　定义 7.1.1

(3) $\neg\exists R.(\neg C\sqcap\neg D)$ 　　　　　　De. Morgan 律

(4) $\neg(\exists R.\neg C\sqcap\exists R.\neg D)$ 　　　公理 7.1.5

(5) $\neg\exists R.\neg C\sqcup\neg\exists R.\neg D$ 　　　De. Morgan 律

(6) $\forall R.C\sqcup\forall R.D$ 　　　　　　　　定义 7.1.1

证毕。

命题 7.2.9　$\vdash\forall R.(C\sqcap D)\rightarrow\forall R.C\sqcap\forall R.D$

证明：根据演绎定理得，只用证明 $\{\forall R.(C\sqcap D)\}\vdash\forall R.C\sqcap\forall R.D$。

(1) $\forall R.C\sqcap\forall R.D$ 　　　　　　　　假设

(2) $\neg\exists R.\neg C\sqcap\neg\exists R.\neg D$ 　　　定义 7.1.1

(3) $\neg(\exists R.\neg C\sqcup\exists R.\neg D)$ 　　　De. Morgan 律

(4) $\neg\exists R.(\neg C\sqcup\neg D)$ 　　　　　公理 7.1.4

(5) $\forall R.\neg(\neg C\sqcup\neg D)$ 　　　　　定义 7.1.1

(6) $\forall R.(C\sqcap D)$ 　　　　　　　　　De. Morgan 律

证毕。

命题 7.2.10　$\vdash\forall(R\circ S).C\leftrightarrow\forall R.\forall S.C$

证明：根据演绎定理，只用证明 $\{\forall(R\circ S).C\}\vdash\forall R.\forall S.C$ 和 $\{\forall R.\forall S.C\}\vdash\forall(R\circ S).C$。

首先，证明 $\{\forall(R\circ S).C\}\vdash\forall R.\forall S.C$。

(1) $\forall(R\circ S).C$ 　　　　　　　　　　　假设

(2) $\neg\exists(R\circ S).\neg C$ 　　　　　　　　定义 7.1.1

(3) ¬∃R.∃S.¬C	公理 7.1.7
(4) ¬∃R.¬∀S.C	定义 7.1.1
(5) ∀R.∀S.C	定义 7.1.1

其次，证明 {∀R.∀S.C}⊢∀(R∘S).C。

(1) ∀R.∀S.C	假设
(2) ¬∃R.¬∀S.C	定义 7.1.1
(3) ¬∃R.∃S.¬C	定义 7.1.1
(4) ¬∃(R∘S).¬C	公理 7.1.7
(5) ∀(R∘S).C	定义 7.1.1

证毕。

命题 7.2.11 ⊢∀R.C⊓∀S.C→∀(R⊔S).C

证明：根据演绎定理，只用证明 {∀R.C⊓∀S.C}⊢∀(R⊔S).C。

(1) ∀R.C⊓∀S.C	假设
(2) ¬∃R.¬C⊓¬∃S.¬C	定义 7.1.1
(3) ¬(∃R.¬C⊔∃S.¬C)	De. Morgan 律
(4) ¬∃(R⊔S).¬C	公理 7.1.8
(5) ∀(R⊔S).C	定义 7.1.1

证毕。

命题 7.2.12 ⊢∀R⁺.C↔∀R⁺.∀R.C

证明：根据演绎定理，只用证明 {∀R⁺.C}⊢∀R⁺.∀R.C 和 {∀R⁺.∀R.C}⊢∀R⁺.C。

首先，证明 {∀R⁺.C}⊢∀R.∀R⁺.C。

(1) ∀R⁺.C	假设
(2) ¬∃R⁺.¬C	定义 7.1.1
(3) ¬∃R⁺.∃R.¬C	公理 7.1.2
(4) ¬∃R⁺.¬∀R.C	定义 7.1.1
(5) ∀R⁺.∀R.C	定义 7.1.1

其次，证明 {∀R⁺.∀R.C}⊢∀R⁺.C。

(1) ∀R⁺.∀R.C	假设
(2) ¬∃R⁺.¬∀R.C	定义 7.1.1
(3) ¬∃R⁺.∃R.¬C	定义 7.1.1
(4) ¬∃R⁺.¬C	公理 7.1.18
(5) ∀R+.C	定义 7.1.1

证毕。

7.3　扩展描述逻辑 ALC⁺ 系统的可靠性和完全性

下面讨论 ALC⁺ 的语法推论和语义推论的关系，目的是建立起 ALC⁺ 的重要性质——语法推论和语义推论的一致性：$\Gamma \vdash C \Leftrightarrow \Gamma \vDash C$。

定理 7.3.1　ALC⁺ 中的所有公理都是有效式。

下面对所有公理进行证明。

公理 7.1.1　$\vdash C \rightarrow (D \rightarrow C)$

证明：要证明 $C \rightarrow (D \rightarrow C)$ 是有效式，只需证明它的等价式 $\neg C \sqcup (\neg D \sqcup C)$ 是有效式。

对任意解释 $\cdot^I$ 有

$$(\neg C \sqcup (\neg D \sqcup C))^I$$
$$= (\neg C)^I \bigcup (\neg D \sqcup C)^I$$
$$= (\Delta^I \setminus C^I) \bigcup (\neg D)^I \bigcup C^I$$
$$= (\Delta^I \setminus C^I) \bigcup (\Delta^I \setminus D^I) \bigcup C^I$$
$$= \Delta^I \bigcup (\Delta^I \setminus D^I)$$
$$= \Delta^I$$

于是，$\neg C \sqcup (\neg D \sqcup C)$ 是有效式。

所以，$\vDash \neg C \sqcup (\neg D \sqcup C)$。

$\vDash C \rightarrow (D \rightarrow C)$。

证毕。

公理 7.1.2　$\vdash (C \rightarrow (D \rightarrow E)) \rightarrow ((C \rightarrow D) \rightarrow (C \rightarrow E))$

证明：要证明 $(C \rightarrow (D \rightarrow E)) \rightarrow ((C \rightarrow D) \rightarrow (C \rightarrow E))$ 是有效式，只要证明它的等价式 $\neg(\neg C \sqcup (\neg D \sqcup E)) \sqcup (\neg(\neg C \sqcup D) \sqcup (\neg C \sqcup E))$ 是有效式。

对于任意解释 $\cdot^I$ 有

$$(\neg(\neg C \sqcup (\neg D \sqcup E)) \sqcup (\neg(\neg C \sqcup D) \sqcup (\neg C \sqcup E)))^I$$
$$= (\neg(\neg C \sqcup (\neg D \sqcup E)))^I \bigcup (\neg(\neg C \sqcup D \sqcup (\neg C \sqcup E))^I$$
$$= (\Delta^I \setminus (\neg C \sqcup (\neg D \sqcup E))^I) \bigcup (\neg(\neg C \sqcup D))^I \bigcup (\neg C \sqcup E)^I$$
$$= (\Delta^I \setminus ((\neg C)^I \bigcup (\neg D \sqcup E)^I)) \bigcup (\Delta^I \setminus (\neg C \sqcup D)^I \bigcup (\neg C)^I \bigcup E^I$$
$$= (\Delta^I \setminus ((\Delta^I \setminus C^I) \bigcup (\neg D)^I \bigcup E^I)) \bigcup (\Delta^I \setminus ((\neg C)^I \bigcup D^I)) \bigcup (\Delta^I \setminus C^I) \bigcup E^I$$
$$= (\Delta^I \setminus ((\Delta^I \setminus C^I) \bigcup (\Delta^I \setminus D^I) \bigcup E^I)) \bigcup (\Delta^I \setminus ((\Delta^I \setminus C^I) \bigcup D^I)) \bigcup (\Delta^I \setminus C^I) \bigcup E^I$$
$$= (C^I \bigcap D^I \bigcap (\Delta^I \setminus E^I)) \bigcup (C^I \bigcap (\Delta^I \setminus D^I)) \bigcup (\Delta^I \setminus C^I) \bigcup E^I$$
$$= (C^I \bigcup ((C^I \bigcap (\Delta^I \setminus D^I)) \bigcup (\Delta^I \setminus C^I) \bigcup E^I)) \bigcap (D^I \bigcup ((C^I \bigcap (\Delta^I \setminus D^I)) \bigcup (\Delta^I \setminus C^I) \bigcup E^I))$$

$\cap ((\Delta^I \setminus E^I) \cup ((C^I \cap (\Delta^I \setminus D^I)) \cup (\Delta^I \setminus C^I) \cup E^I))$

$= (C^I \cup (\Delta^I \setminus C^I)) \cup (C^I \cap (\Delta^I \setminus D^I) \cup E^I) \cap ((D^I \cup C^I \cup (\Delta^I \setminus C^I) \cup E^I) \cap$

$\quad (D^I \cup (\Delta^I \setminus D^I) \cup (\Delta^I \setminus C^I) \cup E^I)) \cap (((\Delta^I \setminus E^I) \cup C^I \cup (\Delta^I \setminus C^I) \cup E^I)$

$\quad \cap ((\Delta^I \setminus E^I) \cup (\Delta^I \setminus D^I) \cup (\Delta^I \setminus C^I) \cup E^I))$

$= (\Delta^I \cup (C^I \cap (\Delta^I \setminus D^I) \cup E^I)) \cap ((D^I \cup \Delta^I \cup E^I) \cap (\Delta^I \cup (\Delta^I \setminus C^I) \cup E^I))$

$\quad \cap ((\Delta^I \cup \Delta^I) \cap (\Delta^I \cup (\Delta^I \setminus D^I) \cup (\Delta^I \setminus C^I)))$

$= \Delta^I \cap (\Delta^I \cap \Delta^I) \cap (\Delta^I \cap \Delta^I)$

$= \Delta^I \cap \Delta^I \cap \Delta^I$

$= \Delta^I$

于是，$\neg(\neg C \sqcup (\neg D \sqcup E)) \sqcup (\neg(\neg C \sqcup D) \sqcup (\neg C \sqcup E))$ 是有效式。

所以，$\vdash \neg(\neg C \sqcup (\neg D \sqcup E)) \sqcup (\neg(\neg C \sqcup D) \sqcup (\neg C \sqcup E))$。

$\vdash (C \rightarrow (D \rightarrow E)) \rightarrow ((C \rightarrow D) \rightarrow (C \rightarrow E))$。

　　证毕。

公理 7.1.3　　$(\neg C \rightarrow \neg D) \rightarrow (D \rightarrow C)$

证明：要证明 $(\neg C \rightarrow \neg D) \rightarrow (D \rightarrow C)$ 是有效式，只需证明它的等价式 $\neg(C \sqcup_{\neg} D) \sqcup (\neg D \sqcup C)$ 是有效式。

对于任意解释 $\cdot^I$ 有

$(\neg(C \sqcup_{\neg} D) \sqcup (\neg D \sqcup C))^I$

$= (\neg(C \sqcup_{\neg} D))^I \cup (\neg D \sqcup C)^I$

$= (\Delta^I \setminus (C \sqcup_{\neg} D)^I) \cup (\neg D)^I \cup C^I$

$= (\Delta^I \setminus (C^I \cup (\Delta^I \setminus D^I))) \cup (\Delta^I \setminus D^I) \cup C^I$

$= ((\Delta^I \setminus C^I) \cap (\Delta^I / (\Delta^I \setminus D^I))) \cup (\Delta^I \setminus D^I) \cup C^I$

$= ((\Delta^I \setminus C^I) \cup (\Delta^I \setminus D^I) \cup C^I) \cap ((\Delta^I \setminus (\Delta^I \setminus D^I)) \cup (\Delta^I \setminus D^I) \cup C^I)$

$= \Delta^I \cap \Delta^I = \Delta^I$

于是，$\neg(C \sqcup_{\neg} D) \sqcup (\neg D \sqcup C)$ 是有效式

所以，$\vdash \neg(C \sqcup_{\neg} D) \sqcup (\neg D \sqcup C)$。

$\vdash (\neg C \rightarrow \neg D) \rightarrow (D \rightarrow C)$。

证毕。

公理 7.1.4　　$\exists R.(C \sqcup D) \leftrightarrow \exists R.C \sqcup \exists R.D$

证明：首先证明 $\exists R.(C \sqcup D) \rightarrow \exists R.C \sqcup \exists R.D$，

对任意解释 $\cdot^I$ 有

$(\exists R.(C \sqcup D))^I$

$= \{a \in \Delta^I \mid \exists b \text{ 使得 } (a, b) \in R^I \text{ 且 } b \in (C \sqcup D)^I\}$

$= \{a \in \Delta^I \mid \exists b \text{ 使得 } (a, b) \in R^I \text{ 且 } b \in C^I \cup D^I\}$

$= \{a \in \Delta^I \mid \exists b \text{ 使得 } (a, b) \in R^I \text{ 且 } b \in C^I \text{ 或者 } b \in D^I\}$

$= \{a \in \Delta^I \mid \exists b \text{ 使得 } (a, b) \in R^I \text{ 且 } b \in C^I, \text{ 或者该 } b \text{ 使得 } (a, b) \in R^I \text{ 且 } b \in D^I\}$

$= \{a \in \Delta^I \mid \exists b \text{ 使得 } (a, b) \in R^I \text{ 且 } b \in C^I\} \bigcup \{a \in \Delta^I \mid \exists b \text{ 使得 } (a, b) \in R^I \text{ 且 } b \in D^I\}$

$= (\exists R.C)^I \bigcup (\exists R.D)^I$

$= (\exists R.C \sqcup \exists R.D)^I$

因而 $\exists R.(C \sqcup D) \rightarrow \exists R.C \sqcup \exists R.D$。

再证明 $\exists R.C \sqcup \exists R.D \rightarrow \exists R.(C \sqcup D)$。

对任意解释 $\cdot^I$ 有

$(\exists R.C \sqcup \exists R.D)^I$

$= (\exists R.C)^I \bigcup (\exists R.D)^I$

$= \{a \in \Delta^I \mid \exists b \text{ 使得 } (a, b) \in R^I \text{ 且 } b \in C^I\} \bigcup \{a \in \Delta^I \mid \exists b \text{ 使得 } (a, b) \in R^I \text{ 且 } b \in D^I\}$

$= \{a \in \Delta^I \mid \exists b \text{ 使得 } (a, b) \in R^I \text{ 且 } b \in C^I, \text{ 或者 } \exists b \text{ 使得 } (a, b) \in R^I \text{ 且 } b \in D^I\}$

$= \{a \in \Delta^I \mid \exists b \text{ 使得 } (a, b) \in R^I \text{ 且 } b \in C^I \text{ 或者 } b \in D^I\}$

$= \{a \in \Delta^I \mid \exists b \text{ 使得 } (a, b) \in R^I \text{ 且 } b \in C^I \bigcup D^I\}$

$= \{a \in \Delta^I \mid \exists b \text{ 使得 } (a, b) \in R^I \text{ 且 } b \in (C \sqcup D)^I\}$

$= (\exists R.(C \sqcup D))^I$

所以，$\exists R.C \sqcup \exists R.D \rightarrow \exists R.(C \sqcup D)$。

$\vdash \exists R.(C \sqcup D) \leftrightarrow \exists R.C \sqcup \exists R.D$。

证毕。

公理 7.1.5　$\exists R.(C \sqcap D) \rightarrow \exists R.C \sqcap \exists R.D$

证明：对于任意解释 $\cdot^I$ 有

$(\exists R.(C \sqcap D))^I$

$= \{a \in \Delta^I \mid \exists b \text{ 使得 } (a, b) \in R^I \text{ 且 } b \in (C \sqcap D)^I\}$

$= \{a \in \Delta^I \mid \exists b \text{ 使得 } (a, b) \in R^I \text{ 且 } b \in C^I \bigcap D^I\}$

$= \{a \in \Delta^I \mid \exists b \text{ 使得 } (a, b) \in R^I \text{ 且 } b \in C^I \text{ 且 } b \in D^I\}$

$= \{a \in \Delta^I \mid \exists b \text{ 使得 } (a, b) \in R^I \text{ 且 } b \in C^I, \text{ 并且该 } b \text{ 使得 } (a, b) \in R^I \text{ 且 } b \in D^I\}$

$\subseteq \{a \in \Delta^I \mid \exists b \text{ 使得 } (a, b) \in R^I \text{ 且 } b \in C^I\} \bigcap \{a \in \Delta^I \mid \exists b \text{ 使得 } (a, b) \in R^I \text{ 且 } b \in D^I\}$

$= (\exists R.C)^I \bigcap (\exists R.D)^I$

$= (\exists R.C \sqcap \exists R.D)^I$

所以，$\vdash \exists R.(C \sqcap D) \rightarrow \exists R.C \sqcap \exists R.D$。

证毕。

公理 7.1.6　　$(\exists R.C \sqcap \forall R.D) \rightarrow \exists R.(C \sqcap D)$

证明：对于任意解释 $\cdot^I$ 有

$(\exists R.C \sqcap \forall R.D)^I$

$= (\exists R.C)^I \bigcap (\forall R.D)^I$

$= \{a \in \Delta^I \mid \exists b$ 使得 $(a,b) \in R^I$ 且 $b \in C^I\} \bigcap \{a \in \Delta^I \mid \forall b$ 使得 $(a,b) \in R^I$，则 $b \in D^I\}$

$\subseteq \{a \in \Delta^I \mid \exists b$ 使得 $(a,b) \in R^I$ 且 $b \in C^I$ 同时该 b 是 $\forall b$ 使得 $(a,b) \in R^I$ 则 $b \in D^I$ 中的一个$\}$

$= \{a \in \Delta^I \mid \exists b$ 使得 $(a,b) \in R^I$ 且 $b \in C^I$ 同时 $b \in D^I\}$

$= \{a \in \Delta^I \mid \exists b$ 使得 $(a,b) \in R^I$ 且 $b \in C^I \bigcap D^I\}$

$= \{a \in \Delta^I \mid \exists b$ 使得 $(a,b) \in R^I$ 且 $b \in (C \sqcap D)^I\}$

$= (\exists R.(C \sqcap D))^I$

所以，$\vdash (\exists R.C \sqcap \forall R.D) \rightarrow \exists R.(C \sqcap D)$。

　　证毕。

公理 7.1.7　　$\exists (R \circ S).C \leftrightarrow \exists R.\exists S.C$

证明：首先证明 $\exists (R \circ S).C \rightarrow \exists R.\exists S.C$。

对于任意解释 $\cdot^I$ 有

$(\exists (R \circ S).C)^I$

$= \{a \in \Delta^I \mid \exists c$ 使得 $(a,c) \in (R \circ S)^I$ 且 $c \in C^I\}$

$= \{a \in \Delta^I \mid \exists c$ 使得 $(a,c) \in \{(a,c) \in \Delta^I \times \Delta^I \mid \exists b$ 使得 $(a,b) \in R^I$ 且 $(b,c) \in S^+\}$ 且 $c \in C^I\}$

$= \{a \in \Delta^I \mid \exists c, \exists b$ 使得 $(a,b) \in R^I$ 且 $(b,c) \in S^I$，且 $c \in C^I\}$

$= \{a \in \Delta^I \mid \exists b$ 使得 $(a,b) \in R^I$ 且该 b 满足 $\exists c$ 使得 $(b,c) \in S^I$ 且 $c \in C^I\}$

$= \{a \in \Delta^I \mid \exists b$ 使得 $(a,b) \in R^I$ 且该 $b \in \{b \in \Delta^I \mid \exists c$ 使得 $(b,c) \in S^I$ 且 $c \in C^I\}\}$

$= \{a \in \Delta^I \mid \exists b$ 使得 $(a,b) \in R^I$ 且该 $b \in (\exists S.C)^I\}$

$= (\exists R.\exists S.C)^I$

因而，$\vdash \exists (R \circ S).C \rightarrow \exists R.\exists S.C$。

再证明 $\exists R.\exists S.C \rightarrow \exists (R \circ S).C$。

对于任意解释 $\cdot^I$ 有

$(\exists R.\exists S.C)^I$

$= \{a \in \Delta^I \mid \exists b$ 使得 $(a,b) \in R^I$ 且 $b \in (\exists S.C)^I\}$

$= \{a \in \Delta^I \mid \exists b$ 使得 $(a,b) \in R^I$ 且该 $b \in \{b \in \Delta^I \mid \exists c$ 使得 $(b,c) \in S^I$ 且 $c \in C^I\}\}$

$= \{a \in \Delta^I \mid \exists b$ 使得 $(a,b) \in R^I$ 且该 b 满足 $\exists c$ 使得 $(b,c) \in S^I$ 且 $c \in$

C^I}

$= \{a \in \Delta^I \mid \exists b, \exists c$ 使得 $(a, b) \in R^I$ 且 $(b, c) \in S^I$ 且 $c \in C^I\}$

$= \{a \in \Delta^I \mid \exists c, \exists b$ 使得 $(a, b) \in R^I$ 且 $(b, c) \in S^I$ 且 $c \in C^I\}$

$\Rightarrow$ 设 $(a, c) \in \Delta^I \times \Delta^I$, 于是, $\{a \in \Delta^I \mid \exists c, \exists b$ 使得 $(a, b) \in R^I$ 且 $(b, c) \in S^I$ 且 $c \in C^I\} = \{a \in \Delta^I \mid \exists c$ 使得 $(a, c) \in \{(a, c) \in \Delta^I \times \Delta^I \mid \exists b$ 使得 $(a, b) \in R^I$ 且 $(b, c) \in S^I\}$ 且 $c \in C^I\}$

$\Rightarrow$ 根据关系复合的语义得 $\{a \in \Delta^I \mid \exists c$ 使得 $(a, c) \in \{(a, c) \in \Delta^I \times \Delta^I \mid \exists b$ 使得 $(a, b) \in R^I$ 且 $(b, c) \in S^I\}$ 且 $c \in C^I\} = \{a \exists \Delta^I \mid \exists c$ 使得 $(a, c) \in (R \circ S)^I$ 且 $c \in C^I\}$

$= (\exists (R \circ S).C)^I$

因而, $\vdash \exists R. \exists S. C \rightarrow \exists (R \circ S). C$。

证毕。

公理 7.1.8 $\exists (R \sqcup S). C \leftrightarrow \exists R. C \sqcup \exists S. C$

证明: 首先证明 $\exists (R \sqcup S). C \rightarrow \exists R. C \sqcup \exists S. C$。

对于任意解释 $\cdot^I$ 有

$(\exists (R \sqcup S). C)^I$

$= \{a \in \Delta^I \mid \exists b$ 使得 $(a, b) \in (R \sqcup S)^I$ 且 $b \in C^I\}$

$= \{a \in \Delta^I \mid \exists b$ 使得 $(a, b) \in R^I \cup S^I$ 且 $b \in C^I\}$

$= \{a \in \Delta^I \mid \exists b$ 使得 $(a, b) \in R^I$ 或者 $(a, b) \in S^I$ 且 $b \in C^I\}$

$= \{a \in \Delta^I \mid \exists b$ 使得 $(a, b) \in R^I$ 且 $b \in C^I$, 或者该 b 使得 $(a, b) \in S^I$ 且 $b \in C^I\}$

$= \{a \in \Delta^I \mid \exists b$ 使得 $(a, b) \in R^I$ 且 $b \in C^I\} \cup \{a \in \Delta^I \mid \exists b$ 使得 $(a, b) \in S^I$ 且 $b \in C^I\}$

$= (\exists R. C)^I \cup (\exists S. C)^I$

$= (\exists R. C \sqcup \exists S. C)^I$

因而, $\vdash \exists (R \sqcup S). C \rightarrow \exists R. C \sqcup \exists S. C$。

再证明 $\exists R. C \sqcup \exists S. C \rightarrow \exists (R \sqcup S). C$。

对于任意解释 $\cdot^I$ 有

$(\exists R. C \sqcup \exists S. C)^I$

$= (\exists R. C)^I \cup (\exists S. C)^I$

$= \{a \in \Delta^I \mid \exists b$ 使得 $(a, b) \in R^I$ 且 $b \in C^I\} \cup \{a \in \Delta^I \mid \exists b$ 使得 $(a, b) \in S^I$ 且 $b \in C^I\}$

$= \{a \in \Delta^I \mid \exists b$ 使得 $(a, b) \in R^I$ 且 $b \in C^I$, 或者该 b 使得 $(a, b) \in S^I$ 且 $b \in C^I\}$

$= \{a \in \Delta^I \mid \exists b$ 使得 $(a, b) \in R^I$ 或者 $(a, b) \in S^I$ 且 $b \in C^I\}$

$= \{a \in \Delta^I \mid \exists b$ 使得 $(a, b) \in R^I \cup S^I$ 且 $b \in C^I\}$

$= \{a \in \Delta^I \mid \exists b$ 使得 $(a, b) \in (R \sqcup S)^I$ 且 $b \in C^I\}$

$= (\exists (R \sqcup S). C)^I$

因而，$\vdash \exists R. C \sqcup \exists S. C \to \exists (R \sqcup S). C$

证毕。

公理 7.1.9 $\exists R^+. C \leftrightarrow \exists R^+. \exists R. C$

证明：首先证明 $\exists R^+. C \to \exists R^+. \exists R. C$。

对于任意解释 $\cdot^I$ 有：

$(\exists R^+. C)^I$

$= \{a \in \Delta^I \mid \exists b$ 使得 $(a, b) \in (R^+)^I$ 且 $b \in C^I\}$

$= \{a \in \Delta^I \mid \exists b \in \Delta^I$ 使得 $(a, b) \in \{ (a, b) \in \Delta^I \times \Delta^I \mid \exists b_1, b_2, \cdots, b_n \in \Delta^I$ 使得 $(a, b_1) \in R^I, (b_1, b_2) \in R^I, \cdots, (b_n, b) \in R^I, (a, b) \in R^I\}$ 且 $b \in C^I\}$

$= \{a \in \Delta^I \mid \exists b_1, b_2, \cdots, b_n, b \in \Delta^I$ 使得 $(a, b_1) \in R^I, (b_1, b_2) \in R^I, \cdots, (b_n, b) \in R^I, (a, b) \in R^I$ 且 $b \in C^I\}$

$\Rightarrow$ 由于关系 R 是可传递的，于是 $\{a \in \Delta^I \mid \exists b_1, b_2, \cdots, b_n, b \in \Delta^I$ 使得 $(a, b_1) \in R^I, (b_1, b_2) \in R^I, \cdots, (b_n, b) \in R^I, (a, b) \in R^I$ 且 $b \in C^I\} = \{a \in \Delta^I \mid \exists b_1, b_2, \cdots, b_n \in \Delta^I$ 使得 $(a, b_1) \in R^I, (b_1, b_2) \in R^I, \cdots, (a, b_n) \in R^I, \exists b \in \Delta^I$ 使得 $(b_n, b) \in R^I$ 且 $b \in C^I\}$

$= \{a \in \Delta^I \mid \exists b_1, b_2, \cdots, b_n \in \Delta^I$ 使得 $(a, b_1) \in R^I, (b_1, b_2) \in R^I, \cdots, (a, b_n) \in R^I, b_n \in \{b_n \mid \exists b$ 使得 $(b_n, b) \in R^I$ 且 $b \in C^I\}\}$

$= \{a \in \Delta^I \mid \exists b_1, b_2, \cdots, b_n \in \Delta^I$ 使得 $(a, b_1) \in R^I, (b_1, b_2) \in R^I, \cdots, (a, b_n) \in R^I, b_n \in (\exists R. C)^I\}$

$= \{a \in \Delta^I \mid \exists b_n$ 使得 $(a, b_n) \in \{ (a, b_n) \mid \exists b_1, b_2, \cdots, \in \Delta^I$ 使得 $(a, b_1) \in R^I, (b_1, b_2) \in R^I, \cdots, (a, b_n) \in R^I, b_n \in (\exists R. C)^I\}$

$= \{a \in \Delta^I \mid \exists b_n$ 使得 $(a, b_n) \in (R^+)^I, b_n \in (\exists R. C)^I\}$

$= (\exists R^+. \exists R. C)$

因而，$\vdash \exists R^+. C \to \exists R^+. \exists R. C$。

再证明 $\exists R^+. \exists R. C \to \exists R^+. C$。

对于任意解释 $\cdot^I$ 有

$(\exists R^+. \exists R. C)^I$

$= \{a \in \Delta^I \mid \exists b$ 使得 $(a, b) \in (R^+)^I$ 且 $b \in (\exists R. C)^I\}$

$= \{a \in \Delta^I \mid \exists b$ 使得 $(a, b) \in \{ (a, b) \mid \exists b_1, b_2, \cdots, b_n \in \Delta^I$ 使得 $(a, b_1) \in R^I, (b_1, b_2) \in R^I, \cdots, (a, b) \in R^I, b \in (\exists R. C)^I\}$

$= \{a \in \Delta^I \mid \exists b$ 使得 $(a, b) \in \{ (a, b) \mid \exists b_1, b_2, \cdots, b_n \in \Delta^I$ 使得 $(a, b_1) \in R^I, (b_1, b_2) \in R^I, \cdots, (a, b) \in R^I\}, b \in \{b \mid \exists c \in \Delta^I$ 使得 $(b, c) \in R^I$

且 $c \in C^I$}}

⇒由于 R 是传递关系，于是 {$a \in \Delta^I$ | ∃b 使得 $(a, b) \in$ {(a, b) | ∃b_1, b_2, …, $b_n \in \Delta^I$ 使得 $(a, b_1) \in R^I$, $(b_1, b_2) \in R^I$, …, $(a, b) \in R^I$}, $b \in$ {b | ∃$c \in \Delta^I$ 使得 $(b, c) \in R^I$ 且 $c \in C^I$}} = {$a \in \Delta^I$ | ∃c 使得 $(a, c) \in$ {(a, c) | ∃b, b_1, b_2, …, $b_n \in \Delta^I$ 使得 $(a, b) \in R^I$, $(b, b_1) \in R^I$, …, $(a, c) \in R^I$}, 且 $c \in C^I$}

= {$a \in \Delta^I$ | ∃c 使得 $(a, c) \in (R^+)^I$, 且 $c \in C^I$}

= ($\exists R^+.C)^I$

因而，⊨$\exists R^+.\exists R.C \rightarrow \exists R^+.C$。

　　证毕。

公理 7.1.10　$\geqslant nR.(C \sqcup D) \rightarrow \geqslant nR.C \sqcup \geqslant nR.D$

证明：对于任意解释 $\cdot^I$ 有

$(\geqslant nR.(C \sqcup D))^I$

= {$a \in \Delta^I$ | ‖{$b \in \Delta^I$ | $(a, b) \in R^I$ 且 $b \in (C \sqcup D)^I$}‖ $\geqslant n$}

= {$a \in \Delta^I$ | ‖{$b \in \Delta^I$ | $(a, b) \in R^I$ 且 $b \in C^I \cup D^I$}‖ $\geqslant n$}

= {$a \in \Delta^I$ | ‖{$b \in \Delta^I$ | $(a, b) \in R^I$ 且 $b \in C^I$ 或者 $b \in D^I$}‖ $\geqslant n$}

⊆ {$a \in \Delta^I$ | ‖{$b \in \Delta^I$ | $(a, b) \in R^I$ 且 $b \in C^I$}‖ $\geqslant n$} $\cup$ {$a \in \Delta^I$ | ‖{$b \in \Delta^I$ | $(a, b) \in R^I$ 且 $b \in D^I$}‖ $\geqslant n$}

= $(\geqslant nR.C)^I \cup (\geqslant nR.D)^I$

= $(\geqslant nR.C \sqcup \geqslant nR.D)^I$

因而，⊨$\geqslant nR.C \sqcup \geqslant nR.D \rightarrow \geqslant nR.(C \sqcup D)$

　　证毕。

公理 7.1.11　$\geqslant nR.(C \sqcap D) \rightarrow \geqslant nR.C \sqcap \geqslant nR.D$

证明：对于任意解释 $\cdot^I$ 有

$(\geqslant nR.(C \sqcap D))^I$

= {$a \in \Delta^I$ | ‖{$b \in \Delta^I$ | $(a, b) \in R^I$ 且 $b \in (C \sqcap D)^I$}‖ $\geqslant n$}

= {$a \in \Delta^I$ | ‖{$b \in \Delta^I$ | $(a, b) \in R^I$ 且 $b \in C^I \cap D^I$}‖ $\geqslant n$}

= {$a \in \Delta^I$ | ‖{$b \in \Delta^I$ | $(a, b) \in R^I$ 且 $b \in C^I$ 同时 $b \in D^I$}‖ $\geqslant n$}

⊆ {$a \in \Delta^I$ | ‖{$b \in \Delta^I$ | $(a, b) \in R^I$ 且 $b \in C^I$}‖ $\geqslant n$ 同时要满足条件 ‖{$b \in \Delta^I$ | $(a, b) \in R^I$ 且 $b \in D^I$}‖ $\geqslant n$}

= {$a \in \Delta^I$ | ‖{$b \in \Delta^I$ | $(a, b) \in R^I$ 且 $b \in C^I$}‖ $\geqslant n$} $\cap$ {$a \in \Delta^I$ | ‖{$b \in \Delta^I$ | $(a, b) \in R^I$ 且 $b \in D^I$}‖ $\geqslant n$}

= $(\geqslant nR.C)^I \cap (\geqslant nR.D)^I$

= $(\geqslant nR.C \sqcap \geqslant nR.D)^I$

因而，⊨$\geqslant nR.(C \sqcap D) \rightarrow \geqslant nR.C \sqcap \geqslant nR.D$

　　证毕。

公理 7.1.12　$\exists R^-.\forall R.C \rightarrow C$

证明：对于任意解释 $\cdot^I$ 有

$(\exists R^-.\forall R.C)^I$

$= \{a \in \Delta^I \mid \exists b$ 使得 $(a,b) \in (R^-)^I$ 且 $b \in (\forall R.C)^I\}$

$= \{a \in \Delta^I \mid \exists b$ 使得 $(a,b) \in (R^-)^I$ 且 $b \in \{b \in \Delta^I \mid \exists a$ 使得 $(b,a) \in R^I$ 则 $a \in C^I\}\}$

$= \{a \in \Delta^I \mid \exists b$ 使得 $(a,b) \in (R^-)^I$ 且 b 应满足 $\forall a$ 使得 $(b,a) \in R^I$ 则 $a \in C^I\}$

$\subseteq \{a \in \Delta^I \mid a \in C^I\}$

$= C^I$

因而，$\vdash \exists R^-.\forall R.C \rightarrow C$。

　　　证毕。

公理 7.1.13　$\neg \geqslant nR.C \leftrightarrow \leqslant n-1R.C$

证明：先证明 $\neg \geqslant nR.C \rightarrow \leqslant n-1R.C$。

对于任意解释 $\cdot^I$ 有

$(\neg \geqslant nR.C)^I$

$= \Delta^I \setminus (\geqslant nR.C)^I$

$= \{a \mid a \in \Delta^I$ 且 $a \notin \{a \in \Delta^I \mid \|\{b \in \Delta^I \mid (a,b) \in R^I$ 且 $b \in C^I\}\| \geqslant n\}\}$

$\Rightarrow$ 而对于整个非负整数来说不是 $\geqslant n$，那就是 $\leqslant n-1$，于是有 $a \in \{a \in \Delta^I \mid \|\{b \in \Delta^I \mid (a,b) \in R^I$ 且 $b \in C^I\}\| \leqslant n-1\}$

$\Rightarrow \{a \mid a \in \Delta^I$ 且 $a \in \{a \in \Delta^I \mid \|\{b \in \Delta^I \mid (a,b) \in R^I$ 且 $b \in C^I\}\| \leqslant n-1\}\}$

$= \{a \in \Delta^I \mid \|\{b \in \Delta^I \mid (a,b) \in R^I$ 且 $b \in C^I\}\| \leqslant n-1\}$

$= (\leqslant n-1R.C)^I$

因而，$\vdash \neg \geqslant nR.C \rightarrow \leqslant n-1R.C$。

再证 $\leqslant n-1R.C \rightarrow \neg \geqslant nR.C$。

对于任意解释 $\cdot^I$ 有

$(\leqslant n-1R.C)^I$

$= \{a \in \Delta^I \mid \|\{b \in \Delta^I \mid (a,b) \in R^I$ 且 $b \in C^I\}\| \leqslant n-1\}$

$\Rightarrow$ 对于整个非负整数来说除了 $\leqslant n-1$，还有 $\geqslant n$，因为个体实例属于 $\{a \in \Delta^I \mid \|\{b \in \Delta^I \mid (a,b) \in R^I$ 且 $b \in C^I\}\| \leqslant n-1\}$，于是个体实例就不应该在除了 $\{a \in \Delta^I \mid \|\{b \in \Delta^I \mid (a,b) \in R^I$ 且 $b \in C^I\}\| \leqslant n-1\}$ 外的范围内。

$\Rightarrow$ 于是有 $\{a \in \Delta^I \mid \|\{b \in \Delta^I \mid (a,b) \in R^I$ 且 $b \in C^I\}\| \leqslant n-1\} = \{a \mid a \in \Delta^I$ 且 $a \notin \{a \in \Delta^I \mid \|\{b \in \Delta^I \mid (a,b) \in R^I$ 且 $b \in C^I\}\| \geqslant n\}\}$

$= \Delta^I \setminus (\geqslant nR.C)^I$

$= (\neg \geqslant nR.C)^I$

因而，$\vdash \leqslant n-1R.C \rightarrow \neg \geqslant nR.C$。

证毕。

公理 7.1.14　如果 $\vdash\{a\}{\rightarrow}C$，$\vdash C{\rightarrow}D$，那么 $\vdash\{a\}{\rightarrow}D$

证明：对于任意解释 $\cdot^I$ 有

$\vdash\{a\}{\rightarrow}C$

$\Rightarrow$也就是 $a\in C^I$

$\Rightarrow$由 $I\vdash C{\rightarrow}D$，可知 $\exists a\in\Delta^I$，如果 $a\in C^I$ 那么 $a\in D^I$；

$\Rightarrow$于是有 $a\in D^I$

$\Rightarrow\vdash\{a\}{\rightarrow}D$

　　证毕。

公理 7.1.15　$\vdash\{a\}{\rightarrow}C{\sqcup}D$ 当且仅当 $\vdash\{a\}{\rightarrow}C$ 或者 $\vdash\{a\}{\rightarrow}D$

证明：对于任意解释 $\cdot^I$ 有

$(\Rightarrow)$　$\vdash\{a\}{\rightarrow}C{\sqcup}D$

$\Rightarrow a\in(C{\sqcup}D)^I$

$\Rightarrow a\in C^I\bigcup D^I$

$\Rightarrow a\in C^I$ 或者 $a\in D^I$

$\Rightarrow\vdash\{a\}{\rightarrow}C$ 或者 $\vdash\{a\}{\rightarrow}D$

$(\Leftarrow)$　$\vdash\{a\}{\rightarrow}C$ 或者 $\vdash\{a\}{\rightarrow}D$

$\Rightarrow a\in C^I$ 或者 $a\in D^I$

$\Rightarrow a\in C^I\bigcup D^I$

$\Rightarrow a\in(C{\sqcup}D)^I$

$\Rightarrow\vdash\{a\}{\rightarrow}C{\sqcup}D$

　　证毕。

公理 7.1.16　$\vdash\{a\}{\rightarrow}C{\sqcap}D$ 当且仅当 $\vdash\{a\}{\rightarrow}C$ 且 $\vdash\{a\}{\rightarrow}D$

证明：对于任意解释 $\cdot^I$ 有

$(\Rightarrow)$　$\vdash\{a\}{\rightarrow}C{\sqcap}D$

$\Rightarrow a\in(C{\sqcap}D)^I$

$\Rightarrow a\in C^I\bigcap D^I$

$\Rightarrow a\in C^I$ 且 $a\in D^I$

$\Rightarrow\vdash\{a\}{\rightarrow}C$ 且 $\vdash\{a\}{\rightarrow}D$

$(\Leftarrow)$　$\vdash\{a\}{\rightarrow}C$ 且 $\vdash\{a\}{\rightarrow}D$

$\Rightarrow a\in C^I$ 且 $a\in D^I$

$\Rightarrow a\in C^I\bigcap D^I$

$\Rightarrow a\in(C{\sqcap}D)^I$

$\Rightarrow\vdash\{a\}{\rightarrow}C{\sqcap}D$

　　证毕。

公理 7.1.17　如果 $\vdash C{\rightarrow}D$，且 $\vdash D{\rightarrow}C$，那么 $\vdash C{\leftrightarrow}D$

证明：对于任意解释 $\cdot^I$ 有

$\models C \to D$

$\Rightarrow$ 可得，$\exists a \in \Delta^I$，如果 $a \in C^I$，那么 $a \in D^I$

$\Rightarrow$ 由 $\models D \to C$，可知 $\exists a \in \Delta^I$，如果 $a \in D^I$，那么 $a \in C^I$

$\Rightarrow$ 于是就有，$\exists a \in \Delta^I$，如果 $a \in C^I$，那么 $a \in D^I$。且如果 $a \in D^I$，那么 $a \in C^I$

$\Rightarrow \models C \leftrightarrow D$

证毕。

公理 7.1.18　如果 $\models C \to D$，且 $\models D \to E$，那么 $\models C \to E$

证明：对于任意解释 $\cdot^I$ 有

$\Rightarrow \models C \to D$

$\Rightarrow$ 可得 $\exists a \in \Delta^I$，如果 $a \in C^I$，那么 $a \in D^I$

$\Rightarrow$ 而由 $\models D \to E$，可知 $\exists a \in \Delta^I$，如果 $a \in D^I$，那么 $a \in E^I$

$\Rightarrow$ 因而有 $\exists a \in \Delta^I$，如果 $a \in C^I$，那么 $a \in E^I$

$\Rightarrow \models C \to E$

证毕。

公理 7.1.19　$\models C \to D \sqcap E$ 当且仅当 $\models C \to D$ 且 $\models C \to E$

证明：对于任意解释 $\cdot^I$ 有

$(\Rightarrow)$　$\models C \to D \sqcap E$

$\Rightarrow$ 可得，$\exists a \in \Delta^I$，如果 $a \in C^I$，那么 $a \in (D \sqcap E)^I$

$\Rightarrow$ 也就是，$\exists a \in \Delta^I$，如果 $a \in C^I$，那么 $a \in D^I \bigcap E^I$

$\Rightarrow$ 即 $\exists a \in \Delta^I$，如果 $a \in C^I$ 那么 $a \in D^I$，且 $\exists a \in \Delta^I$，如果 $a \in C^I$，那么 $a \in E^I$

$\Rightarrow \models C \to D$ 且 $\models C \to E$

$(\Leftarrow)$　$\models C \to D$

$\Rightarrow$ 可得，$\exists a \in \Delta^I$，如果 $a \in C^I$，那么 $a \in D^I$

$\Rightarrow$ 再由 $\models C \to E$，可得，$\exists a \in \Delta^I$，如果 $a \in C^I$，那么 $a \in E^I$

$\Rightarrow$ 于是就有，$\exists a \in \Delta^I$，如果 $a \in C^I$，那么 $a \in D^I$ 且 $a \in E^I$

$\Rightarrow$ 也就是，$\exists a \in \Delta^I$，如果 $a \in C^I$，那么 $a \in D^I \bigcap E^I$

$\Rightarrow$ 于是，$\exists a \in \Delta^I$，如果 $a \in C^I$，那么 $a \in (D \sqcap E)^I$

$\Rightarrow \models C \to D \sqcap E$

命题 7.3.1　$\Gamma \models C$ 且 $\Gamma \models C \to D$，则 $\Gamma \models D$

证明：$\Gamma \models C$，也就是对于任意解释 $C^I \subseteq \Delta^I$ 成立。又因为 $\Gamma \models C \to D$，可得 $C^I \subseteq D^I$；于是有 $D^I \subseteq \Delta^I$ 成立，所以 $\Gamma \models D$。

证毕。

定理 7.3.2　（ALC$^+$ 的可靠性）$\Gamma \vdash C \Rightarrow \Gamma \models C$。

证明：设 $\Gamma \vdash C$，则存在 C 从 Γ 的证明：C_1，C_2，$\cdots$，C_n，其中 $C_n = C$。现在对此证明的长度 n 进行归纳证明 $\Gamma \vDash C$。

当 $n=1$ 时，$C_1 = C$。此时 C 或者是 ALC^+ 的公理，由定理 7.3.1 可知 C 是有效式；或者 $C \in \Gamma$，根据语义推论的定义，可得 $\Gamma \vDash C$。

当 $n>1$ 时，若 C 是 ALC^+ 的公理，或者 $C \in \Gamma$，这时与 $n=1$ 的情形一样，都有 $\Gamma \vDash C$。

另外一种情形是：C 是由假言推理得来，即存在 i，$j<n$，使 $C_j = C_i \rightarrow C$，这时由 $\Gamma \vdash C_i$ 和 $\Gamma \vdash C_j$ 用归纳假设可得 $\Gamma \vDash C_i$ 和 $\Gamma \vDash C_j$，后者就是 $\Gamma \vDash C_i \rightarrow C$。再由命题 7.3.1 使得 $\Gamma \vDash C$。

证毕。

定理 7.3.3　（ALC^+ 的无矛盾性）不存在公式 C 同时使 $\Gamma \vdash C$ 和 $\Gamma \vdash \neg C$ 成立。

证明：假设存在公式 C 使 $\Gamma \vdash C$ 与 $\Gamma \vdash \neg C$ 同时成立。由（可靠性）定理，$\Gamma \vDash C$ 与 $\Gamma \vDash \neg C$ 同时成立。那么对于任意 a，a 是 Γ 中所有公式的公共有效个体实例，有 $a \in C^I \subseteq \Delta^I$ 和 $a \in (\neg C)^I \subseteq \Delta^I$，也就是 $a \in C^I$ 且 $a \in \Delta^I \subseteq C^I$，这是不可能的，因为与事实相矛盾。

证毕。

引理 7.3.1　ALC^+ 的 $\mathcal{L}(x)$ 是可数集。

证明：描述逻辑 ALC^+ 中引入了构造器 $\neg$、$\sqcap$、$\sqcup$、$\forall R.C$、$\exists R.C$、$\geqslant nR.C$、$\leqslant nR.C$、R^-、R^+、$R \circ S$，设这些构成的集合为 $X' = \{\neg$，$\sqcap$，$\sqcup$，$\forall R.C$，$\exists R.C$，$\geqslant nR.C$，$\leqslant nR.C$，R^-，R^+，$R \circ S\}$，$X = \{\{a\}$，C_1，C_2，$\cdots\} \bigcup \{R_1$，R_2，$\cdots\}$。现在从这两个集合出发构造一个集合序列：$\mathcal{L}_0$，$\mathcal{L}_1$，$\mathcal{L}_2$，$\cdots$，构造方法如下：

$\mathcal{L}_0 = \{\{a\}$，C_1，C_2，$\cdots\} \bigcup \{R_1$，R_2，$\cdots\}$

$\mathcal{L}_1 = \{\neg\{a\}$，$\neg C_1$，$\neg C_2$，$\cdots$，$C_1 \sqcup C_2$，$C_2 \sqcup C_1$，$\cdots$，$C_1 \sqcap C_2$，$C_2 \sqcap C_1$，$\cdots$，$\forall R.\{a\}$，$\forall R.C_1$，$\forall R.C_2$，$\cdots$，$\exists R.\{a\}$，$\exists R.C_1$，$\exists R.C_2$，$\cdots$，$\geqslant nR.\{a\}$，$\geqslant nR.C_1$，$\geqslant nR.C_2$，$\cdots$，$\leqslant nR.\{a\}$，$\leqslant nR.C_1$，$\leqslant nR.C_2$，$\cdots\} \bigcup \{R_1^-$，$R_2^-$，$\cdots$，$R_1^+$，$R_2^+$，$\cdots$，$R_1 \circ R_2$，$R_2 \circ R_1$，$\cdots$，$R_1 \sqcup R_2$，$R_2 \sqcup R_1$，$\cdots\}$

$\mathcal{L}_k = \{\neg C_{k-1}$，$\cdots$，$C_1 \sqcup C_{k-1}$，$\cdots$，$C_1 \sqcap C_{k-1}$，$\cdots$，$\forall R.C_{k-1}$，$\cdots$，$\exists R.C_{k-1}$，$\cdots$，$\geqslant nR.C_{k-1}$，$\cdots$，$\leqslant nR.C_{k-1}$，$\cdots$，$\forall R_{k-1}.C_1$，$\cdots$，$\exists R_{k-1}.C_1$，$\cdots\} \bigcup \{R_{k-1}^-$，$\cdots$，$R_{k-1}^+$，$\cdots$，$R_1 \circ R_{k-1}$，$\cdots$，$R_1 \sqcup R_{k-1}$，$\cdots\}$（其中，$k>0$）

$$\mathcal{L}(x) = \bigcup_{k=0}^{\infty} L_k$$

对层次 k 进行归纳，由汪芳庭（1990）可知，$\mathcal{L}(X)$ 是可数集。

证毕。

定理 7.3.4　（ALC^+ 的完全性）$\Gamma \vDash C \rightarrow \Gamma \vdash C$。

证明：假设 $\Gamma \vdash C$ 不成立。设法寻找或构造一个解释 $\cdot^I$，使得 Γ 的所有公式在它的解释下都为 Δ^I，但 C 为 $\varnothing$，从而与 $\Gamma \vdash C$ 相矛盾。

由 $\mathcal{L}(x)$ 是可数集，将 ALC^+ 的所有公式排成一列，设为 C_1，C_2，$\cdots$，C_n，$\cdots$。令 $\Gamma_0 = \Gamma \cup \{\neg C\}$

当 $n > 0$ 时，令 $\Gamma_n = \begin{cases} \Gamma_{n-1}, & \text{若 } \Gamma_{n-1} \vdash C_{n-1} \\ \Gamma_{n-1} \cup \{\neg C_{n-1}\} & \text{若 } \Gamma_{n-1} \vdash C_{n-1} \text{ 不成立} \end{cases}$

这样便可得序列 Γ_n：$\Gamma_0 \subseteq \Gamma_1 \subseteq \Gamma_2 \cdots$。

（1）证明序列 Γ_0，Γ_1，Γ_2，$\cdots$ 是无矛盾的。

现对 n 进行归纳证明每个 Γ_n 都是无矛盾的。

$K = 0$ 时，$\Gamma_0 \cup \{\neg C\}$ 是无矛盾的，否则由 $\Gamma_0 \cup \{\neg C\} \vdash D$ 及 $\neg D$ 利用反证律便得 $\Gamma \vdash C$，而已假设这是不成立的；假设 $k = n - 1$ 时，Γ_{n-1} 无矛盾。

现在考虑 $K = n$ 的情况，证明 Γ_n 无矛盾。假设 Γ_n 有矛盾，则存在 C 使

① $\Gamma_n \vdash C$，$\neg C$

这时 $\Gamma_n \neq \Gamma_{n-1}$，因为是 Γ_{n-1} 无矛盾而 Γ_n 有矛盾。于是由 Γ_n 的定义知：

② $\Gamma_{n-1} \vdash C_{n-1}$ 不成立。

③ $\Gamma_n = \Gamma_{n-1} \cup \{\neg C_{n-1}\}$。

由结论①和③及反证律可得 $\Gamma_{n-1} \vdash C_{n-1}$，这与结论②矛盾。因此每个 Γ_n 都无矛盾。

（2）构造 $\Gamma^* = \bigcup\limits_{k=0}^{\infty} \Gamma_n$，那么 Γ^* 是无矛盾的。

假设 Γ^* 是有矛盾的，则由 $\Gamma^* \vdash D$，$\neg D$ 可得出结论，存在某个充分大的 n，$\Gamma_n \vdash D$，$\neg D$，这与 Γ_n 是无矛盾的矛盾。

（3）Γ^* 是完备的。即对于任意 D，$\Gamma^* \vdash D$ 和 $\Gamma^* \vdash \neg D$ 二者必居其一。

设 $D = C_n$，这是因为 D 必在 C_1，C_2，$\cdots$ 中出现。若 $\Gamma^* \vdash C_n$ 不成立，就有 $\Gamma_n \vdash C_n$ 不成立，根据 Γ_n 的定义可得：$\Gamma_{n+1} = \Gamma_n \cup \{\neg C_n\}$，就有 $\Gamma^* \vdash \neg C_n$。这说明对任意 C_n，$\Gamma^* \vdash C_n$ 与 $\Gamma^* \vdash \neg C_n$ 二者必居其一。

（4）构造解释 $\cdot^I$。

定义一个映射：

$$f(D) = \begin{cases} D^I = \Delta^I, & \text{若 } \Gamma^* \vdash D \\ (\neg D)^I = \Delta^I, & \text{若 } \Gamma^* \vdash \neg D \end{cases}$$

因为 Γ^* 的完备性和 Γ^* 无矛盾性，所以这样定义是合理的。

对于解释 $\cdot^I$ 来说，$\forall D \in \Gamma$，$D \in \Gamma \Rightarrow D \in \Gamma^* \Rightarrow \Gamma^* \vdash D$，于是 $D^I = \Delta^I$。而 $\neg C \in \Gamma_0 \subseteq \Gamma^*$，故有 $\Gamma^* \vdash \neg C$，于是 $(\neg C)^I = \Delta^I$，也就是 $\Delta^I \setminus C^I = \Delta^I$，所以 $C^I = \varnothing$。这样所构造解释 $\cdot^I$，它使 Γ 中的公式均解释为 Δ^I，而 C^I 解释为 $\varnothing$。即 $\Gamma \vdash C$ 不成立。

证毕。

160

7.4 扩展描述逻辑 ALC⁺ 到谓词逻辑的转换

描述逻辑 ALC⁺ 的语法是变元自由的,并且其概念表示个体实例集,因而其概念可转换为带有一个自由变元的公式。把概念看做一元谓词符号,关系看做二元谓词符号,于是得到从描述逻辑 ALC⁺ 到谓词逻辑的转换。

(1) 原子概念 C 转换为 $C(x)$;

(2) 概念交 $C \sqcap D$ 转换为 $C(x) \wedge D(x)$;

(3) 概念并 $C \sqcup D$ 转换为 $C(x) \vee D(x)$;

(4) 概念否定 $\neg C$ 转换为 $\neg C(x)$;

(5) 全局约束 $\forall R.C$ 转换为 $\forall x R(x,y) \rightarrow C(y)$;

(6) 存在约束 $\exists R.C$ 转换为 $\exists x R(x,y) \wedge C(y)$;

(7) 最小数量约束 $\geqslant nR.C$ 转换为 $\exists y_1, \cdots, \exists y_n R(x,y_1) \wedge \cdots \wedge R(x,y_n) \wedge y_i \neq y_j \wedge C(y_i)$;

(8) 最大数量约束 $\leqslant nR.C$ 转换为 $\forall y_1, \cdots, \forall y_n, \forall y_{n+1} (R(x,y_1) \wedge \cdots \wedge R(x,y_{n+1}) \wedge C(y_i)) \rightarrow (y_1 = y_2 \vee \cdots \vee y_n = y_{n+1})$;

(9) 原子关系 R 转换为 $R(x,y)$;

(10) 反关系 $R-$ 转换为 $R(y,x)$;

(11) 传递关系 R^+ 转换为 $\exists y_1, y_2, \cdots, y_n (R(x,y_1) \wedge R(y_1,y_2) \wedge \cdots \wedge R(y_n,z)) \rightarrow R(x,y)$;

(12) 关系并 $R \sqcup S$ 转换为 $R(x,y) \vee S(x,y)$;

(13) 关系复合 $R \circ S$ 转换为 $R(x,y) \wedge S(y,z) \rightarrow T(x,z)$;

其中,C、D 为描述逻辑 ALC⁺ 中的概念,R、S、T 为描述逻辑 ALC⁺ 中的关系,$\sqcup$、$\sqcap$、$\neg$、$\forall$、$\exists$ 为描述逻辑 ALC⁺ 中的连接词;$C(x)$、$D(x)$ 为谓词逻辑中的一元谓词,$R(x,y)$、$S(x,y)$、$T(x,y)$ 为谓词逻辑中的二元谓词,$\wedge$、$\vee$、$\neg$、$\forall$、$\exists$、$\rightarrow$ 为谓词逻辑中的连接词。

从描述逻辑 ALC⁺ 到谓词逻辑的转换如表 7.4.1 所示。

表 7.4.1 描述逻辑 ALC⁺ 到谓词逻辑的转换

构造器	项	转换为谓词
顶概念	$\top$	True
底概念	$\perp$	False
原子概念	C	$C(x)$
概念交	$C \sqcap D$	$C(x) \wedge D(x)$
概念并	$C \sqcup D$	$C(x) \vee D(x)$
概念否定	$\neg C$	$\neg C(x)$

构造器	项	转换为谓词
全局约束	$\forall R.C$	$\forall xR(x,\ y) \rightarrow C(y)$
存在约束	$\exists R.C$	$\exists xR(x,\ y) \wedge C(y)$
最小数量约束	$\geqslant nR.C$	$\exists y_1,\ \cdots,\ \exists y_n R(x,\ y_1) \wedge \cdots \wedge R(x,\ y_n) \wedge y_i \neq y_j \wedge C(y_i)$
最大数量约束	$\leqslant nR.C$	$\forall y_1,\ \cdots,\ \forall y_n,\ \forall y_{n+1}(R(x,\ y_1) \wedge \cdots \wedge R(x,\ y_{n+1}) \wedge C(y_i))$ $\rightarrow (y_1=y_2 \vee \cdots \vee y_n=y_{n+1})$
原子关系	R	$R(x,\ y)$
反关系	$R-$	$R(y,\ x)$
传递关系	R^+	$\exists y_1,\ y_2,\ \cdots,\ y_n\ (R(x,\ y_1) \wedge R(y_1,\ y_2) \wedge \cdots \wedge R(y_n,\ z)) \rightarrow$ $R(x,\ y)$
关系并	$R \sqcup S$	$R(x,\ y)\ \vee S\ (x,\ y)$
关系复合	$R \circ S$	$R(x,\ y) \wedge S\ (y,\ z) \rightarrow T(x,\ z)$

下面给出用描述逻辑 ALC$^+$ 表示的知识转换为谓词逻辑表示的知识的例子：

（1）Man $\sqcup$ Woman 转换为：Man(x) $\vee$ Woman(x)；

（2）Person $\sqcap \exists$ haschild. Female 转换为：Person(x) $\wedge \exists$ yhaschild(x，y) $\wedge$ Female(y)；

（3）Mother $\sqcap \geqslant$ 3haschild. Person 转 换 为：Mother $(x) \wedge \exists y_1 \exists y_2 \exists y_3$ $\exists y_4$ haschild$(x,\ y_1) \wedge$ haschild$(x,\ y_2) \wedge$ haschild$(x,\ y_3) \wedge$ haschild$(x,\ y_4) \wedge y_1 \neq$ $y_2 \neq y_3 \neq y_4 \wedge$ Person$(y_1) \wedge$ Person$(y_2) \wedge$ Person$(y_3) \wedge$ Person(y_4)。

7.5　扩展描述逻辑 ALC$^+$ 与框架表示法的关系

7.5.1　框架及其组成

框架是一种组织和表示知识的数据结构，它由框架名和一组用于描述框架各方面具体属性的槽组成（王士同，2001）。每个槽又设有一个槽名，槽名下面有对应的取值，称为槽值或填充值。一个框架定义形如：

框架：F in 知识库 F E 其中 F 是框架名，E 是一个框架表达。

框架表达 E 是按下面的语法来形成的：

$E \rightarrow$ 超类：$F_1,\ \cdots,\ F_h$

　槽 1：S_1

　值域：H_1

　最小基数：m_1

　最大基数：n_1

　　$\cdots$

　槽 k：S_k

　值域：H_k

　最小基数：m_k

最大基数：n_k

其中 F_i 记录框架名，S_j 记录槽名，m_j 和 n_j 记录取值范围，H_j 记录槽限制。一个槽限制可以表达为：

$H \rightarrow F$ |

(INTERSECTION H_1 H_2) |

(UNION H_1 H_2) |

(NOT H)

一个框架知识库 F 是一个框架定义的集合。

7.5.2　基于框架的知识库到扩展描述逻辑 ALC⁺ 表示的知识库转换过程

下面将讨论如何将基于框架的知识库转换为描述逻辑 ALC⁺ 表示的知识库。为了把框架知识库转换为描述逻辑 ALC⁺ 知识库，首先得定义一个函数 Φ，它按如下的方式映射框架表达到描述逻辑 ALC⁺ 概念表达：每个框架名 F 映射为原子概念 $\Phi(F)$；每个槽名 S 映射为原子关系 $\Phi(S)$；每个槽限制映射为相应的概念布尔组合 $\Phi(H)$。那么框架表达形式：

超类：F_1，$\cdots$，F_h

　　槽 1：S_1

　　值域：H_1

　　最小基数：m_1

　　最大基数：n_1

　　$\cdots$

　　槽 k：S_k

　　值域：H_k

　　最小基数：m_k

　　最大基数：n_k

映射为概念：

$$\Phi(F_1) \sqcap \cdots \sqcap \Phi(F_h) \sqcap$$
$$\forall \Phi(S_1). \Phi(H_1) \sqcap \geqslant m_1 \Phi(S_1) \sqcap \leqslant n_1 \Phi(S_1) \sqcap$$
$$\cdots$$
$$\forall \Phi(S_k). \Phi(H_k) \sqcap \geqslant m_k \Phi(S_k) \sqcap \leqslant n_k \Phi(S_k)。$$

应用映射 Φ，通过对框架知识库 F 中的每个框架定义框架：F in 知识库 $F E$ 引入一个包含断言 $\Phi(F) \sqsubseteq \Phi(E)$ 到 $\Phi(F)$ 中，得到框架知识库 F 对应的描述逻辑 ALC⁺ 知识库 $\Phi(F)$。

7.5.3　基于框架的知识库到扩展描述逻辑 ALC⁺ 表示的知识库转换示例

下面看一个用框架描述的知识库到扩展描述逻辑 ALC⁺ 表示的知识库转换

例子：

（1）一个基于框架的工厂销售零件的简单知识库：

框架：零件 in 知识库 工厂   框架：难销售零件 in 知识库 工厂

　　槽1：被生产   超类：零件

　　　值域：工人   槽1：被销售

　　　最小基数：1   值域：零售商

　　　最大基数：1   框架：零售商 in 知识库 工厂

　　槽2：被销售   框架：工人 in 知识库 工人

　　　值域：（UNION 零售商 批发商）   框架：批发商品 in 知识库 工厂

　　　最小基数：1   超类：销售商

框架：好销售零件 in 知识库 工厂   槽1：有批发证

　　超类：零件   值域：字符串

　　槽1：被销售   最大基数：1

值域：（INTERSECTION 批发商（NOT 零售商））   最小基数：1

　　　最小基数：50   框架：零售商 in 知识库 工厂

                超类：销售商

（2）基于框架的工厂销售零件简单知识库对应的描述逻辑 ALC$^+$ 知识库：

零件 ⊑ ∀ 被生产.工人 ⊓≥1 被生产 ⊓ ≤1 被生产 ⊓∀ 被销售.（零售商⊔批发商）⊓≥1 被销售 ⊓≤100 被销售

好销售零件⊑零件⊓∀ 被销售.（批发商⊓﹁零售商）⊓≥50 被销售

难销售零件⊑零件⊓∀ 被销售.零售商

批发商⊑销售商⊓∀ 有批发证.字符串⊓≥1有批发证⊓≤1 有批发证

7.6　扩展描述逻辑 ALC$^+$ 与简单概念图的关系

7.6.1　简单概念图

概念图被看做是继承语义网络和框架系统特点的下一代知识表示方法（Sowa，1984）。概念图（CGs）是一种用图的方法来表示应用领域知识的形式化方法（卢格尔，2004）。通过转换为一阶公式而给出形式化语义。概念图形式不仅有利于表示知识，而且有利于知识的推理，概念图中的推理包括判断一个给定的概念图是否有效也就是该概念图相对应的公式是否有效，判断一个概念图 g 是否包含另一个概念图 h 也就是概念图 g 对应的公式是否包含概念图 h 对应的公式。

简单概念图（SGs）是概念图中可判定的部分，简单概念图的定义与被称为支持的 S 有关，粗略地讲，支持 S 是用来确定给定领域原子本体的一种部分有序的（偏序）标识。支持 S 引入概念类型（一元谓词）集、关系类型（n 元谓词）

集和个体标记（常量）集（Baader et al.，2003）。如图 7.6.1 给出了一个支持
S。其中⊤是一般概念表示整个领域，＊表示普通标记，它比所有的个体标记都
具有普遍性。

图 7.6.1   一个支持 S 的例子

一个支持 S 下的简单图是一个形如 g＝（C，R，E，l）的带标记的双向图，
其中 C 是概念结点，R 是关系结点，E⊆C×R 是关系边，l 是概念结点标记。如
图 7.6.2 是简单图的例子，简单图 g 描述了妇女张三有一个孩子，这个孩子爱他
祖父李四并且选修了计算机课程 101；简单图 h 描述了所有的母亲都有一个孩子
爱他的祖父母中的一个。

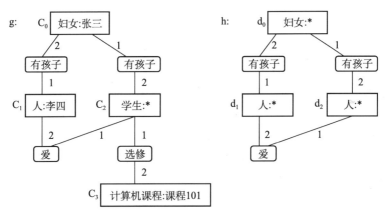

图 7.6.2   两个简单概念图

每个概念结点通过 l 用一个概念类型（如女人）和它的指代物（也就是个
体标记，如张三，或者普通标记＊）来标记。如果一个概念结点的指代物是普通
标记，该概念结点称为普通概念结点；否则，称为个体概念结点。每个关系结点
用关系 r（如有孩子）来标识，从它所出来的边用关系 r 的元数来标记，例如，
对二元关系"有孩子"来说，有一条边用 1 来标记（指向父母），另一条边用 2
来标记（指向孩子）。

7.6.2   简单概念图与扩展描述逻辑 ALC⁺ 的关系对应

为了讨论简单概念图（部分简单概念图）与描述逻辑 ALC⁺ 的关系，必须考
虑下面提到的描述逻辑 ALC⁺ 与简单概念图的不同点：①描述逻辑 ALC⁺ 允许与

二元关系对应的关系项和描述相关结构的概念描述；②简单概念图与概念描述的不同语义；③描述逻辑 ALC⁺ 字面上考虑允许概念组合。

描述逻辑 ALC⁺ 与简单概念图的对应是基于将概念描述转换为语法树。例如，考虑下面的概念：$C =$ 妇女 $\sqcap \exists$ 有孩子.(人 $\sqcap$ {李四}) $\sqcap \exists$(有孩子$\sqcap$爱).(男人$\sqcap$学生 $\sqcap \exists$ 选修.计算机课程)，该概念描述的是：李四的女儿，这些女儿都有一个喜欢的孩子并且这个孩子是选修了计算机课程的学生。概念 C 描述的语法树如图 7.6.3 中左图所示：

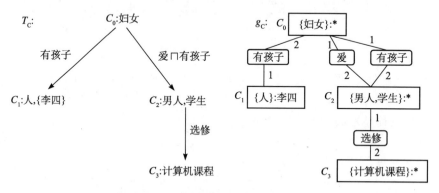

图 7.6.3　概念描述与简单图的关系

如果概念描述 C 严格限制在每个连接中至多包含一个一元的概念，那么它所代表的语法树 T_C 可以容易转换为一个相应的被根化的简单概念图 g_C（它是一棵两个相邻概念结点间至少是一种关系的树）如图 7.6.3 所示；相反，每一个被根化的简单概念图 g 并且它是一棵只含二元关系类型的树可以被转换为一个相应的描述逻辑 ALC⁺ 概念 Cg。但是，也存在被根化的简单概念图能被转换为描述逻辑 ALC⁺ 概念但不是树。例如，图 7.6.2 中的简单概念图 g 是被根化的，它相应的概念描述如下：$Cg =$ {张三} $\sqcap$ 妇女$\sqcap \exists$ 有孩子⁻.(人，李四) $\sqcap$ 有孩子.(学生$\sqcap \exists$ 选修.({课程 101} $\sqcap$ 计算机课程) $\sqcap$ 爱.{李四})

本章参考文献

卢格尔. 2004. 人工智能：复杂问题求解的结构和策略. 史忠植等译. 北京：机械工业出版社

汪芳庭. 1990. 数理逻辑. 合肥：中国科学技术大学出版社

王士同. 2001. 人工智能教程. 北京：电子工业出版社

文斌. 2005. 基于描述逻辑的语义 Web 知识推理研究. 昆明：云南师范大学硕士学位论文

Baader F, Calvanese D, McGuinness D et al. 2003. The Description Logic Handbook：Theory, Implementation and Applications. Cambridge University Press

Sowa J F. 1984. Conceptual Structures：Information Processing in Mind and Machine. Massachusetts ：Addison Wesley Publishing Co.

第 8 章　Web 本体语言 OWL 与扩展描述逻辑 ALC⁺的关系

语义 Web 的本体语言的发展经历了以下过程：最初，W3C 定义了 RDF/RDFS 标准用于描述 Web 上的资源（罗威，2003；杨晓青，2002）；接下来的 DAML 和 OIL 的提出，建立了本体语言的基础（姚绍文，2002）；然后 DAML 和 OIL 结合提出了 DAML+OIL（尹奇韡，李善平，2003）；为了建立一套 Web 标准来描述本体，W3C 正在制定 OWL 标准（林菡，2004）。

8.1　Web 本体语言 OWL 简介

8.1.1　Web 本体语言 OWL 的设计目标

根据 W3C 的研究草案，Web 本体语言 OWL 是为下面的目标而设计的（Heflin，2003；Zuo Zhihong，Zhou Mingtian，2003；W3C，2002；W3C，2003；W3C，2004a；W3C，2004b；W3C，2004c；W3C，2004d；W3C，2004e；W3C，2004f）：

（1）本体共享：本体是可以共享的，不同的 Web 资源允许被同一个本体共享。另外，为了提供其他的定义，本体应该能够扩展其他本体。

（2）本体的互操作性：不同的本体可以以不同的方式建模同一个概念。该语言要为相关的不同表示提供基础，于是允许数据转换为不同的本体并使其成为本体 Web。

（3）本体进化：一个本体在它的生命周期内可以很容易变化和更新。Web

资源应该描述一个本体允许的版本。

（4）不一致性检测：不同的本体和数据资源可能是矛盾的，语言要能够检测这些不一致性。

（5）兼容性：该语言应该与其他已用的 Web 标准和工业标准兼容。尤其是 XML，XML Schema，RDF，RDFS，以及其他的建模标准，如 UML。

（6）表达的平衡性和可预测性：为了表达各种知识，该语言应该有较强的表达能力，同时也要提供有效的推理方法。这两种要求明显是不一致的，Web 本体语言的目标就是找到一种支持最重要知识表达能力的平衡。

（7）国际化：该语言应该支持不同语言描述的本体的发展，提供不同的本体的观点，这些观点适合不同的文化层次。

（8）应用起来轻松：该语言应该具有较小的学习障碍，有清晰的概念和语义。概念与语法是相互独立的。

8.1.2　Web 本体语言 OWL 的语法

OWL 从类和属性方面来描述一个领域的结构，与其相类似的描述方法是面向对象的方法。一个本体由一系列的公理组成，这些公理用来断言类之间的包含关系和属性约束，断言资源（或资源对）是 OWL 类（或属性）的实例，由 RDF 来完成。当一个 Web 资源 r 是一个类 C 的实例时，被称为 r 有类型 C。

一个带有抽象语法的 OWL Ontology 由一系列公理（Axioms）和事实（Facts）组成，再附加与其他 Ontology 的参考。Ontology 通常有一个非逻辑注释，该注释包含作者和相关本体的其他非逻辑信息。OWL Ontology 是 Web 文档，能用 URI 来参考。

下面是 OWL 抽象语法，能用来解释本体结构：

```
⟨ontology⟩:: = Ontology({⟨directive⟩})

⟨directive⟩:: = Annotation(⟨URI ref⟩⟨URI ref⟩)

⟨directive⟩:: = Annotation(⟨URI ref⟩⟨lexical_form⟩)

⟨directive⟩:: = Imports(⟨URI⟩)

⟨directive⟩:: = ⟨axiom⟩

⟨directive⟩:: = ⟨fact⟩
```

OWL 抽象语法中有两种事实，一种用来标明一个特殊个体实例的信息。一个个体实例被给予一个 indiID，用来标记个体。但每一个个体实例没必要都给予一个 indiID，这样的个体是匿名的（在 RDF 术语中用空白标识）不能被其他的参考。

```
⟨fact⟩:: = ⟨indi⟩

⟨indi⟩:: = individual([⟨indiID⟩]{⟨annotation⟩}
          {type(⟨type⟩)}{⟨proValue⟩})

⟨proValue⟩:: = value(⟨indi_vProID⟩⟨indiID⟩)
```

```
              | value(⟨indi_vProID⟩⟨indi⟩)
              | value(⟨data_vProID⟩⟨dataLiteral⟩)
```

OWL 类公理用来标明类相等（用 complete 来标明）或者子类（用 partial 来标明），超类集合的交。

```
⟨axiom⟩ :: = Class(⟨classID⟩⟨modality⟩
              {⟨annotation⟩}{⟨description⟩})
⟨modality⟩ :: = complete|partial
⟨axiom⟩ :: = disjointwith(⟨description⟩{⟨description⟩})
⟨axiom⟩ :: = sameClassAs(⟨description⟩{⟨description⟩})
⟨axiom⟩ :: = subClassOf(⟨description⟩⟨description⟩)
```

抽象语法的描述包括类标识 ID 和约束构造器，描述也可以是其他描述的布尔组合或者是个体实例集。

```
⟨description⟩ :: = ⟨classID⟩
              | ⟨restriction⟩
              | unionof ({⟨description⟩})
              | intersectionof({⟨description⟩})
              | complementof(⟨description⟩)
              | oneOf({⟨indiID⟩})
```

在 OWL 的抽象语法中，值可以作为类的属性给出，另外，集合的势可以设置数量（至多或至少）。

```
⟨restriction⟩ :: = restriction(⟨data_vProID⟩
              {allValuesFrom(⟨dataRange⟩)}
              {someValuesFrom(⟨dataRange⟩)}
              {value(⟨dataLiteral⟩)}{⟨cardinality⟩})
⟨restriction⟩ :: = restriction(⟨indi_vProID⟩
              {allValuesFrom(⟨description⟩)}
              {someValuesFrom(⟨description⟩)}
              {value(⟨indiID⟩)}{⟨cardinality⟩})
⟨cardinality⟩ :: = mincardinality(⟨non_negative_integer⟩)
              | maxcardinality(⟨non_negative_integer⟩)
              | Cardinality(⟨non_negative_integer⟩)
```

属性公理允许用描述代替类，数据范围（Data Ranges）代替领域和范围中的数据类型（Datatype）。

```
⟨axiom⟩ :: = DatatypePropetty(⟨data_vProID⟩
              {⟨annotation⟩}{super(⟨data_vProID⟩)}
```

```
                   {domain(⟨description⟩)}
                   {range(⟨dataRange⟩)}[Functional]
⟨axiom⟩∷= ObjectProperty(⟨indi_vProID⟩
                   {⟨annotation⟩}{super(⟨indi_vProID⟩)}
                   {domain(⟨description⟩)}
                   {range(⟨description⟩)}
                   [inverseof(⟨indi_vProID⟩)][Symmetric]
                   [Functional|InverseFunctional
                   |Transitive])
⟨axiom⟩∷= samePropertyAs(⟨data_vProID⟩
                   {⟨data_vProID⟩})
⟨axiom⟩∷= subPropertyOf(⟨data_vProID⟩
                   ⟨data_vProID⟩)
⟨axiom⟩∷= samePropertyAs(⟨indi_vProID⟩
                   {⟨indi_vProID⟩})
⟨axiom⟩∷= subPropertyOf(⟨indi_vProID⟩
                   ⟨indi_vProID⟩)
```

8.2 扩展描述逻辑 ALC⁺ 与 OWL 的对应

跟 DAML＋OIL 一样，OWL 也是以描述逻辑作为基础（Horrocks et al.，2002）。一个 OWL 本体被看做 DL 术语，从描述逻辑 ALC⁺ 的观点来看，OWL 类和属性分别跟描述逻辑 ALC⁺ 中的概念和关系相对应。提供各种构造器来构造类（或者概念）和属性（或者关系）（Baader，2002）。语言的表达能力由提供的类和属性的构造器和各种支持的公理来决定。

8.2.1 构造器的对应

表 8.2.1 总结了 OWL 支持的构造器与相对应的 ALC⁺ 的语法和语义。

表 8.2.1 OWL 支持的构造器与相对应的描述逻辑 ALC⁺ 的语法与语义

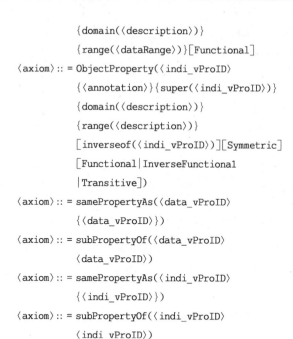

构造器	描述逻辑 ALC⁺语法	语义
complementOf	$\neg C$	$\Delta^I \setminus C^I$
intersectionOf	$C \sqcap D$	$C^I \cap D^I$
unionOf	$C \sqcup D$	$C^I \cup D^I$
oneOf	$\{x_1, x_2, \cdots, x_n\}$	$\{x_1^I, x_2^I, \cdots, x_n^I\}$
allValuesFrom	$\forall R.C$	$\{x \mid \forall (x,y) \in R^I \rightarrow y \in C^I\}$
someValuesFrom	$\exists R.C$	$\{x \mid \exists (x,y) \in R^I \wedge y \in C^I\}$
hasValue	$\exists R.\{x\}$	$\{y \mid \exists (y,x) \in R^I\}$
cardinality	$\leqslant nR.\top \sqcap \geqslant nR.\top$	$\{x \mid \parallel \{y \mid (x,y) \in R^I\} \parallel = n\}$
maxCardinality	$\leqslant nR.\top$	$\{x \mid \parallel \{y \mid (x,y) \in R^I\} \parallel \leqslant n\}$
minCardinality	$\geqslant nR.\top$	$\{x \mid \parallel \{y \mid (x,y) \in R^I\} \parallel \geqslant n\}$

（1）前三个构造器（complementOf，intersectionOf，unionOf）的意义是标准布尔算子，它们允许通过类的否定、交、并来构造类，这与 ALC$^+$ 中的构造器否定、交、并相对应。

（2）oneOf 构造器允许通过枚举类的成员来定义类。可以用 ALC$^+$ 中的实例组成的集合来描述。

（3）构造器 allValuesFrom 和 someValuesFrom 与 $\forall R.C$ 和 $\exists R.C$ 相对应，类 $\forall R.C$ 是一个类，它的所有实例通过属性 R 仅与类 C 中的实例相关联，类 $\exists R.C$ 是一个类，它的所有实例通过属性 R 与类 C 中的至少一个实例相关联，构造器 hasValue 是 someValueFrom 和 oneof 的组合。

（4）构造器 cardinality，maxCardinality 和 minCardinality 在描述逻辑中是数量约束，即 $\geqslant nR.\top$、$\leqslant nR.\top$、$\leqslant nR.\top \sqcap \geqslant nR.\top$）。类 $\geqslant nR.\top$（$\leqslant nR.\top$、$=nR.\top$）是一个类，它的所有实例通过关系 R 与至少（至多、正好）n 不同的实例相关联。

8.2.2 扩展描述逻辑 ALC$^+$ 描述 OWL 中的部分公理

在 OWL 中，构造器的任意复杂嵌套都是可能的。另一个决定语言表达能力的因素是支持的各种公理。这些公理可以断言类或者属性间的包含关系或者相等关系，类之间的交，个体实例（资源）间的相等或不相等，属性的属性。如表8.2.2 所示：

表 8.2.2 用描述逻辑 ALC$^+$ 来描述 OWL 的部分公理

构造器	描述逻辑 ALC$^+$ 语法	语义
subClassOf	$C \rightarrow D$	$C^I \subseteq D^I$
sameClassAs	$C \leftrightarrow D$	$C^I = D^I$
disjointWith	$C \rightarrow \neg D$	$C^I \cap D^I = \varnothing$
smeIndividualAs	$\{x_1\} \leftrightarrow \{x_2\}$	$x_1 = x_2$
differentFrom	$\{x_1\} \rightarrow \neg \{x_2\}$	$x_1 \neq x_2$
samePropertyAs		
subPropertyOf		
inverseOf	S^-	$(S^I)^-$
symmetricProperty	RoR^-	$\{(x,x) \mid (x,y) \in R^I \text{且} (y,x) \in (R^I)^-\}$
transitiveProperty	R^+	$(R^I)^+$
functionalPropety	$\top \rightarrow \leqslant 1R.\top$	$\{x \mid \| \{y \mid (x,y) \in R^I\} \| \leqslant 1\} = \Delta^I$
inverseFunctionalProperty		

OWL 的重要特性就是 subClassOf 和 sameClassAs 公理可以用于任何类表达。所有类和实例公理能被简化为 subClassOf 和 sameClassAs 公理。实际上，sameClassAs 能被简化为 subClassOf 也就是 sameClassAs 公理 C↔D 相当于两个subClassOf 公理 C→D 和 D→C。

OWL 也允许断言属性的属性，断言一个属性是唯一的（即函数关系）、明确的（即它的反是函数关系）、传递的、对称的，也会用反属性。对于属性断言中的 samePropertyAs、subPropertyOf、inverseFunctionalProperty 公理，ALC$^+$ 描述不出来。

8.3 本体语言 OWL 描述的知识用扩展描述逻辑 ALC$^+$ 表示及推理的示例

在这一章中将用示例说明如何用描述逻辑 ALC$^+$ 来描述 OWL 语言表示的知识。

如下面一段 OWL 语言：

```
〈owl:Class rdf:ID = "People"/〉
〈owl:Class rdf:ID = "Man"〉
    〈rdfs:subClassOf rdf:resource = "#People"/〉
    〈owl:disjointWith rdf:ID = "#Woman"/〉
〈/owl:Class〉
〈owl:Class rdf:ID = "Woman"〉
    〈rdfs:subClassOf rdf:resource = "#People"/〉
〈/owl:Class〉
〈owl:Class rdf:ID = "Parent"〉
    〈rdfs:subClassOf rdf:resource = "#People"/〉
    〈rdfs:subClassOf〉〈owl:Restriction〉
        〈owl:onProperty rdf:resource = "#hasChild"/〉
        〈owl:minCardinality rdf:datatype = "&xsd;NonNegativeInteger"〉1〈/owl:minC
- ardinality〉
    〈/owl:Restriction〉〈/rdfs:subClassOf〉
〈/owl:Class〉
〈rdf:Property rdf:ID = "hasChild"〉
    〈rdf:domain rdf:resource = "#People"/〉
    〈rdf:range rdf:resource = "#People"/〉
〈/rdf:Property〉
〈owl:Class rdf:ID = "Father"〉
    〈rdfs:subClassOf rdf:resource = "#Parent"/〉
    〈rdfs:subClassOf rdf:ID = "#Man"/〉
〈/owl:Class〉
〈Father rdf:ID = "Tom"/〉
〈owl:Class rdf:ID = "Mother"〉
    〈rdfs:subClassOf rdf:resource = "#Parent"/〉
    〈rdfs:subClassOf rdf:ID = "#Woman"/〉
    〈rdfs:subClassOf rdf:resource = "#People"/〉
```

```
〈owl:disjointWith rdf:ID = "＃Father"/〉
〈/owl:Class〉
```

这段 OWL 语言定义了一个简单的本体（给出了核心定义），描述了六个类：People、Man、Woman、Parent、Father 和 Mother，一个属性：hasChild 和一个实例：Tom。并说明 Man、Woman 和 Parent 都是 People 的子类，Man 和 Woman 两个类没有交集，Parent 至少存在一个 hasChild 关系。Father 是 Man 和 Parent 的共同子类，而 Mother 是 Woman、Parent 和 People 的子类，并且和 Father 没有交集，最后声明了一个 Father 的实例：Tom。

用描述逻辑 ALC^+ 把上面的本体也可以描述出来，其描述如下：

概念：People

(1) Man→People

(2) Man ⊓ Woman↔⊥

(3) Woman→People

(4) Parent→People⊓≥1hasChild.⊤

(5) ≥1hasChild→People

(6) ⊤→∀ hasChild. People

(7) Father→Parent ⊓ Man

(8) Mother→Parent ⊓ Woman ⊓ People

(9) Mother ⊓ Father＝⊥

(10) {Tom} →Father

推导隐含知识：

由 (7)、(10) 可以推出 {Tom}→Parent ⊓ Man，推理过程如下：

① Father→Parent ⊓ Man

② {Tom} →Father

③ {Tom} →Parent ⊓ Man

这说明 Tom 是父母中的一个，也是一个男人。

再进一步：由 (4)、(7)、(10) 可以推出 {Tom}→≥1hasChild.⊤，其推理过程如下：

①Father→Parent ⊓ Man

② {Tom} →Parent

③Parent→People ⊓≥1hasChild.⊤

④ {Tom} →People ⊓≥1hasChild.⊤

⑤ {Tom} →≥1hasChild.⊤

这说明 Tom 有孩子。

由 (4)、(7) 可以推出 Father→Man ⊓ ≥1hasChild.⊤，其推理过程如下：

①Father→Parent ⊓ Man

②Father→Parent 且 Father→Man

③Parent→People ⊓ ≥1hasChild.⊤

④Father→People ⊓ ≥1hasChild.⊤且 Father→Man

⑤Father→Man ⊓ (People ⊓ ≥1hasChild.⊤)

⑥Father→People ⊓ Man ⊓ ≥1hasChild.⊤

⑦Father→People 且 Father→Man ⊓ ≥1hasChild.⊤

⑧Father→Man ⊓ ≥1hasChild.⊤

这说明 Father 是 Man，并且至少有一个孩子。

由（4）、（8）可以推出 Mother→Woman ⊓ ≥1hasChild.⊤，其推理过程如下：

①Mother→Parent ⊓ Woman ⊓ People

②Mother→Parent 且 Mother→Woman 且 Mother→People

③Parent→People ⊓ ≥1hasChild.⊤

④Mother→People ⊓≥1hasChild.⊤且 Mother→Woman

⑤Mother→Woman ⊓ (People ⊓≥1hasChild.⊤)

⑥Mother→People ⊓ Woman ⊓ ≥1hasChild.⊤

⑦Mother→People 且 Mother→Woman ⊓ ≥1hasChild.⊤

⑧Mother→Woman ⊓ ≥1hasChild.⊤

这说明 Mother 是 Woman，并且至少有一个孩子。

冲突检测：

在上面一段 OWL 语言中，再加入，

```
〈owl:individual rdf:about = "Tom"/〉
    〈rdf:type rdf:resource = "♯Woman"/〉
〈/owl:individual〉
```

这声明 Tom 是 Woman 的一个实例。

用描述逻辑 ΛLC^+ 表示为：

(11) {Tom} →Woman

然后由（2）、（7）、（10）、（11）可以推出 {Tom}→⊥，其推理过程如下：

①Father→Parent ⊓ Man

② {Tom} →Father

③ {Tom} →Parent ⊓ Man

④ {Tom} →Man

⑤ {Tom} →Woman

⑥ {Tom} →Woman ⊓ Man

⑦Woman ⊓ Man→⊥

⑧〔Tom〕→⊥

这说明发生了冲突。

表达优化：

由（4）和（8）中的一部分可以推出 Mother→People，其推理如下：

①Mother→Parent

②Parent→People ⊓ ≥1hasChild.⊤

③Parent→People

④Mother→People

这说明声明 Mother 是 People 的子类是多余的。

由（2）、（7）、（8）中的一部分可以推得 Father ⊓ Mother↔⊥，其推理如下：

①Mother→Parent ⊓ Woman

②Mother→Woman

③Father→Parent ⊓ Man

④Father→Man

⑤Man ⊓ Woman↔⊥

⑥Father ⊓ Mother→Mother

⑦Father ⊓ Mother→Woman

⑧Father ⊓ Mother→Father

⑨Father ⊓ Mother→Man

⑩Father ⊓ Mother→Man ⊓ Woman

⑪Father ⊓ Mother→⊥

这说明，声明 Father ⊓ Mother↔⊥是多余的。

本章参考文献

林菡，何钦铭.2004.基于 OWL 的网页视觉结构本体表示和 Web 检索.计算机工程与应用，40（15）

罗威.2003.RDF（资源描述框架）——Web 数据集成的元数据解决方案.情报学报，22（2）

杨晓青，陈家训.2002.语义 Web.计算机应用研究，（6）

姚绍文，宗勇等.2002.基于 OIL 和 RDFS 的语义化 Web 逻辑扩展.计算机科学，29（2）

尹奇韡，李善平.2003.语义 Web 语言 DAML＋OIL 及其应用初探.计算机科学，30（1）

Baader F. 2002. Description Logics as Ontology Languages for the Semantic Web. Theoretical Computer Science，RWTH Aachen，Germany

Heflin J. 2003. Web Ontology Language（OWL）Use Cases and Requirements. W3C Working Draft 3 February 2003，http：//www.w3.org/TR/Webont-req/

Horrocks I et al. 2002. Reviewing the Design of DAML+OIL: An Ontology Language for the Semantic Web. American Association for Artificial Intelligence (http: //www. aaai. org)

W3C. 2002. OWL Web Ontology Language 1.0 Abstract Syntax. http: //www. w3. org/TR/2002/WD-owl-absyn-20020729/

W3C. 2003. OWL Web Ontology Language XML Presentation Syntax. http: //www. w3. org/TR/2003/NOTE-owl-xmlsyntax-20030611/

W3C. 2004a. OWL Web Ontology Language Guide. http: //www. w3. org/TR/2004/REC-owl-guide-20040210/

W3C. 2004b. OWL Web Ontology Language Overview. http: //www. w3. org/TR/2004/REC-owl-features-20040210/

W3C. 2004c. OWL Web Ontology Language Reference. http: //www. w3. org/TR/2004/REC-owl-ref-20040210/

W3C. 2004d. OWL Web Ontology Language Semantics and Abstract Syntax. http: //www. w3. org/TR/2004/REC-owl-semantics- 20040210/

W3C. 2004e. OWL Web Ontology Language Test Cases. http: //www. w3. org/TR/2004/REC-owl-test-20040210/

W3C. 2004f. OWL Web Ontology Language Use Cases and Requirements. http: //www. w3. org/TR/2004/REC-webont-req-20040210/

Zuo Zhihong，Zhou Mingtian. 2003. Web Ontology Language OWL and Its Description Logic Foundation. IEEE

第9章 描述逻辑的应用

9.1 描述逻辑应用于概念建模

信息建模是基于计算机的符号结构（该符号结构模拟一些现实）的构建。该符号结构指的是信息库，它概括了与计算机科学相关的术语，如数据库和知识库。一个信息模型是用一种语言来构建的，该种语言或多或少影响着要考虑的细节（Baader et al.，2003）。例如，早期的信息模型（如关系数据模型）是建立在如记录这样的常规程序设计概念上的，结果只注重获得的信息的执行方面，而忽视信息的表示方面。概念建模要为自然直接地应用模型和构建信息库提供方便。这些语言为建模一个实际应用如实体和关系（甚至是活动、代理和目标）提供语义术语，为组织信息提供意义。

概念建模在一些领域起着很重要的作用（Mylopoulos，1998），下面对这些领域进行简要总结：

（1）人工智能提出要求表示大量的人类的知识来达到"智能"，结果人们依靠概念建模用知识表示语言来构建，如语义网络—用自然语言标识要标注的有向图。描述逻辑是为了形式化语义网络而产生的。

（2）数据库系统的设计被看做是构建概念层次模式的重要初始化阶段。概念层次模式决定用户的需求信息，它最终被转化为物理执行模式。实体-联系模型和语义数据模型就是朝这个方向努力的结果。

（3）软件发展达到了需求获取阶段，被看做是由一些需求模型组成的，需求模型描述了目标系统和环境的关系。这种情况下的环境很像一个概念模型。

（4）面向对象软件设计把软件组件（类/对象）视为现实世界实体的模型，这是第一代面向对象程序设计语言 Simula 的显著特点，它是大多数面向对象技巧包括现在最流行的 UML 的基础。

数据库概念建模最感兴趣的部分是大量抽象机制的标识，抽象机制通过抽象初始细节，然后以步骤方式和系统方式引进它们来支持大模型的发展。重要的抽象包括：

（1）把对象作为一个整体考虑，不仅是它们属性和组件的集中（"聚集"）；

（2）抽象出个体间的细节的不同点以便类能表示共同点（"分类"）；

（3）抽象几个类的共同点到一个超类中（"概括"）。

大多数概念建模，包括描述逻辑建模，都求助于现实中以对象为中心的观点。然而，它们的本体都包含像个体对象这样的概念，个体对象通过关系（通常是二元关系）来彼此关联，并且分组成类。在这一节中，将运用描述逻辑的概念和具体语法构建模型，然后用其他的构造器来扩展描述逻辑使其对建模更适用（Baader et al.，2003）。

大多数关于现实的状态信息都是被个体间的相互关系联系着的。例如，在学校图书馆领域中，可能会有一个具体的人"李明"和一本具体的书"BOOK15"，比如说"李明"借了"BOOK15"这本书。二元关系在描述逻辑中直接用关系和属性来建模，对"BOOK15"来说，"李明"是关系 lendTo 的填充器，对"李明"来说，"BOOK15"是关系 hasBorrowed 的填充器。注意到 lendTo 和 hasBorrowed 是反关系，在一个模型中应该能够得到，因为可能频繁地在两个方向上检索相关信息。用关系构造器反关系 R –来完成。例如，hasBorrowed $\equiv$ lendTo –

另外，区分函数关系如 lendTo（一本书在任何时候只能借给一个读者）和非函数关系如 hasBorrowed 很重要。描述逻辑中的属性约束就能够做到这一点，也就是用属性最大基数约束（$\leqslant nR.C$）、属性最小基数约束（$\geqslant nR.C$）、最大基数约束（$\leqslant nR$）和最小基数约束（$\geqslant nR$）。如"$\leqslant 5$hasBorrowed"表示最多只能借 5 本书；"$\leqslant 3$hasBorrowed. 工具书"表示最多只能借 3 本工具书。

个体被分类，类是按实例的一般属性来提取的，类是通过描述逻辑中的概念来建模的，通常普通属性表达为概念的包含断言。"书是其编号为整数的资料"表达如下：书$\sqsubseteq$资料 $\sqcap \forall$ 编号. 整数

描述逻辑的一个重要性质是支持原子概念和定义概念之间的区别。所以能够区分"借阅者"概念，它能借一本书，即图书馆允许的顾客，如下：

借阅者 $\sqsubseteq \forall$ hasBorrowed.书

概念"借阅者正好从图书馆借了一本书"表达如下：

借阅者$\sqsubseteq \forall$ hasBorrowed. 书 $\sqcap \geqslant 1$hasBorrowed $\sqcap \leqslant 1$hasBorrowed

接下来考虑在一个领域中建模的细节问题，这里讨论的是描述逻辑框架下可

能解决的范围。

（1）个体：有些个体是相当具体的，有些是相当抽象的。大多数个体的重要属性是他们都有一个标识，这个标识让他们彼此区分和让他们是可数的。

如何把个体对象和值，如整型、字符串、列表、元组区分开来是很重要的。前者有一个内在的不变的标识并且必须在知识库中创建；而后者是很多材料的抽象，它的标识是由包含个体结构的一些过程来决定的。

（2）概念：对于学校图书馆来说，各种不同的个体类包括人、机构、图书馆的借阅资料、职工、日期、图书借阅卡和罚款。这些类通常用描述逻辑中的原子概念来建模。描述逻辑的很重要的特性就是有能力区分开原子概念和定义概念，其中定义概念是有充分必要条件的概念成员。例如，被借出的书可以定义为

被借出的书 ≡ 书⊓≥1lendTo

假设又要求只有精装书才能被借出，那么有两种可选择的定义：

被借出的书 ≡ 书⊓≥1lendTo⊓装订.精装

或者

被借出的书 ≡ 书⊓≥1lendTo⊓装订.精装

被借出的书⊑装订.精装

第一种方法不完全正确，因为精装是被借出的书的一个附带条件；而第二种方法是正确的，因为即使先前不知道也能够推导出被借出的书是精装书这一事实。如果要考虑把概念分为一类，概念的定义属性和附带属性的区别是很重要的。

另外，当一个概念有很多个充分条件时，要把它们都表现在最初的定义中。例如，假设考虑被借出的书有个体借期，那么被借出的书应该定义为：

被借出的书 ≡ 书⊓≥1lendTo⊓装订.精装

被借出的书⊑装订.精装

被借出的书⊑≥1借期

（3）子概念：专门的子概念表示个体组成的子集，它们也是值得注意的。

（4）关系建模：在描述逻辑中是用关系和属性来对二元关系进行建模的。像类一样，经常有一些约束出现在关系表达中。基数约束说明与关系相关联的对象最小和最大数量；领域约束说明与关系相关联的对象种类；反关系也要标明。

9.2　描述逻辑应用于软件工程领域

描述逻辑最重要的一个应用是在软件工作领域（Baader et al.，2003；Ragnhild et al.，2003）上的应用。其主要思想是用描述逻辑来执行一个软件信息系统，该系统通过寻找大的软件系统中的信息来支持软件开发者。更精确地说，就是寻找那些对软件开发有益的信息，这些信息包括应用的领域知识和信息的代码描述。

9.2.1 LaSSIE 系统和 CODEBASE 系统

为达到维护分组，AT&T 公司研究者提出了软件信息系统（SIS）的概念
（Baader et al.，2003）。一个软件信息系统就是一个以软件系统资源代码作为数
据，存储那些信息维护频繁搜索的关系的信息系统。第一个系统是 AT&T 公司
提出的 LaSSIE，它包括领域模型和代码模型两部分。代码模型是用一个简单的
资源代码元素本体来实现的，如图 9.2.1 所示，它来自于管理者所执行的各种搜
索。知识库（个体函数、文件、数据类型等的实际断言）是由资源代码来确定
的。领域模型与代码相反，它与领域专家相联系，包括电话领域的知识，也就是
软件系统处理的事情。这些知识包括电话、微型电话、电缆等。一个本体示例在
图 9.2.2 中给出。这项工作最有趣的方面或者说是利用描述逻辑最显著的地方就
是两个模型不同点的分析。代码模型建立在一个非常简单的本体（该本体包含
20 多个概念）和大量的个体上；而领域模型有一个大而复杂的本体（该本体包
含 200 多个概念），但它的个体很少。

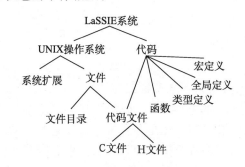

图 9.2.1 LaSSIE 的代码层本体

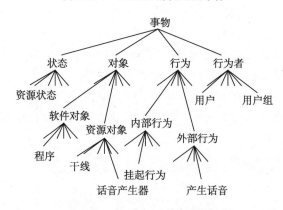

图 9.2.2 LaSSIE 中的电话本体

代码模型被证实很有用并且也容易维护，于是对它的需要也就在增加，因而
引入两个问题到 LaSSIE 系统中：

（1）需要大量的内存，软件包含许多函数、变量和文件，函数的复杂性用图表

示，变量用图表示，这就导致任何计算机都不可能同时把这些大量信息存在主存中；

（2）自然语言界面简单且易理解，但快速使用系统时不方便。

CODEBASE 系统提供了解决以上两个问题的方法。它提供了个体的下线存储，用一种类似于虚拟存储的技巧，相关的代码模型 TBox 存在内存中，而个体存在磁盘中。CODEBASE 也提供图形工具来视图和浏览知识库中的信息。

9.2.2　CSIS 和 CBMS 系统

LaSSIE 的开发最终被 AT&T 公司在 1995 终止了，但软件信息系统的研究没有停止，描述逻辑在一些开发中仍有很重要的作用（Baader et al.，2003），两个问题被提了出来：

（1）软件领域模型过时；

（2）软件中的信息退化。

这些问题刺激了对综合软件信息系统（CSIS）的研究（Welty，1995），后来很快就变为基于代码的管理系统（CBMS）。CBMS 的思想是在知识库中定义软件系统中知识表示的粒度，也就是让知识库表示为人为的管理。从描述逻辑方面来看，在知识库中软件的广泛表示要求有效处理大量信息的能力。CBMS 使用基于代码的大规模解析来构造抽象语法树（AST）。AST 有资源代码的所有信息，以便能够从 AST 中完全产生出资源代码。AST 中增加了语义信息，它是从语法中自动获得的。例如，在C++中，分配算子左边的变量改变了，那么它右边将是新值。

代码中的表示能力要求代码层的软件本体比 LaSSIE 中的本体要深，该本体应该包括状态、块、条件等。实际上，程序语言的每个语法元素都在本体中，一个简单的面向对象语言的本体如图 9.2.3 所示。

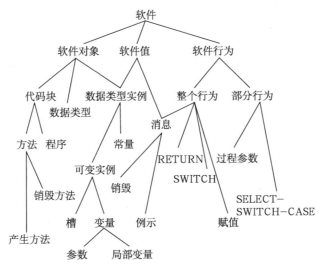

图 9.2.3　一个简单的代码层本体

另外，概念表示了源语言的语法元素，关系用来使概念实例在关系流、数据流等中彼此联系。例如，取如下 C++代码片段：

```
void group_deliver(MAIL_MESSAGE message,GROUP group)
{ LIST members;
  members = get_members(group);
  while(! empty(members))
    { ind_deliver(message,car(members));
      members = car(members);
    }
}
```

该片段的 CBMS 表示如图 9.2.4 所示，注意图中表示的较小的一段代码的 ABox 并且关系填充器被显示为二元关系。

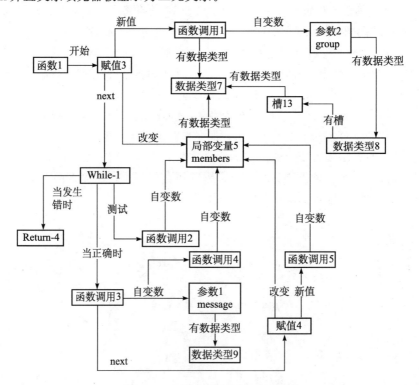

图 9.2.4　代码片段的 CBMS 表示

用 CBMS 表示的有利方面：

（1）用关系填充的代码表示个体界面就像超文本链接的界面，本体显示的信息比用 Window 编辑器编辑的软件的标准文档显示的要多（Welty, 1996）；

（2）CBMS 方法的推导能增加数据和自动显示更多信息。

9.3　描述逻辑应用于语义 Web

语义 Web 体系结构中，定义了本体层，用本体以及本体之间的语义关系来描述一个领域的概念化体系（Tim Berners‐Lee，2001）。一般来说，本体层定义了对象的类和它们之间的关系，并且提供了相应的推理规则。本体语言（Ontology Language）是一种用来描述领域结构的语言，即对领域本体进行刻画。这些结构可以采用一定的概念（类）和属性（关系）来描述，而本体就由这些结构所表示的公理组成。由于描述逻辑具有语义、可判定性及面向对象的分类表示等方面的优点，因此一般的本体语言可以建立在描述逻辑的基础之上。在语义 Web 上使用的本体语言包括：RDFS、OIL、DAML＋OIL 和 OWL 等。

图 9.3.1 说明了在语义 Web 的体系结构中，基于 Ontology 的语义信息表示机制。

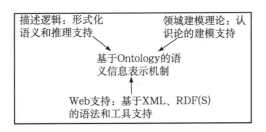

图 9.3.1　基于 Ontology 的语义信息表示机制

 **本章参考文献**

Baader F，Calvanese D，McGuinness D et al. 2003. The Description Logic Handbook：Theory，Implementation and Application. Cambridge University Press

Berners-Lee T，Handler J，Lassia O. 2001. The Semantic Web. Scientific American，284（5）：34～43

Mylopoulos J. 1998. Information Modeling in the Time of Revolution. Information Systems，23（1-2）：1～10

Ragnhild V，Straeten D，Mens T，Simmonds J，Jonckers V. 2003. Using Description Logic to Maintain Consistency between UML Models. *In*：Stevens P et al. 2003. UML 2003，LNCS 2863. Berlin，Heidelberg：Springer-Verlag，326～340

Welty C. 1995. An Integrated Representation for Software Development and Discovery

Welty C. 1996. An HTML Interface for Classic. *In*：Proceedings of the 1996 Description Logic Workshop（DL '96），No. WS-96-05 in AAAI Technical Report. AAAI Press

第四篇

本体应用系统

第10章 基于本体的语义检索原型系统设计与实现研究

近年来，智能语义检索的提出为解决这些问题提供了契机，语义检索是把信息检索与人工智能技术、自然语言技术相结合的检索，它的核心是基于概念的检索匹配机制。语义检索从语义理解的角度分析信息对象与检索者的检索请求，是一种建立在概念及其相关关系基础上的检索技术。现在普遍认同的一个观点是，智能语义检索技术将是支撑下一代互联网的关键技术（曹茂诚等，2007）。

语义检索主要是基于概念匹配的检索方法，把传统方法中从用户查询和文档抽取出来的关键词替换为含有语义的概念，以此把关键词级的检索提升到概念级的检索，并采用同义字典和近义字典对概念的语义进行补充。基于本体的信息检索的基本设计思想可以总结如下（Guarino et al.，1999）：

（1）在领域专家的帮助下，建立相关领域的本体；

（2）收集信息源中的数据，并参照已建立的本体，把收集来的数据按规定的格式存储在元数据库（关系数据库、知识库等）中；

（3）对用户检索界面获取的查询请求，查询转换器按照本体把查询请求转换成规定的格式，在本体的帮助下从元数据库中匹配出符合条件的数据集合；

（4）检索的结果经过定制处理后，返回给用户。

10.1 基于本体的语义检索模型设计

根据语义检索系统的设计目标和基于本体的信息检索系统的设计思路，提出了一个基于本体和 Lucene 的语义检索系统框架，如图 10.1.1 所示。

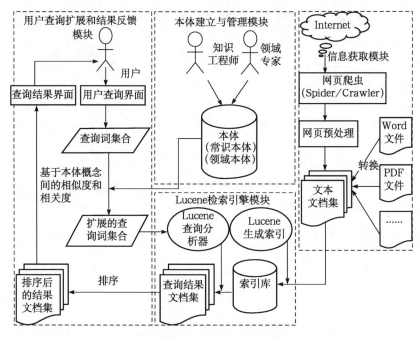

图 10.1.1　基于本体和 Lucene 的语义检索系统模型

该系统模型共分为四个模块：本体建立与管理模块，信息获取模块，Lucene 检索引擎模块，用户查询扩展和结果反馈模块。

10.1.1　本体建立与管理模块

本体是智能信息检索系统的信息组织框架，查询扩展和查询结果排序都需要以本体为基本依据，因此在构建基于本体的语义检索系统时，首先需要在领域专家和知识工程师的协助下构建合理的领域本体。该模型的本体，可以是常识本体或领域本体，也可以是两者的结合，常识本体用来描述在现实世界中公认的词汇和词汇间的语义联系，现在常用的常识本体包括 WordNet（Princeton University，2007）和知网 HowNet（Dong Zhendong，Dong Qiang，2007）等，领域本体定义了该领域的概念和概念间的关系，描述该领域的基本原理、主要实体和活动关系，提供领域内部知识共享和知识重用的公共理解基础。建立领域本体是一个严谨的过程，领域专家可以尽可能全面地涵盖领域内的重要概念和关系，以及如何将这些关系表达清楚；知识工程师则通过本体管理工具（如 Protégé），依照领域专家的描述建立本体，目前基于统计学的领域本体自动创建技术正在研究之中（Haase，2007）。

本体在建好之后并不是一成不变的，而是根据领域研究的不断深入而不断改变的。因此在建立了基本的领域本体后要对本体进行维护，这个过程通常分为五步：资源收集，概念整理，关系整理，精炼，评估（Intellidimension Inc.，2007）。

从领域本体的建立过程可以看到，领域本体是建立在领域概念及概念之间抽象关系基础上的，不依赖于具体的软件而存在，从而可以成为面向该领域的通用模型，具有极高的可重用性，方便在其之上进行开发和应用。

10.1.2　信息获取模块

文档信息库是信息检索系统的基础设施之一，在信息检索时，首先要确保信息库中存在有足够多的可供检索的信息，然后才能考虑如何有效地检索。由于实际工作导致了信息格式的多样性和信息存储的分布性，因此，为了确保信息检索的性能，必须通过一个信息检索器事先将分布在各种存储媒质中的信息收集到检索信息库中。语义检索一般都以提供专业解决方案为目标，其检索信息库中的资源也主要面向具体的专业领域，因此，在进行原始信息收集时，一般可选择专业图书馆或具有较高权威性的专业网站作为信息检索的起点，根据宽度、深度优先和启发式的信息获取算法在 Web 上循环收集信息。网络信息的搜集主要是依靠网络爬虫（Spider/Crawler），现在已经有很多现成的或开源的网络爬虫程序和接口。

在本模型中，除了考虑网络资料外，可以把本地资料，如 Word、PDF 等文件通过处理，加入文档信息库中，处理过程如图 10.1.2 所示。

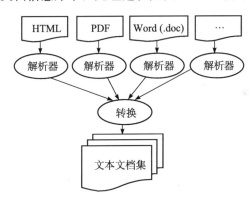

图 10.1.2　模型对本地资料的处理

因此，该模型也可以用于本地资源的检索中，如数字图书馆、企业内部信息等中小规模信息检索的系统中。

10.1.3　Lucene 检索引擎模块

Lucene 是一个高性能的、可扩展的信息检索工具库。人们可以把它融入应用程序中以增加索引和搜索功能。Lucene 是一个纯 Java 实现的成熟、自由、开源的软件项目。近几年来，Lucene 已经成为最受推崇和青睐的 Java 开源信息检索工具库。

Lucene 只是一个软件库或者说是工具包，它并不具备搜索应用程序的完整特征。它只关注文本的索引和搜索，并能够出色地完成这些工作。Lucene 用简单易用的 API 隐藏了复杂的索引和搜索操作的实现过程，因此可以使用应用程序专注于自身的业务领域，图 10.1.3 给出了一个集成 Lucene 的典型应用程序结构图 (Ebiquity Group，2007)。

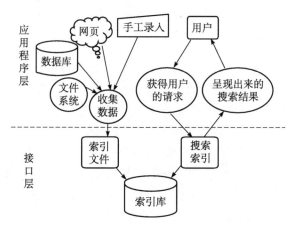

图 10.1.3　一个集成 Lucene 的典型应用程序

基于 Lucene 的检索引擎提供了如下功能：为文档库建立索引，生成索引库，根据用户的检索要求对索引库进行查询，并将查询的结果进行排序后返回给用户。

10.1.4　用户查询扩展和结果反馈模块

查询扩展指在本体的支持下，把与原查询相关的词语或者与原查询语义相关联的概念添加到原查询中，得到比原查询更长的新查询，然后检索文档，以改善信息检索的查全率和查准率，解决信息检索领域长期困扰的词不匹配问题，弥补用户查询信息不足的缺陷。语义查询扩展应该实现同义词扩展、语义蕴涵扩展、语义外延扩展和语义相关扩展。语义蕴涵扩展通过概念之间的语义蕴涵关系实现；语义外延扩展通过概念之间的语义外延关系实现；而语义相关扩展是通过概念之间的语义相关关系实现的，概念间的因果关系、特征关系、相互作用关系、对应关系等都可能被理解为概念的语义相关关系。查询扩展技术是指实现查询扩展的方法和手段，其核心问题是如何设计和利用扩展词的来源 (黄名选等，2007)。在模型中，语义查询扩展是通过常识本体或领域本体实现的，通过量化本体中概念间的关联程度，然后按照关联程度来决定扩展范围。

查询结果处理主要包括查询结果的排序和显示方式定制。查询结果的排序算法对信息检索系统至关重要，一个好的排序算法是搜索引擎成功的保证，它直接决定了查询结果对用户的有用性和重要性。

10.2　基于本体的语义检索原型系统设计与实现

设计实现的基于 Lucene 和本体的语义检索原型系统以计算机 "软件开发"

领域为例，该系统实现在计算机"软件开发"领域本体的支持下，对"软件开发"相关的"知识"、"图书"、"软件"方面的文档进行检索。对比语义检索结果和传统的信息检索结果，证明了基于本体的语义检索模型的有效性。

10.2.1　系统开发平台及工具

基于本体的语义检索原型系统开发平台如表 10.2.1 所示。

表 10.2.1　基于本体的语义检索原型系统开发平台

平台环境	性能
硬件方面	CPU：P4-2.66G；内存：512M
操作系统	Window XP
使用语言	Java
开发环境	JBuilder 2006
数据库服务器	Microsoft SQL Server 2000

基于本体的语义检索原型系统开发工具如表 10.2.2 所示。

表 10.2.2　基于本体的语义检索原型系统开发工具

工具	用途
Protégé 3.4 beta	用于领域本体的创建与维护
RacerPro 1.9.0	领域本体的一致性检测，类层次关系推理，等价类推理
Jena 2.5.2	本体文件解析与操作开发包
Lucene 2.2.0	全文检索开发包

10.2.2　基于本体的语义检索原型系统各模块的设计与实现

原型系统采用基于 Lucene 和本体的语义检索模型，包括以下各模块：本体建立与管理模块、信息获取模块、Lucene 检索引擎模块、用户查询扩展和结果反馈模块。

1.　本体建立与管理模块的设计与实现

在"软件开发"创建本体中，参考了 ODP（Open Directory Project，http：//www.dmoz.org）和领域专家的意见，主要考虑了"程序设计语言"，"数据库"，"软件开发环境"三个方面。本体描述语言使用 OWLDL，利用 Protégé 3.4 建立了"软件开发"领域本体，如图 10.2.1 所示。

"软件开发"领域本体创建完成后，使用 RacerPro1.9.0 对领域本体的一致性进行检测，推理类层次和推理等价类，如图 10.2.2 所示。

2.　信息获取模块的设计与实现

原型系统实现对"软件开发"相关的"知识"、"图书"、"软件"方面的文档进行检索，所以在网上收集了与关于"软件开发"的相关知识，相关图书和相关软件介绍的文本信息作为检索系统的文档库。

3. Lucene 检索引擎模块的设计与实现

原型系统利用 Lucene 开发包为文档库建立了索引，索引建立界面如图 10.2.3

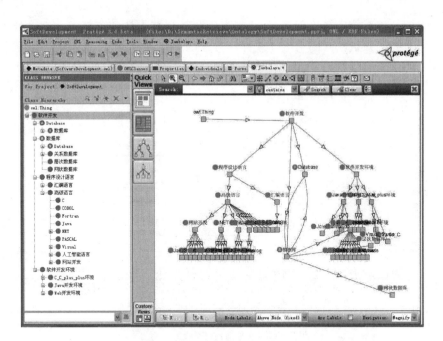

图 10.2.1　利用 Protégé 3.4 创建的 "软件开发" 领域本体

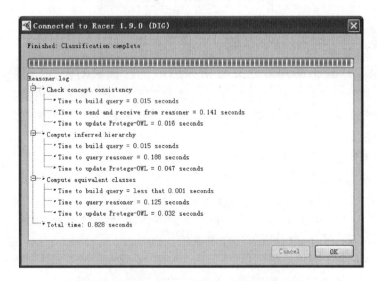

图 10.2.2　RacerPro 对本体的一致性检测和推理

所示。

　　为文档库建立索引后，才可以利用 Lucene 检索引擎对文档库进行基于关键字匹配的全文检索。原型系统提供了两种查询方式，一种是输入查询语句，通过分词得到检索词；另一种是直接输入检索词。全文检索系统支持 "AND"，"OR" 和 "NOT" 关键词来表示检索词间的逻辑关系。检索界面如图 10.2.4

图 10.2.3 原型系统为文档库创建索引的界面

所示。

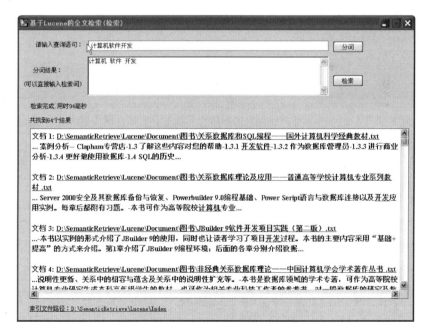

图 10.2.4 基于 Lucene 的全文检索界面

4. 用户查询扩展和结果反馈模块的设计与实现

用户查询扩展和结果反馈是基于本体的语义检索的关键模块。对用户的检索词进行扩展需要领域本体的支持，因此，在查询扩展之前需要有量化好的领域本体中综合的概念间相似度和相关度的值。原形系统通过使用 Jena 开发包解析本体结构，计算出了综合的概念相似度和相关度的值，并存储在 SQL 数据表中，检索时，能快速确定需要扩展的词表。领域本体中综合的概念相似度和相关度计算的实现界面如图 10.2.5 所示。

概念1	概念2	相似度	相关度	两项指标
数据库	Database	0.238	1	1
网站开发	Dreamweaver	0.065	0.75	0.766
Java	Eclipse	0.065	0.75	0.766
ASP	Access	0.043	0.75	0.781
PHP	MySQL	0.043	0.75	0.781
Perl	网站开发	0.556	0	0.556
PHP	网站开发	0.556	0	0.556
Prolog	人工智能语言	0.556	0	0.556
VB.NET	NET	0.556	0	0.556
VC.NET	NET	0.556	0	0.556
Visual C++	Visual	0.556	0	0.556
AJAX	网站开发	0.556	0	0.556
ASP	网站开发	0.556	0	0.556
ASP.NET	NET	0.556	0	0.556
Basic	Visual	0.556	0	0.556
C#.NET	NET	0.556	0	0.556
Delphi.NET	NET	0.556	0	0.556
HTML	网站开发	0.556	0	0.556
FoxPro	Visual	0.556	0	0.556
JavaScript	网站开发	0.556	0	0.556

开始：计算概念对的相关度，并写入ClassSimRel…
结束：计算概念对的相关度，并写入ClassSimRel

开始：综合概念对的相似度和相关度，并写入ClassSimRel…
结束：综合概念对的相似度和相关度，并写入ClassSimRel
计算结束

图 10.2.5　领域本体中综合的概念相似度和相关度计算的实现界面

计算公式中参数设置如图 10.2.6 所示。

计算参数参考的是专家值，可以根据实际的应用领域调整。

语义检索界面如图 10.2.7 所示。

由于在"软件开发"本体中定义的"Prolog"和"LISP"是"人工智能语言"的子类，"人工智能语言"是"高级语言"的子类，从检索结果可以看出，当扩展阈值为 0.5 时，用语义检索系统检索"人工智能语言"，可以获得关于"Prolog"、"LISP"和"高级语言"的相关文档。

10.2.3　语义检索原型系统和传统信息检索系统的检索效果对比

由于基于本体的语义检索系统有领域本体的支持，所以比传统的全文检索系统更具优越性，下面给出几个检索的例子进行说明。

在传统的全文检索系统中，检索"Database"返回的相关信息如图 10.2.8 所示。

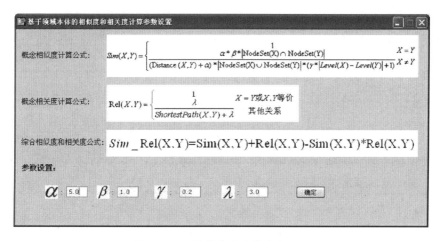

图 10.2.6 计算公式中的参数设置

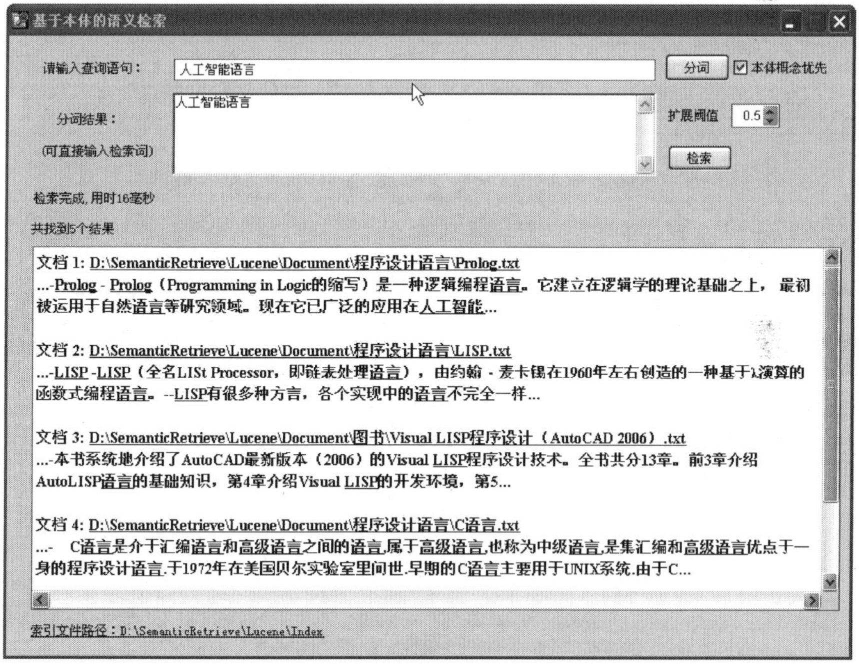

$$Sim(X,Y)=\begin{cases}1 & X=Y\\ \dfrac{\alpha*\beta*|NodeSet(X)\cap NodeSet(Y)|}{(Distance(X,Y)+\alpha)*|NodeSet(X)\cup NodeSet(Y)|*(\gamma*|Level(X)-Level(Y)|+1)} & X\neq Y\end{cases}$$

概念相关度计算公式:

$$Rel(X,Y)=\begin{cases}1 & X=Y或X,Y等价\\ \dfrac{\lambda}{ShortestPath(X,Y)+\lambda} & 其他关系\end{cases}$$

综合相似度和相关度公式: $Sim\_Rel(X,Y)=Sim(X,Y)+Rel(X,Y)-Sim(X,Y)*Rel(X,Y)$

参数设置:

图 10.2.7 基于本体的语义检索界面

从图 10.2.8 可以看出，传统的全文检索系统返回了两个包含了"Database"关键词的文档。

在基于本体的语义检索系统中，对于同一个索引库，检索"Database"返回的结果如图 10.2.9 所示。

由于在"软件开发"领域本体中定义的"Database"和"数据库"是等价类，根据计算公式，它们的综合相似度和相关度的值为1。在图 10.2.9 中可以

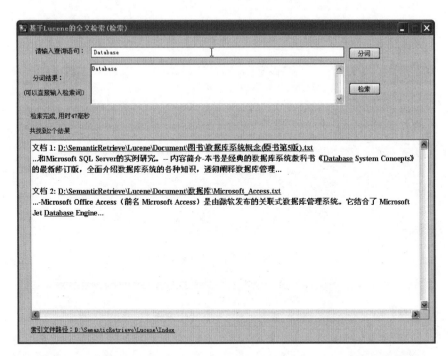

图 10.2.8 传统的全文检索系统中检索"Database"返回的结果界面

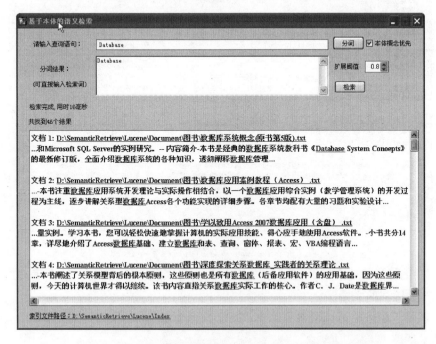

图 10.2.9 语义检索系统中检索"Database"返回的结果界面

看出，当查询的扩展阈值为 0.8 时，在语义检索系统中检索"Database"，同样获得了关于"数据库"的相关文档，共 46 个结果。可以看出，基于本体的查询扩展，提高了检索的查全率。

下面的检索例子通过多关键词的使用来说明基于本体的查询扩展对查准率的影响。在传统的全文检索系统中检索"java AND NOT database"（即检索包含"java"并且不包括"database"的相关文档）的检索结果如图 10.2.10 所示。

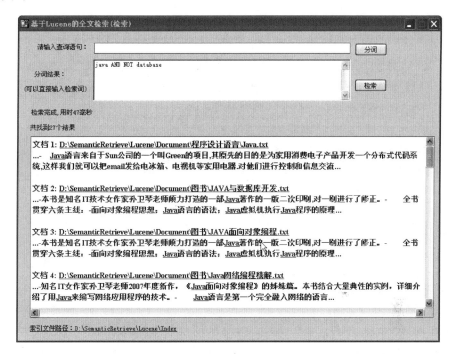

图 10.2.10　传统的全文检索系统中检索"java AND NOT database"返回的结果界面

从图 10.2.10 可以看到，传统的全文检索系统的检索结果返回 47 个结果，其中很多文档包含了"数据库"这个关键词，如第二个相关文档是"JAVA 与数据库开发 .txt"，因为"数据库"和"database"是相同的概念，包含"数据库"的文档是不应该返回给用户的。

使用相同的检索词和相同的索引库，在语义检索系统中检索，返回的结果如图 10.2.11 所示。

从图 10.2.11 中可以看到，语义检索系统只返回包含了"java"，并且不包含"database"和"数据库"的 7 个文档。可以看出，基于本体的查询扩展，能提高检索的查准率。

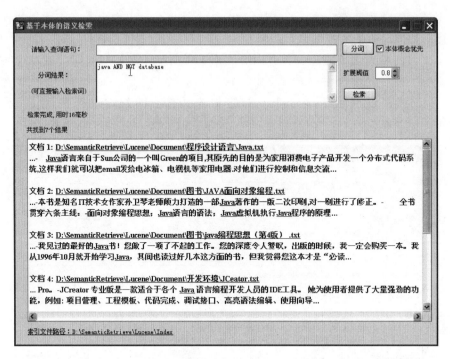

图 10.2.11　语义检索系统中检索"java AND NOT database"返回的结果界面

本章参考文献

曹茂诚，王英龙，王金栋等. 2007. 语义检索技术研究. 信息技术与信息化，3：51～52

黄名选，严小卫，张师超. 2007. 查询扩展技术进展与展望. 计算机应用与软件，24（11）：1～4

Dong Zhendong Dong Qiang. 2000. 知网——HowNet Knowledge Database. http：//www. keenage. com

Ebiquity Group. 2007. Swoogle Semantic Web Search Engine. http：//swoogle. umbc. edu

Guarino N，Masolo C，Veter G. 1999. On to Seek：Content-Based Access to the Web. IEEE. Intelligent Systems，14（3）：70～80

Haase P. 2007. Ontobroker. http：//ontobroker. semanticweb. org

Intellidimension Inc. 2007. Semantic Web Solutions for Windows. http：//www. intellidimension. com

Princeton University. 2007. WordNet—A Lexical Database for English. http：//wordnet. princeton. edu

第 11 章　基于本体的科学家资源服务平台研究[*]

　　* 著作人之一甘健侯入选 2010 年"西部之光"人才培养项目，赴中国科学院计算机网络信息中心（CNIC）访问与工作，师从阎保平研究员。本章内容是参与中国科学院 CNIC 创新基金项目《基于本体的科学家资源服务平台研制》的本体相关工作总结。

11.1　概述

　　通过建设基于本体的科学家资源服务平台，对已有数据进行完善、更新和管理，建设科学家资源领域本体，并对科学家资源信息进行数据挖掘，研发基于本体的科研信息化用户服务综合集成平台。提升科研信息化用户服务水平，为全院的科研信息化推进提供辅助决策支持。

11.1.1　主要研究工作

　　基于本体的科学家资源服务平台主要功能包括：①科学家资源信息数据的完善、更新与管理；②科学家资源信息模型的建立；③基于语义 Web 的科学家资源领域本体的构建研究；④基于语义的科学家信息资源网站自动生成技术研究和科学家资源个性化推荐技术研究；⑤基于本体的科学家资源管理集成服务平台研制。

11.1.2　技术方案

　　基于本体的科学家资源服务平台 SRSP 开发工具（Protégé，2010；Jena，2010；

The Apache Software Foundation，2010；Racer Systems GmbH & Co. KG.，
2010）如表 11.1.1 所示。

表 11.1.1 基于本体的科学家资源服务平台 SRSP 开发工具

开发工具	用途
Protégé 4.1 beta	用于领域本体的创建与维护
RacerPro 2.0	领域本体的一致性检测，类层次关系推理，等价类推理
Jena 2.6.3	本体文件解析与操作开发包
Lucene 3.0.2	全文检索开发包
数据库管理系统	Mysql
开发环境	采用 Eclipse 搭建的 J2EE 开发平台，运用 Struts + Hibernate +Spring + AJAX 技术

采用 Protégé 工具对科研本体进行建模，在开发环境中采用 Protégé-OW-
LAPI 接口实现科研本体的构建与推理；并调用 Protégé 实现简单推理，将 Jena
推理功能嵌入 Protégé 的 API。

Protégé 4.1 beta 下载：http：//protege. stanford. edu。

Jena 2.6.3 下载：http：//jena. sourceforge. net。

Lucene 下载：http：//lucene. apache. org。

RacerPro 2.0 下载：http：// www. racer-systems. com。

11.2 主要功能

11.2.1 科学家资源信息的获取

科学家信息的获取是该项目的基础性工作，获取的渠道主要有：

（1）利用中国科学院 ARP 系统所有有关科学家的资源数据，并与之保持信
息的一致性；

（2）利用各种人工方式和途径采集和更新科学家资源信息；

（3）利用互联网实现面向科研人员人物搜索和关系挖掘技术，获取科学家相
关科研信息；

（4）利用文献搜索和挖掘技术获取科学家资源信息；

（5）与中国科学院相关机构、研究所建立科学家资源数据更新机制，通过机
制创新，保持数据及时正确更新。采集途径多种，重点在信息模型的建立。

11.2.2 基于语义 Web 的科学家资源领域本体构建研究

语义 Web 技术的使用使得各网络资源能够被机器理解，弥补了现有技术的
不足。通过研究在语义 Web 中各本体描述语言之间的映射问题，如 RDFS、
DAML＋OIL 和 OWL 之间的映射问题，并对映射中的一些难点问题，如多值元
素映射和递归元素映射等问题提出解决方法；另外，建立与其他本体库的接口，
将已建立的本体导入到系统中。

在对传统信息检索技术和本体技术研究的基础上，提出了基于本体和 Lucene 的语义检索系统模型，该模型在传统的全文检索系统中加入本体，为信息检索系统提供了语义支持。另外，提出了概念间相似度和相关度的计算方法及其查询扩展方法，并将算法应用到了科学家资源检索系统中。

将本体技术引入科学家资源服务平台中，对科学家资源领域进行了本体构建，实现对科学家资源的组织、管理和服务。

11.2.3　基于本体的科学家信息资源网站自动生成技术研究

基于数据库查询技术、本体推理技术，建立了基于本体的科学家信息资源网站自动生成模型，主要包括：个性化主题图导航学习，智能化知识获取与学习。智能化知识获取与学习可以在海量数据库进行智能知识获取，系统可以自动地把检索的内容，组装成一个界面，相当于一个门户网站。这个界面不是线性的罗列，它可以大大地提高用户的效率。

主要解决的问题：在利用本体技术对转换过程中的控制、指导时，可能会发生多语义的问题，通过利用人机交互技术，对话咨询窗口并由相应的领域专家知识库提供必要的帮助信息予以解决。

11.2.4　科学家资源个性化推荐技术研究

对现有的个性化信息服务技术进行深入的研究，把数据挖掘、自然语言理解及专家系统技术用于个性化信息服务。通过对个性化信息服务系统体系结构的研究，可向用户推荐内容相关的信息而不仅是包含某个词的信息，体现了科学家资源个性化信息服务的智能性。

科学家资源个性化推荐过程包括以下步骤：①收集用户相关信息和 Web 资源，用户相关信息包括用户浏览行为、用户日志等；②信息的模型化和分类；③信息优化处理和推荐信息。分析收集信息的方法有基于内容的过滤、协同过滤、基于规则的过滤及 Web 使用挖掘等。

11.2.5　基于本体的科学家信息服务综合集成平台

科学家资源服务平台主要基于数据库技术、数据挖掘技术、机器学习、本体技术、知识工程等先进技术与方法，对科学家资源进行组织、管理与服务应用。

科学家资源服务平台包括五层：基础设施层、数据中心层、服务平台层、用户应用层和扩展服务层。

基础设施层包括网络设施、服务器、存储器、超级计算机和 Internet，它为科学家信息服务综合集成平台的基础性数据通讯、计算、存储和管理提供基本的硬件支持。

数据中心层包括科学资源数据库、领域本体知识库、科学家资源文档库和其他资源数据库。涵盖了科学家资源的所有数据，是整个系统的核心。数据的获取主要通过科学家信息文档及文献资源等。

服务平台的技术支撑包括数据库应用、数据挖掘、文档挖掘、本体获取与映射、日志挖掘和决策支持。

用户应用层包括用户信息检索、科学家资源网站 SRWeb、科学家个人情况和个性化推荐；技术支撑包括个性化推荐技术、可视化技术、智能搜索技术、知识推理与服务、网站自动生成。

扩展服务层包括电子邮件系统、视频桌面系统、VOIP 系统、在线通讯系统和协同工作平台。扩展服务层在科学家资源服务的基础上，将现有的、成熟的应用系统无缝集成到平台中，使用户方便使用。

科学家资源服务平台总体结构如图 11.2.1 所示。

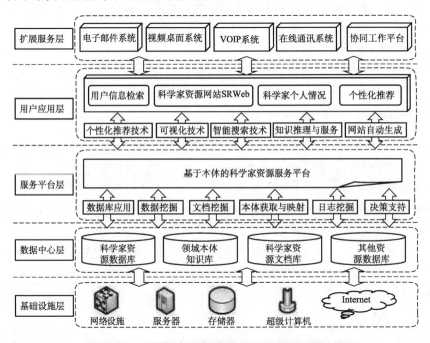

图 11.2.1　科学家信息服务综合集成平台总体结构

11.3　科学家资源关系数据库数据模型构建

科学家资源主要包括：科学家主体、科研活动、科研成果等。

科研活动包括：科研项目、学术活动、科学研究等。

科研成果包括：科研获奖、出版著作、学术论文、专利（知识产权）、科学数据、报告、产品等。

学术活动包括：学术会议、科研讲座、培训等。

学术论文：期刊论文、会议论文、学位论文等。

科研机构类型：研究所、高等院校、企事业单位等。

直管部门、科研院校、科研院校二级部门。

11.3.1　科学家基础数据

科学家基本信息数据表：姓名、性别、出生年月、民族、籍贯、职称及获得日期、学位及授予日期、政治面貌、身份证号、是否民主党派、是否人大代表、是否政协委员、是否留学归国人员、工作单位、单位性质、所在省市、职务、任职时间、单位地址、邮政编码、参加工作日期、工作电话、手机、电子邮件、硕导、博导、博士后导师等。

科学家简历数据表：简历名称、起始时间、结束时间。

学业信息数据表：起始时间、结束时间、教育类型、教育部门、专业、授予学位等。

学业信息主要对象包括：普通教育信息（中学、大学、硕士、博士、博士后）和其他教育信息（中短期培训、出国学习）等。

科学家社会关系主要对象包括：师徒关系、研究方向相同科学家、专家组。

类别：学业、工作、进修、访学。

11.3.2　科学家科研项目数据

1. 科研项目

科学家项目数据表：项目名称、项目编号、负责人、所属单位、批准文号、项目性质、项目分类、学科代码、项目来源单位、项目总经费、项目状态、立项日期、计划完成日期、项目状态、成果形式、结题日期、鉴定级别。

课题组对象：描述科学家所在单位、重点实验室、课题组的基本信息（课题负责人、课题组成员、课题组研究方向、目前承担课题、课题来源渠道）。

项目成员数据表：项目编号、项目名称、署名顺序、成员姓名、贡献率、工作量。

项目类别：国家级重点项目、国家级项目、省部级重点项目或国家级重点项目子项目、省部级一般项目、国家级项目或省部级重点项目子项目、横向项目。

课题来源：纵向课题、横向课题。

课题性质：自然科学、基础研究、软科学、社会科学、应用研究。

研究咨询报告：中共中央和国务院采纳、中央各部委采纳、市（省）委、市（省）政府采纳。

鉴定成果：国际领先、国际先进、国内领先、国内先进、市（省）内领先、市（省）内先进。

2. 学术活动

科学家学术活动数据表：编号、学术主题、主办单位、承办单位、筹办人、时间、地点、资助项目（科研项目对接）。

3. 其他

科研活动其他数据对象：采访、报道等。

11.3.3 科学家科研成果数据

1. 科研获奖

科学家科研获奖数据包括：获奖名称、时间、级别、排名、颁奖部门、获奖由来；

获奖：国家级（一等奖、二等奖、三等奖、其他奖）、省部级（一等奖、二等奖、三等奖、其他奖）、地厅级（一等奖、二等奖、三等奖、其他奖）。

2. 出版著作

科学家出版著作数据表：出版日期、专著名称、排名、出版社、出版社级别、著作摘要、关键字、课题资助、课题来源、合作者；

著作类别：专著、编著、教材、译著。

3. 学术论文

科学家发表论文数据表：发表日期、论文题目、英文题目、论文类型、（排名）、是否为通信作者、期刊名称、其他作者、期刊级别、期刊号、学科门类、项目来源、是否为译文、字数、论文摘要、关键字、成果应用情况、影响因子；

论义类型：Science、Nature、三大检索、核心期刊、一般期刊、会议论文、学位论文。

4. 专利（知识产权）

科学家知识产权数据表：授权时间、知识产权类型、知识产权名称、排名、批准单位、知识产权授权登记号；

科学家专利数据表：专利名称、专利拥有人、成果总参与人数、专利授权通知、授权专利编号、专利年费、专利开始时间；

专利成果：发明专利、实用新型、外观设计。

5. 科学数据

科学数据：类别、数据名称、应用领域、服务对象、科学数据基本信息。

6. 报告

报告：报告名称、报告类别、采纳时间、采纳部门、报告关键字、基本内容；

报告类别：中共中央和国务院采纳，中央各部委采纳，市（省）委、市（省）政府采纳，国际会议。

7. 产品

报告：产品名称、产品类别、所有权人、投入时间、授权部门、应用领域、是否申请专利、价格。

11.3.4 其他数据对象

科学家资源数据库中，还包括以下数据：科研机构、科研机构二级部门、学科门类代码等；

常用数据字典包括：性别、民族、职称、职务、政治面貌、学历、学位、单位性质、省（市）数据等。

11.3.5 科学家资源关系数据库中数据字段与本体推理的关系

在科学家资源关系数据库中，对于性别、出生年月、民族、籍贯、职称、获得日期、政治面貌、是否民主党派、是否人大代表、是否政协委员、是否留学归国人员、工作单位、单位性质、所在省市、职务、任职时间、单位地址、邮政编码、参加工作日期、工作电话、手机、电子邮件、导师等数据字段，可以使用关系数据库常见的查询、统计技术，检索到基本的信息，并用文字、报表、统计图表等方式反馈给用户。

要获取深层次的知识，能概括或完全覆盖科学家资源服务的整个领域，这就要求首先要明确科学家资源关系数据库中数据字段与本体推理的关系。通过分析，表11.3.1基本概括了科学家资源关系数据库中数据字段在知识推理中的应用。

表 11.3.1　科学家资源关系数据库中数据字段在知识推理中的应用

数据字段	隶属数据表	知识推理中的应用	结果表现形式
硕士、博士或博士后导师	基本信息数据表	推理出科学家之间的学缘关系	文字、图表
工作单位	基本信息数据表	推理出科学家之间的同事关系	文字、图表
职务与工作单位	基本信息数据表	推理出科学家之间的上级（下级）关系	文字、图表
姓名与工作单位	基本信息数据表	在推理过程中须考虑科学家姓名与工作单位，避免推导出同名科学家等错误信息	
起止时间与简历名称	简历数据表	推理出科学家自身的发展历程	文字、图表
起止时间与教育信息	学业信息表	推理出科学家自身的学业历程	文字、图表
项目成员	项目数据表	推理出科学家科研项目的合作团队关系	文字、图表
署名顺序、工作量与贡献率	项目成员数据表	推理出科学家科研团队成员之间的关系	文字

续表

数据字段	隶属数据表	知识推理中的应用	结果表现形式
项目学科代码	项目数据表	推理出研究该领域的所有科学家	文字、图表
项目学科代码、项目类别、鉴定成果和基于项目的获奖级别等	项目数据表 科研奖励表 ……	推理出研究该领域的所有科学家和科学家的影响力	文字
学术主题、时间、资助项目	学术活动数据表	推理出科学家承担项目过程中的学术活动整体情况	文字、图表
是否为通信作者、其他作者等	学术论文数据表	推理出科学家科研团队成员之间的关系	文字、图表
专利拥有人	专利数据表	推理出科学家科研团队成员之间的关系	文字、图表
采访、报道机构级别，发布地点，报道数量，频繁程度等	采访、报道数据表	推理科学家的影响力	文字
相关数据字段	全部数据表	自动生成科学家个人信息文档，可以分为概括、详实等类型	文字
相关数据字段	全部数据表	自动生成科学家资源网站 SR-Web	网站集成

11.4 科学家资源本体库构建

11.4.1 科学家资源概念层次树

科学家资源概念层次树如图 11.4.1 所示。

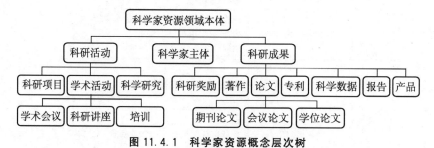

图 11.4.1 科学家资源概念层次树

11.4.2 科学家资源本体中的常用关系

本体中的关系表示概念之间、概念和个体实例之间的关联。典型的关系有：IS－A 关系（subClassOf 关系）、InstanceOf 关系、MemberOf 关系、Before 关系和 After 关系、Inverse 关系。

另外，还包括以下关系：

（1）Similar 关系：Similar 关系也可称为相似关系，主要用于描述两个对象之间的相似关系。相似关系具有自反性、对称性和传递关系。

（2）Compare 关系：Compare 关系类型也称为比较关系，主要用于描述两个不等价的对象之间的比较关系，如大小关系（greaterThan），长短关系（longerThan），时间先后关系（before，after）等。对于相等的情况可使用等价关系。比较关系最大的特点是传递性。如：A Compare：greaterThan B；并且 B Compare：greaterThan C；则有 A Compare：greaterThan C。

（3）Position 关系：Position 关系主要用于描述的是两个对象之间的位置关系，可以是空间位置的关系，如 over，on 等，也可以是方位的关系，如 east，west 等。

（4）Equal 关系：Equal 关系主要用于描述的是相等关系、等价关系。Equal 关系具有自反性、对称性、传递性及继承性。

其他关系定义如下：

〈修饰关系〉∷= time(时间)｜before(以前)｜place(地点)｜result(结果)｜goal(目的)｜after(以后)

〈量词关系〉∷= every(每个)｜exist(存在)

〈性质关系〉∷= inverse(逆)｜equal(等价)

〈固有关系〉∷= imply(蕴涵)｜similar to(相似)｜more than(多于)｜less than(少于)｜be(是)｜have(有)｜position(位置)｜attribute(属性)｜property(性质)｜number(数量)｜belong(属于)｜equipollence(等价)

系统定义结点：

〈关系类型名〉∷= imply(蕴涵)｜similar to(相似)｜be(是)｜belong(属于)｜have(有)｜position(位置)｜attribute(属性)｜property(性质)｜exception(除外)

〈性质〉∷= translation(传递)｜symmetry(对称)

11.4.3 谓词定义与扩展

在公理或规则中，经常出现"A 是 B 的子类"、"A 是 B 的实例"等谓词或函数。

为进一步抽取和管理科研对象之间的关系，反映科研过程自身的结构和规律，对科学家资源领域中经常使用到的谓词进行扩展如表 11.4.1 所示。

表 11.4.1 谓词定义与扩展

关系	关键字	解释	元数	备注
是子类	subClassOf	表示一个概念是另一个概念的子类	二元	具有传递性
是成员	memberOf	表示一个概念是另一个概念的成员	二元	不具有传递性
是实例	instanceOf	表示一个个体是一个概念的实例	二元	不具有传递性

续表

关系	关键字	解释	元数	备注
前导	precursor	一个概念是另一个概念的前导	二元	具有传递性
后继	successor	一个概念是另一个概念的后继	二元	具有传递性
功能相反	functionInverse	一个概念的功能与另一个概念的功能相反	二元	具有自反性
功能相似于	functionSimilar	一个概念（实例）的功能相似于另一个概念（实例）	二元	具有对称性
另称为	otherName	一个概念的特殊名称	二元	具有传递性
运行于	runEnvironment	一个概念必须在另一个概念环境中运行	二元	
具有属性	hasProperty	表示 A 具有属性 B	二元	
包含	inclusion	A 是一个集合，B 是集合中的一个元素。如实例库 Ibase 中包含实例 i，可表示为（Ibase, inclusion, i）	二元	与"包含于"有逆关系
包含于	inclusionIn	B 是一个集合，A 是集合中的一个元素。如个体 i 是 Ibase 中一个实例，表示为（i, inclusionIn, Ibase）	二元	与"包含"有逆关系
参与	has _ attend	一个概念（如科学家）参与到另一个概念中（如项目）	二元	
支持、资助	Supports	一个概念（如基金）支持或资助另一个概念（如项目）	二元	
隶属于	has _ position	一个概念（如科学家）隶属于另一个概念（如科研机构）	二元	具有传递性
属于	belong _ to	一个概念（如产品）隶属于另一个概念（如科学家）	二元	
致力于	study _ on	一个科学家的研究领域致力于一个概念	二元	
是同学	Is _ schoolmate	一个科学家是另一个科学家的同学	二元	
是老师	Is _ teacher	一个科学家是另一个科学家的老师	二元	
是同事	Is _ coworker	一个科学家是另一个科学家的同事	二元	具有传递性
是朋友	Is _ friend	一个科学家是另一个科学家的朋友	二元	
是下属	Is _ subordinate	一个科学家是另一个科学家的下属	二元	具有传递性
是上级	Is _ senior	一个科学家是另一个科学家的上级	二元	具有传递性

11. 4. 4 操作符定义

Operation 是一个集合，其值域为一个枚举类型，它提供在公理或规则以及属性值的区间约束，科学家资源领域中经常使用到的操作符定义如表 11.4.2 所示。

表 11.4.2 操作符定义

操作符	含义	解释	适用范围
greaterThan	大于	一个概念的某个属性值大于另一个属性值或一个数据值	数值型
lessThan	小于	一个概念的某个属性值小于另一个属性值或一个数据值	数值型
unequal	不等于	一个概念的某个属性值不等于另一个属性值或一个数据值	数值型/字符串
equal	等于	一个概念的某个属性值等于另一个属性值或一个数据值	数值型/字符串

"大于、等于"、"小于、等于"分别由 owl：minCardinality、owl：maxCardinality 实现。

11.4.5　IF-THEN 规则表示

OWL 中不能表示规则，典型的规则标记语言是 RuleML。在这里，只考虑以下情况：

IF（〈逻辑表达式〉）THEN〈推理事实〉

在〈逻辑表达式〉中，可加入"AND"、"OR"和"NOT"运算符来构造复合命题。

先建立一个 IF-THEN 规则的模板"IF-THEN-Rule"，它具有的属性如表 11.4.3 所示。

表 11.4.3　OWL 中的 IF-THEN 规则表示

扩展关键字	解释	备注
IF-THEN-Rule	指定 IF-THEN-Rule 为类	
Rule-Name	指定规则名	值域是 rdf：literal
Rule-Premise	指定规则的前件	
Rule-Conclusion	指定规则的后件	
Atom-Proposition	原子命题表达式	
predication	指定谓词	
NOT	NOT 逻辑连接符	
AND	AND 逻辑连接符	
OR	OR 逻辑连接符	
arityNumber	指定当前原子命题表达式中谓词的元数	
atomProSet	原子命题设置	
itemSet	原子命题的项设置	
every	表示"所有"，全称量词	
exist	表示"存在"，存在量词	
leftParenthesis	表示"（"，左括号	
rightParenthesis	表示"）"，右括号	
variable	在全称量词或存在量词中设定变量	设置变量用引号""，引用变量用方括号 []

11.4.6　科学家资源服务的基本知识推理

不论基于结构或是逻辑进行知识推理，常见的推理问题包括：

1. 类（概念）——实例关系推理

给定知识库 $\mathcal{K}$，C 是知识库 $\mathcal{K}$ 中的一个类（概念），i 是知识库 $\mathcal{K}$ 中的一个个体，可对以下类与实例的关系进行推理：

（1）判断一个个体是否是 C 的一个实例，如科学家"孙院士"科研团队是一个类，判断科学家"李某"是否属于这个团队；

（2）判断知识库 $\mathcal{K}$ 中 C 的所有实例，如科学家"孙院士"发表的学术论文是一个类，判断"孙院士"的所有学术论文；

（3）判断在知识库 $\mathcal{K}$ 中个体 i 是哪些类的实例，如科学家"李某"是哪些科研团队的实例；

（4）判断两个实例之间的关系或判断与某个实例有特定关系的实例，如判断科学家"李某"和"杨某"的特定关系，如：同学、老师、同事、朋友、下属、上级等关系。

2. 类（概念）的关系推理

给定类 C 和 D，判断它们之间的关系（子类、成员、部分等）。如科学家"孙院士"科研团队与"陆院士"科研团队之间的关系。

3. 在类的体系结构中进行推理

给定类 C，返回在知识库 $\mathcal{K}$ 中 C 的所有或相关的超类；或者在知识库 $\mathcal{K}$ 中 C 的所有或相关的子类。如给定科学家"李某"课题组类，判断该科课组在知识库 $\mathcal{K}$ 中的所有或相关的超类或子类。

4. 类的满足性推理

给定一个类 C，判断是否 C 在知识库 $\mathcal{K}$ 是可满足的（一致的）。如给定科学家"李某"课题组类，判断该科课组在知识库 $\mathcal{K}$ 中是否可满足。

5. 基于属性的推理

属性与类（实例）有相似的推理，包括：属性-实例关系，属性包含，属性体系结构和属性可满足性等。如科研领域本体中描述科研对象的属性与关系：

【科研活动】与【参与人员】之间的【参与】（attend）关系；

【人员】与【组织】之间的【隶属于】（has_position）关系；

【基金】与【项目】之间的【支持】（supports）关系等。

本章参考文献

Racer Systems GmbH & Co. KG. 2010. RacerPro Version 2.0 is Now Available as a Public preview. http：// www. racer-systems. com

Jena. 2010. Jena—A Semantic Web Framework for Java. http：//jena. sourceforge. net

Protégé. 2010. Welcome to Protégé. http：//protege. stanford. edu

The Apache Software Foundation. 2010. Welcome to Apache Lucene! http：//lucene. apache. org

附录一 研究领域专业术语

简称	全称	中文含义
DAML	DARPA Agent Markup Language	DARPA 代理标记语言
DAML-S	DARPA Agent Markup Language for Service	DAML 服务
DC	Dublin Core	都柏林核心数据集
DL	Description Logics	描述逻辑
DOM	Document Object Model	文本对象模型
DTD	Document Type Definition	文档类型定义
HTML	Hypertext Markup Language	超文本标记语言
IWS	Intelligent Web Services	智能 Web 服务
KD	Knowledge Discovery	知识发现
KSL	Knowledge System Laboratory	知识系统实验室
OIL	Ontology Inference Layer	本体推理层
Ontology		本体
OWL	Web Ontology Language	Web 本体语言
OWL-S	Web Ontology Language Service	语义 Web 服务
RDF	Resource Description Framework	资源描述框架
RDFS	RDF Schema	RDF 模式
SGML	Standard Generic Markup Language	标准的通用标记语言
SNetL	Semantic Network Language	语义网络语言
SOAP	Simple Object Access Protocol	简单对象访问协议
SW	Semantic Web	语义 Web
UDDI	Universal Description Discovery, and Integration Service	通用描述、发现和集成服务
URI	Uniform Resource Identifier	统一资源标识符
WSDL	Web Service Description Language	Web 服务描述语言
XML	Extensible Markup Language	可扩展标记语言

附录二　重要的 Web 资源

URL	Content
http：//www. w3. org	World Wide Web Consortium
http：//www. w3. org/RDF	Resource Description Framework（RDF）
http：//www. w3. org/TR/rdf-syntax-grammar	RDF/XML Syntax Specification（Revised）
http：//www. w3. org/TR/rdf-schema	RDF Vocabulary Description Language：RDF Schema
http：//www. w3. org/TR/rdf-primer	RDF Primer
http：//www. w3. org/TR/rdf-concepts	Resource Description Framework（RDF）：Concepts and Abstract Syntax
http：//www. w3. org/TR/rdf-mt	RDF Semantics
http：//www. w3. org/TR/rdf-testcases	RDF Test Cases
http：//www. w3. org/2001/sw	Semantic Web
http：//www. w3. org/2004/OWL	Web Ontology Language（OWL）
http：//www. w3. org/TR/owl-features	OWL Web Ontology Language Overview
http：//www. w3. org/TR/owl-guide	OWL Web Ontology Language Guide
http：//www. w3. org/TR/owl-ref	OWL Web Ontology Language Reference
http：//www. w3. org/TR/owl-semantics	OWL Web Ontology Language Semantics and Abstract Syntax
http：//www. w3. org/TR/owl-test	OWL Web Ontology Language Test Cases
http：//www. w3. org/TR/webont-req	OWL Web Ontology Language Use Cases and Requirements
http：//www. w3. org/TR/owl-xmlsyntax	OWL Web Ontology Language XML Presentation Syntax
http：//www. w3. org/TR/xmlbase	Extensible Markup Language（XML）
http：//www. w3. org/XML/Schema	XML Schema
http：//www. w3. org/TR/rdf-sparql-query	SPARQL Query Language for RDF
http：//www. w3. org/2000/10/swap/Primer	Primer：Getting into RDF & Semantic Web using N3
http：//www. w3. org/DesignIssues/Semantic. html	Semantic Web Road map
http：//purl. org/swag/whatIsSW	What Is The Semantic Web?
http：//logicerror. com/semanticWeb-long	The Semantic Web In Breadth
http：//infomesh. net/2001/06/swform/	The Semantic Web，Taking Form
http：//www. semanticweb. org/	Semantic Web
http：//www. daml. org	The DARPA Agent Markup Language Homepage
http：//jena. sourceforge. net/	Jena - A Semantic Web Framework for Java
http：//www. hpl. hp. com/semweb/	HP Labs Semantic Web Research
http：//protege. stanford. edu/	The Protégé project
http：//www. inf. unibz. it/~franconi/dl/course/	DESCRIPTION LOGICS Tutorial Course Information
http：//www. intsci. ac. cn/	智能科学与人工智能网站

附录三　RDF 类

RDF 类	注释
rdfs:Resource	The class resource, everything
rdfs:Literal	The class of literal values, e.g. textual strings and integers
rdf:XMLLiteral	The class of XML literals values
rdfs:Class	The class of classes
rdf:Property	The class of RDF properties
rdfs:Datatype	The class of RDF datatypes
rdf:Statement	The class of RDF statements
rdf:Bag	The class of unordered containers
rdf:Seq	The class of ordered containers
rdf:Alt	The class of containers of alternatives
rdfs:Container	The class of RDF containers
rdfs:ContainerMembershipProperty	The class of container membership properties, rdf:_1, rdf:_2, ..., all of which are sub-properties of "member"
rdf:List	The class of RDF Lists

附录四　RDF 属性

属性	注释	领域（domain）	范围（range）
rdf:type	The subject is an instance of a class	rdfs:Resource	rdfs:Class
rdfs:subClassOf	The subject is a subclass of a class	rdfs:Class	rdfs:Class
rdfs:subPropertyOf	The subject is a subproperty of a property	rdf:Property	rdf:Property
rdfs:domain	A domain of the subject property	rdf:Property	rdfs:Class
rdfs:range	A range of the subject property	rdf:Property	rdfs:Class
rdfs:label	A human-readable name for the subject	rdfs:Resource	rdfs:Literal
rdfs:comment	A description of the subject resource	rdfs:Resource	rdfs:Literal
rdfs:member	A member of the subject resource	rdfs:Resource	rdfs:Resource
rdf:first	The first item in the subject RDF list	rdf:List	rdfs:Resource
rdf:rest	The rest of the subject RDF list after the first item	rdf:List	rdf:List
rdfs:seeAlso	Further information about the subject resource	rdfs:Resource	rdfs:Resource
rdfs:isDefinedBy	The definition of the subject resource	rdfs:Resource	rdfs:Resource
rdf:value	Idiomatic property used for structured values	rdfs:Resource	rdfs:Resource
rdf:subject	The subject of the subject RDF statement	rdf:Statement	rdfs:Resource
rdf:predicate	The predicate of the subject RDF statement	rdf:Statement	rdfs:Resource
rdf:object	The object of the subject RDF statement	rdf:Statement	rdfs:Resource

附录五　OWL 类

OWL 类	注释
owl：AllDifferent	States a list of individuals are all different
owl：AnnotationProperty	The notion of annotation properties
owl：Class	Describes a class
owl：DataRange	Describes the range of Data
owl：DatatypeProperty	Describes the property of Datatype
owl：DeprecatedClass	Describes a deprecated class
owl：DeprecatedProperty	Describes a deprecated property
owl：FunctionalProperty	Defines a property P to be a functional property
owl：InverseFunctionalProperty	Defines a property P to be a inverse functional property
owl：Nothing	Empty set
owl：ObjectProperty	The property of object
owl：Ontology	The ontology
owl：OntologyProperty	The property of a ontology
owl：Restriction	Add restriction to a class
owl：SymmetricProperty	Defines a property P to be a symmetric property
owl：Thing	Set of all individuals
owl：TransitiveProperty	Defines a property P to be a transitive Property